Prüfungstrainer Zoologie für Tiermediziner

SN Flashcards Microlearning

Schnelles und effizientes Lernen mit digitalen Karteikarten – für Arbeit oder Schule!

Diese Möglichkeiten bieten Ihnen die SN Flashcards:

- Jederzeit und überall auf Ihrem Smartphone, Tablet oder Computer **lernen**
- Den Inhalt des Buches lernen und Ihr Wissen **testen**
- Sich durch verschiedene, mit multimedialen Komponenten angereicherte Fragetypen **motivieren lassen** und zwischen drei Lernalgorithmen (Langzeitgedächtnis-, Kurzzeitgedächtnis- oder Prüfungs-Modus) wählen
- Ihre eigenen Fragen-Sets **erstellen**, um Ihre Lernerfahrung zu **personalisieren**

So greifen Sie auf Ihre SN Flashcards zu:

1. Gehen Sie auf die **1. Seite des 1. Kapitels** dieses Buches und folgen Sie den Anweisungen in der Box, um sich für einen SN Flashcards-Account anzumelden und auf die Flashcards-Inhalte für dieses Buch zuzugreifen.
2. Laden Sie die SN Flashcards Mobile App aus dem Apple App Store oder Google Play Store herunter, öffnen Sie die App und folgen Sie den Anweisungen in der App.
3. Wählen Sie in der mobilen App oder der Web-App die Lernkarten für dieses Buch aus und beginnen Sie zu lernen!

Sollten Sie Schwierigkeiten haben, auf die SN Flashcards zuzugreifen, schreiben Sie bitte eine E-Mail an **customerservice@springernature.com** und geben Sie in der Betreffzeile „**SN Flashcards**" und den Buchtitel an.

Wolfgang Clauss · Cornelia Clauss

Prüfungstrainer Zoologie für Tiermediziner

Wolfgang Clauss
Gießen, Deutschland

Cornelia Clauss
Gießen, Deutschland

ISBN 978-3-662-70257-4   ISBN 978-3-662-70258-1 (eBook)
https://doi.org/10.1007/978-3-662-70258-1

Die Deutsche Nationalbibliothek verzeichnet diese Publikation in der Deutschen Nationalbibliografie; detaillierte bibliografische Daten sind im Internet über https://portal.dnb.de abrufbar.

© Der/die Herausgeber bzw. der/die Autor(en), exklusiv lizenziert durch Springer-Verlag GmbH, DE, ein Teil von Springer Nature 2025

Das Werk einschließlich aller seiner Teile ist urheberrechtlich geschützt. Jede Verwertung, die nicht ausdrücklich vom Urheberrechtsgesetz zugelassen ist, bedarf der vorherigen Zustimmung des Verlags. Das gilt insbesondere für Vervielfältigungen, Bearbeitungen, Übersetzungen, Mikroverfilmungen und die Einspeicherung und Verarbeitung in elektronischen Systemen.
Die Wiedergabe von allgemein beschreibenden Bezeichnungen, Marken, Unternehmensnamen etc. in diesem Werk bedeutet nicht, dass diese frei durch jede Person benutzt werden dürfen. Die Berechtigung zur Benutzung unterliegt, auch ohne gesonderten Hinweis hierzu, den Regeln des Markenrechts. Die Rechte des/der jeweiligen Zeicheninhaber*in sind zu beachten.
Der Verlag, die Autor*innen und die Herausgeber*innen gehen davon aus, dass die Angaben und Informationen in diesem Werk zum Zeitpunkt der Veröffentlichung vollständig und korrekt sind. Weder der Verlag noch die Autor*innen oder die Herausgeber*innen übernehmen, ausdrücklich oder implizit, Gewähr für den Inhalt des Werkes, etwaige Fehler oder Äußerungen. Der Verlag bleibt im Hinblick auf geografische Zuordnungen und Gebietsbezeichnungen in veröffentlichten Karten und Institutionsadressen neutral.

Illustrationen von Cornelia Clauss

Planung/Lektorat: Stefanie Wolf
Springer Spektrum ist ein Imprint der eingetragenen Gesellschaft Springer-Verlag GmbH, DE und ist ein Teil von Springer Nature.
Die Anschrift der Gesellschaft ist: Heidelberger Platz 3, 14197 Berlin, Germany

Wenn Sie dieses Produkt entsorgen, geben Sie das Papier bitte zum Recycling.

Für Marwa und Leroy

Vorwort

Am Ende des ersten Studienabschnitts der Veterinärmedizin stellt sich im Vorphysikum für die Studierenden das zu absolvierende Prüfungsfach Zoologie durch seine fachliche Breite oft als ein eher ungeliebtes und schwierig zu erfassendes Grundlagenfach dar, denn neben Systematik und Entwicklung der tierischen Organismen erfordert das Fach Zoologie auch Verständnis und detaillierte Kenntnisse über ihren Bauplan und die Funktion ihrer Zellen und Organe. Voraussetzung dafür sind deshalb auch die Grundlagen der modernen Zellbiologie und Molekulargenetik. Diese eigenständigen Teilgebiete sind ausführlich entweder in klassischen Lehrbüchern der Zoologie oder in speziellen Monografien dargestellt, die aber für eine Begleitung der Vorlesung und eine Vorbereitung der Vorphysikumsprüfung vielfach zu speziell und zu umfangreich sind. Außerdem gibt es inzwischen zunehmend speziell auf Universitätsprüfungen ausgerichtete Werke, die als Prüfungstrainer konzipiert sind und somit mit speziellen Lerntechniken die Bewältigung des Stoffs ermöglichen.

Mit dem vorliegenden Buch geben wir deshalb den Studierenden eine kompakte und am Tiermedizinstudium und an der Vorphysikumsprüfung orientierte Einführung in dieses Gebiet. Sie orientiert sich an den Vorlesungs- und Prüfungsinhalten, die in den tierärztlichen Fachbereichen im deutschsprachigen Raum angeboten werden. Zusätzlich wird ein umfangreicher Katalog an Prüfungsfragen geliefert, der durch Flashcards komplettiert wird. Das Buch ist deshalb didaktisch speziell auf die Erfordernisse der tiermedizinischen Ausbildung und den Prüfungserfolg ausgerichtet. Wesentliche Teile sind aus den Vorlesungen des Autors an der Freien Universität Berlin und der Universität Gießen entstanden und wurden durch vielfache Anregung von Studierenden und Kollegen verbessert. Somit wird ein zum gezielten Lernen, Lesen, Nachschlagen und Testen der eigenen Erkenntnisfortschritte geeigneter Überblick über die speziell für die Tiermedizin erforderlichen Kenntnisse der Zoologie geboten.

Alle Grafiken wurden unter didaktischen Gesichtspunkten neu erstellt, wobei es unser Anliegen war, eine Informationsüberfrachtung zu vermeiden. Zum Erstellen dieses Buchs haben sich die beiden Autoren die wissenschaftliche und grafische Arbeit geteilt.

Dieses Buch wurde erst durch die Unterstützung des Springer-Verlags ermöglicht und wir danken deshalb besonders bei dem Team des Verlags, insbesondere

Stefanie Wolf und Martina Mechler, für die hervorragende Betreuung und die Geduld bei der Umsetzung dieses Projekts.

Wir wünschen uns sehr, dass dieser Prüfungstrainer für die Studierenden der Veterinärmedizin hilfreich und informativ sein wird und eine erfolgreiche Prüfung ermöglicht.

Gießen, Deutschland Wolfgang Clauss
August 2024 Cornelia Clauss

Inhaltsverzeichnis

1	**Grundlagen und Baustoffe**..	1
1.1	Entstehung der belebten Materie	1
1.2	Baustoffe der belebten Materie	3
	1.2.1 Lipide und Lipoide...................................	3
	1.2.2 Kohlenhydrate	4
	1.2.3 Proteine	6
	1.2.4 Nucleinsäuren	7
2	**Aufbau und Funktion der Zellen**......................................	9
3	**Gewebe und Organe**	25
4	**Fortpflanzung und Genetik**	29
4.1	Fortpflanzungstypen...	29
4.2	Geschlechtsbestimmung und -differenzierung.................	31
4.3	Männliche Fortpflanzungsorgane............................	33
4.4	Weibliche Geschlechtsorgane	34
4.5	Steuerung der Sexualfunktion	36
4.6	Schwangerschaft, Geburt und Laktation	37
4.7	Künstliche Reproduktion	39
4.8	Aufbau der Erbsubstanz.....................................	40
4.9	Transkription und mRNA-Processing	44
4.10	Genregulation..	46
4.11	Mutation und Retroviren	47
4.12	Gentechnologie	48
4.13	Besamung und Befruchtung.................................	51
5	**Ontogenese**..	53
5.1	Ontogenese...	53
5.2	Bildung der Keimblätter.....................................	56
5.3	Coelombildung...	58
6	**Organogenese**	61
6.1	Organisation des Ooplasmas	61
6.2	Neurulation	63
6.3	Larvalentwicklung und Metamorphose	64

6.4	Stammzellen	65
6.5	Entwicklungsgenetik	66
6.6	Transdetermination und Transdifferenzierung	68
6.7	Regeneration	68

7 Organsysteme ... 71
- 7.1 Integument und Haut ... 71
- 7.2 Skelett und Bewegungsapparat ... 75
  - 7.2.1 Achsenskelett ... 76
- 7.3 Gehirn und Nervensystem ... 81
- 7.4 Herz und Kreislaufsystem ... 85
- 7.5 Atmungsorgane und Gasaustausch ... 87
- 7.6 Exkretion und Osmoregulation ... 89
- 7.7 Fortpflanzungsorgane ... 90

8 Evolution ... 95
- 8.1 Biodiversität ... 95
- 8.2 Biogeografie ... 97
- 8.3 Genetische Selektion und Populationsentwicklung ... 97
- 8.4 Mechanismen der Artbildung ... 98
- 8.5 Phylogenetische Systematik ... 99
- 8.6 Evolution der Metazoa ... 101
  - 8.6.1 Protostomia (Urmünder) ... 103
  - 8.6.2 Deuterostomia ... 105

9 Tierstämme und Parasitologie ... 107
- 9.1 Protozoa ... 107
  - 9.1.1 Flagellata (Geißeltiere) ... 109
  - 9.1.2 Rhizopoda (Wurzelfüßer) ... 112
  - 9.1.3 Sporozoa (Apicomplexa) ... 114
  - 9.1.4 Ciliophora (Wimperntierchen, Ciliata) ... 118
  - 9.1.5 Microsporidia (Microspora) ... 123
  - 9.1.6 Myxozoa ... 124
- 9.2 Porifera (Schwämme) ... 125
- 9.3 Coelenterata (Hohltiere) ... 127
  - 9.3.1 Cnidaria (Nesseltiere) ... 127
  - 9.3.2 Ctenophora (Rippenquallen) ... 131
- 9.4 Placozoa (Plattentiere) ... 131
- 9.5 Chaetognatha (Pfeilwürmer) ... 132
- 9.6 Plathelminthes (Plattwürmer) ... 133
  - 9.6.1 Turbellaria (Strudelwürmer) ... 134
  - 9.6.2 Monogenea (Hakensaugwürmer) ... 135
  - 9.6.3 Trematoda (Saugwürmer) ... 136
  - 9.6.4 Cestoda (Bandwürmer) ... 140
- 9.7 Gastrotricha (Bauchhärlinge) ... 147
- 9.8 Rotatoria (Rädertiere) ... 147

9.9	Gnathostomulida (Kiefermündchen)	147
9.10	Acanthocephala (Kratzer)	148
9.11	Nemertini (Schnurwürmer)	148
9.12	Brachiopoda (Armfüßer)	149
9.13	Phoronida (Hufeisenwürmer)	149
9.14	Bryozoa (Moostierchen)	149
9.15	Kamptozoa (Kelchwürmer)	150
9.16	Annelida (Ringelwürmer)	150
9.17	Mollusca (Weichtiere)	153
	9.17.1 Gastropoda (Schnecken)	154
	9.17.2 Bivalvia (Muscheln)	156
	9.17.3 Cephalopoda (Kopffüßer)	157
9.18	Scalidophora	158
	9.18.1 Priapulida (Priapswürmer)	158
	9.18.2 Kinorhyncha (Hakenrüssler)	158
	9.18.3 Loricifera (Korsetttierchen)	158
9.19	Nematoida	159
	9.19.1 Nematoda (Fadenwürmer)	160
	9.19.2 Nematomorpha (Saitenwürmer)	164
9.20	Panarthropoda	164
	9.20.1 Tardigrada (Bärtierchen)	165
	9.20.2 Onychophora (Stummelfüßer)	165
	9.20.3 Trilobita (Dreilapper)	165
9.21	Euarthropoda (Gliederfüßer)	166
	9.21.1 Chelicerata (Spinnenartige)	167
	9.21.2 Arachnida (Spinnentiere)	168
	9.21.3 Mandibulata	172
	9.21.4 Arthropoden als Krankheitsüberträger	182
9.22	Echinodermata (Stachelhäuter)	183
9.23	Hemichordata (Kiemenlochtiere)	186
	9.23.1 Enteropneusta (Eichelwürmer)	186
	9.23.2 Pterobranchia (Flügelkiemer)	186
9.24	Chordata	187
9.25	Tunicata (Manteltiere)	187
9.26	Acrania (Schädellose)	188
9.27	Agnatha (Kieferlose)	189
9.28	Gnathostomata (Kiefermünder)	190
9.29	Chondrichthyes (Knorpelfische)	190
9.30	Osteichthyes (Knochenfische)	192
	9.30.1 Actinopterygii (Strahlenflosser)	195
	9.30.2 Sarcopterygii (Fleischflosser)	195
	9.30.3 Marine Gifttiere	196
9.31	Amphibia	197
9.32	Die Entwicklung des amniotischen Eies	200

9.33	Reptilia (Kriechtiere)	201
9.34	Aves (Vögel)	206
9.35	Mammalia (Säugetiere)	210
	9.35.1 Protheria	213
	9.35.2 Eutheria	213
10	**Lebensräume und Ökologie**	**219**
	10.1 Organismus und Umwelt	219

Grundlagen und Baustoffe 1

Flashcards
Als Käufer dieses Buches können Sie kostenlos unsere Flashcard-App „SN Flashcards" mit Fragen zur Wissensüberprüfung und zum Lernen von Buchinhalten nutzen. Für die Nutzung folgen Sie bitte den folgenden Anweisungen:

1. Gehen Sie auf https://flashcards.springernature.com/login
2. Erstellen Sie ein Benutzerkonto, indem Sie Ihre Mailadresse angeben und ein Passwort vergeben.
3. Verwenden Sie den folgenden Link, um Zugang zu Ihrem SN-Flashcard-Set zu erhalten: ▶ www.sn.pub/kt4cim

Sollte der Link fehlen oder nicht funktionieren, senden Sie uns bitte eine E-Mail mit dem Betreff „SN Flashcards" und dem Buchtitel an customerservice@springernature.com.

1.1 Entstehung der belebten Materie

Die lebendige Materie ist vermutlich aus anorganischen Stoffen im Rahmen einer chemischen Evolution entstanden. Verschiedene Experimente, unter anderem die Versuche von Miller und Urey, haben die Entstehung von organischen Molekülen unter den Bedingungen einer der Uratmosphäre nachempfundenen Umgebung nachvollzogen (Abb. 1.1).

So konnte aus einem Gasgemisch von Methan, Kohlenstoffdioxid, Ammoniak, Wasserstoff und Wasserdampf unter der Einwirkung von elektrischen Entladungen eine Reihe von organischen Verbindungen wie Aminosäuren, Zuckermolekülen und

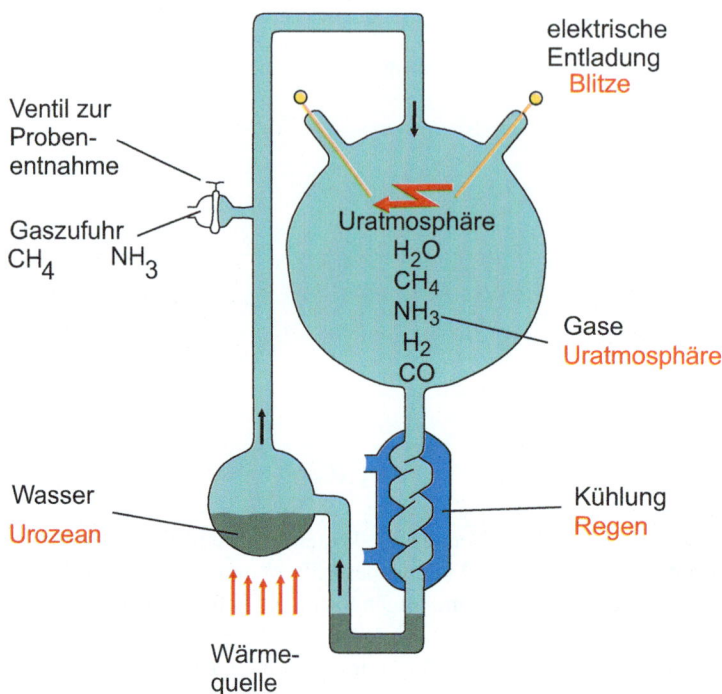

Abb. 1.1 Müller-Urey-Experiment

Nucleotiden hergestellt werden. Letztere sind die Grundbausteine der Nucleinsäuren, die den genetischen Code bilden (Abb. 1.2).

Danach fand vermutlich ein Prozess der Selbstorganisation der biologischen Materie statt. Dabei haben sich einfache organische Moleküle wie Aminosäuren zu Peptiden und Proteinen durch gegenseitige katalytische Beeinflussung zusammengeschlossen. Ähnliche zyklische Reaktionen führten zur Produktion von Nucleinsäuren, die sich durch katalytische Anlagerungen zu Ketten und komplementären Doppelsträngen entwickelt haben. Schließlich führte die katalytische Interaktion der Nucleinsäurereaktionsketten mit den Proteinreaktionsketten in einer lokalen Kompartimentierung zu einem Abschluss vom Außenmedium und zur Bildung der ersten primitiven Lebensformen, den Probionten.

Diese hatten bereits die charakteristischen Eigenschaften der lebendigen Materie, d. h. einen Stoffwechsel zur Aufrechterhaltung ihrer Funktion und die Vererbung. Vermutlich haben dann Mutationen zu verschiedenen Probiontentypen geführt, aus denen sich durch evolutionäre Auslese die Varianten mit den überlegenden Eigenschaften durchgesetzt haben. Diese Entwicklung führte dann über Übergangsformen (Eubionten) zur Bildung der einfachen Prokaryotenzelle wie z. B. der Mykoplasmen. Sie besitzen bereits eine Zellmembran, Cytoplasma mit Ribosomen und DNA als Erbsubstanz.

Vermutlich vor ca. 1,5 Mrd. Jahren entstanden dann die eukaryotischen Zellen. Sie besitzen eine intrazelluläre Kompartimentierung, durch die einzelne Zell-

1.2 Baustoffe der belebten Materie

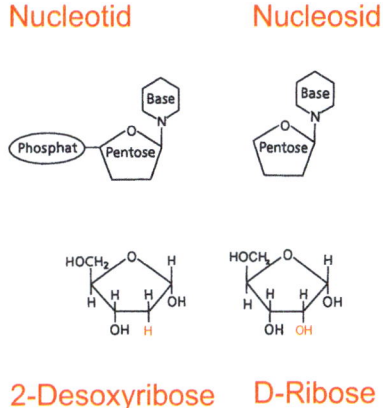

Abb. 1.2 Nucleinsäuren und Pentosen. (**a**) Nucleoside sind die Bausteine der Nucleotide (**b**) und damit der Erbsubstanz (DNA). Sie bestehen aus einem C_5-Zucker (Pentose), der über eine N-glykosidische Bindung mit einer Base (Adenin, Thymin, Cytosin, Guanin oder Uracil) verbunden ist. (**c**) Bei der Ribonucleinsäure (RNA) dient als Pentose eine D-Ribose. (**d**) Bei der Desoxyribonucleinsäure (DNA) dient als Pentose eine 2-Desoxyribose

bereiche in spezielle Funktionsräume unterteilt werden. Diese sogenannten Organellen sind mit intrazellulären Membranen abgeteilt. Ihre Entstehung ist noch ungeklärt, aber es gibt verschiedene Hypothesen dazu. Eine davon ist die Endosymbiontenhypothese, die besagt, dass diese Organellen einst prokaryotische Organismen waren, die im Laufe der Phylogenese von den Eukaryoten phagocytotisch aufgenommen wurden. Sie wurden nicht verdaut, sondern gingen eine Symbiose zum wechselseitigen Nutzen ein. Für den Golgi-Apparat und das endoplasmatische Reticulum geht man von der Zellkompartimentierungshypothese aus, wonach sich die einzelnen Kompartimente durch allmähliche intrazelluläre Differenzierung gebildet haben. Ein Hauptmerkmal der Eukaryotenzelle ist die Kompartimentierung der Erbsubstanz durch eine Doppelmembran im Zellkern.

Die einzelligen Organismen werden also in die einfacher gebauten Prokaryoten und die höherentwickelten Eukaryoten eingeteilt. Blaualgen und Bakterien gehören zu den Prokaryoten, während alle Protozoa und Metazoa zu den Eukaryoten gehören, also auch alle pflanzlichen Organismen, die Pilze und alle tierischen Organismen.

1.2 Baustoffe der belebten Materie

1.2.1 Lipide und Lipoide

Lipide (Fette) und Lipoide (fettähnliche Substanzen) dienen dem Organismus als Baustoffe für Zellmembranen sowie als Energieträger und Energiespeicher. Auch manche Hormone und Signalstoffe setzen sich aus diesen Substanzen zusammen. Fette sind im Wasser unlöslich (hydrophob). Sie bestehen aus zwei Bestandteilen: Alkohol (Glycerin) und Fettsäuren. In der Natur kommen Fette meist als Tri-

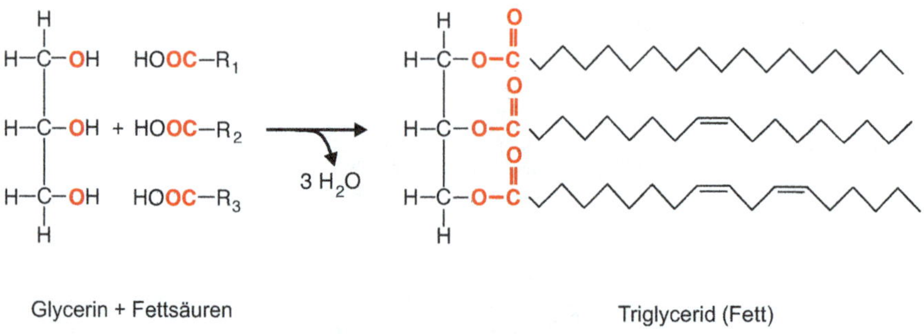

Abb. 1.3 Bildung von Fetten. Fette (Triglyceride) bestehen aus einem dreiwertigen Alkohol (Glycerin), der mit drei Fettsäuren verestert ist. Bei der Veresterung wird für jede Bindung ein Molekül Wasser abgespalten

glyceride vor, bei denen alle drei OH-Gruppen des Glycerins mit jeweils einer Carboxylgruppe einer Fettsäure unter Wasserabspaltung eine kovalente Bindung eingehen, die man als Ester bezeichnet (Abb. 1.3).

In tierischen und pflanzlichen Fetten findet man meistens Fettsäuren mit 16 oder 18 Kohlenstoffatomen. Ein Beispiel für eine solche Fettsäure ist Palmitinsäure ($C_{16}H_{32}O_2$). Gesättigte Fettsäuren haben eine gestreckte Form, da zwischen den Kohlenstoffatomen nur einfache Bindungen vorkommen. Ungesättigte Fettsäuren besitzen dagegen eine oder mehrere Doppelbindungen und sind deshalb an diesen Stellen abgeknickt und bei Raumtemperatur oft von öliger Konsistenz wie die Ölsäure ($C_{18}H_{34}O_2$). Nichtessenzielle Fettsäuren können vom Körper selbst hergestellt werden, während essenzielle Fettsäuren wie Linolsäure mit der Nahrung aufgenommen werden müssen.

Im Organismus werden Fette in den großen Vakuolen der Fettzellen (Adipocyten) als Neutralfette gespeichert. Sie sind hochenergetische Verbindungen, weil bei ihrer Verbrennung etwa doppelt so viel Energie gewonnen wird wie bei der Nutzung von Proteinen oder Kohlenhydraten. Werden die Fettsäuren im Fettmolekül durch andere Moleküle ersetzt, bilden sich fettähnliche Substanzen (Lipoide), zu denen Verbindungen wie Gallensäuren, Steroidhormone und Vitamine gehören, die im Organismus wichtige Funktionen haben.

1.2.2 Kohlenhydrate

Sie kommen in der Natur als Polymere in Pflanzen vor und bilden eine wichtige Nahrungsquelle für tierische Organismen. Dazu müssen sie aber durch Enzyme in ihre monomolekulare Form (z. B. Glucose) gespalten werden. Solche einfachen Monosaccharide stellen die Zuckerverbindungen dar, die aus einer Kohlenstoffkette mit der Formel $C_n(H_2O)_{mn}$ bestehen und im Organismus hauptsächlich als Pentosen (fünf Kohlenstoffatome) oder als Hexosen (sechs Kohlenstoffatome) vorkommen.

In wässriger Lösung bilden sie stabile, ringförmige Verbindungen (Abb. 1.4), können aber mit anderen Monosacchariden über eine O-glykosidische Verbindung

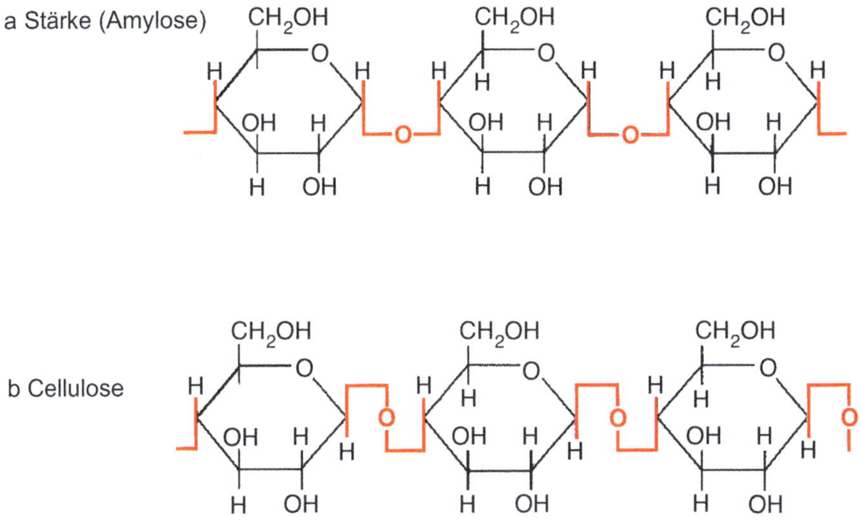

1.2 Baustoffe der belebten Materie

Abb. 1.4 Chemische Struktur eines Monosaccharids am Beispiel von Glucose. Die C-Atome sind in ihrer chemisch gebräuchlichen Reihenfolge nummeriert

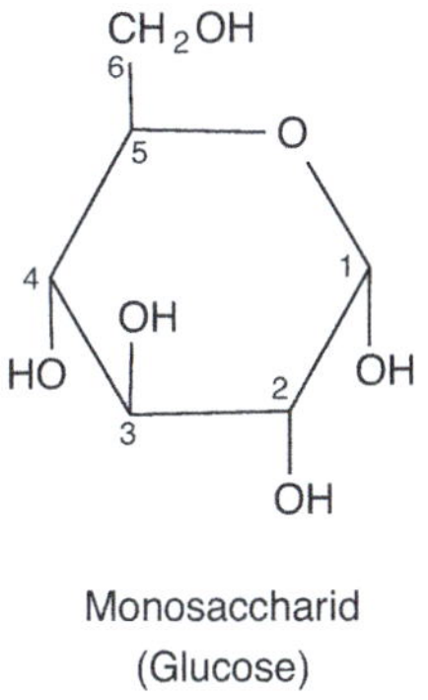

Abb. 1.5 Struktur von Polysacchariden. Dies sind Verbindungen vieler einzelner Monosaccharide. (**a**) Stärke ist ein pflanzlicher Speicherstoff mit α-glykosidischen Bindungen, die durch das Verdauungsenzym Amylase gespalten werden können. (**b**) Cellulose ist ein pflanzlicher Baustoff mit β-glykosidischen Bindungen. Diese können durch das mikrobielle Enzym Cellulase gespalten werden. Beide Strukturen sind wichtige energetische Nahrungsstoffe

zu Di-, Oligo- oder Polysacchariden verbunden werden (Abb. 1.5). Solche hochmolekularen Ketten können auch verzweigt sein und kommen in Pflanzen als Reservestoffe (Stärke) oder Baustoffe (Cellulose) vor.

Während die α-glykosidische Bindung der Stärke (Amylose) durch das Verdauungsenzym Amylase gespalten werden kann, benötigt man zur Spaltung der β-glykosidischen Bindung der Cellulose das mikrobielle Enzym Cellulase. Es kommt bei Säugetieren nicht vor, sondern nur bei wenigen wirbellosen Tieren und bei den Symbionten im Verdauungstrakt von Wiederkäuern.

1.2.3 Proteine

Sie dienen als Baustoffe der Zellen. Beispiele sind die integralen Proteine der Zellmembran oder verschiedenen Elemente des Cytoskeletts (Actin, Tubulin). Außerdem dienen sie im Organismus auch als Funktionsstoffe (Hormone, Enzyme, Abwehrstoffe). In der Zelle kommen sie als Makromoleküle vor. Sie bestehen aus den Ketten einzelner Aminosäuren, die über eine Peptidbindung miteinander verknüpft sind (Abb. 1.6).

In eukaryotischen Zellen kommen 20 Aminosäuren vor, die beliebig miteinander verknüpft werden können. Deshalb sind die Aminosäuresequenzen sehr variabel, können unterschiedlich lang sein und erhalten erst durch ihre räumliche Anordnung ihre charakteristische Form als Protein. Solche räumlichen Strukturen wie die α-Helix oder die β-Faltblatt-Struktur denaturieren unter Hitze und werden dann funktionslos. Krankhaft veränderte Proteine (Prionen) sind hochinfektiös und verursachen die letale Creutzfeld-Jakob-Erkrankung.

In ihrer einfachsten Form bestehen Aminosäuren aus einem zentralen Kohlenstoffatom, an dem eine Aminogruppe und eine Carboxylgruppe hängen (Abb. 1.6). Eine weitere Seitenkette ist der variable Rest, der je nach Zusammensetzung die eigentliche Spezifität der Aminosäure bestimmt. Durch weitere Kohlenstoffatome können sich auch längere Ketten bilden. Die einzelnen Aminosäuren sind über eine Peptidbindung miteinander verbunden, die in einer Kondensationsreaktion zwischen der Aminogruppe (NH_2) und der Carboxylgruppe (COOH) unter Wasserabspaltung entsteht.

Di-, Tri-, Oligo- oder Polypeptide bilden sich in einer zunächst linearen Anordnung (Primärstruktur) die dann durch Wasserstoffbrücken eine zweidimensionale Sekundärstruktur ausbildet. Diese geht dann durch Ausbildung von kovalenten

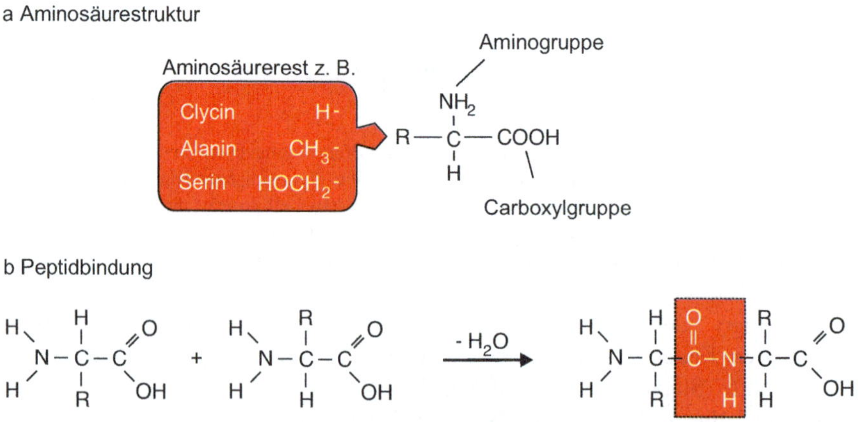

Abb. 1.6 Grundstrukturen zum Aufbau der Proteine. (**a**) Aminosäurestruktur. Die Grundstruktur wird durch einen variablen Rest ergänzt. Charakteristisch für Aminosäuren sind die Aminogruppe und die Carboxylgruppe. (**b**) Durch die Aneinanderreihung von Aminosäuren über Peptidbindungen entsteht die Grundstruktur eines Proteins, ein Peptid

Disulfidbrücken in eine Tertiärstruktur über, woran Chaperone als Faltungsproteine beteiligt sind. Schließlich können sich Quartärstrukturen durch Zusammenlegung mehrerer Tertiärstrukturen bilden wie beim Hämoglobin.

1.2.4 Nucleinsäuren

Organismen besitzen Nucleinsäuren für die Speicherung und Verarbeitung der genetischen Information. Die Ribonucleinsäure (RNA) stellt dabei eine Zwischenstufe der in der Desoxyribonucleinsäure (DNA) gespeicherten Information dar. Die gesamte DNA einer Zelle bezeichnet man als Genom und sie ist in mehreren linearen Chromosomen organisiert. Dabei liegt die DNA als Doppelstrang in einer rechtsgängigen Helix vor. Um die DNA im beengten Raum des Zellkerns unterzubringen, ist sie um Proteine (Histone) gewunden (kondensiert). Die funktionellen Abschnitte des Genoms, die jeweils ein Protein codieren, werden als Gen bezeichnet. Im Gegensatz zu der linearen Anordnung der DNA in eukaryotischen Zellen besitzen Bakterien und teilweise auch Viren eine ringförmige DNA. Mitochondrien haben eine eigene DNA, die ebenfalls ringförmig ist. Aufbau und Funktion der DNA werden im Kap. 4 besprochen.

Die Nucleinsäuren bestehen aus einzelnen Bausteinen, den Nucleotiden, die als Monomere aneinandergereiht sind und so ein Polynucleotid bilden. Jedes einzelne Nucleotid besteht aus einem Zuckermolekül (Pentose), das über die N-glykosidische Bindung mit einer Base verbunden ist (Abb. 1.2). Bei der RNA ist das Zuckermolekül eine Ribose, bei der DNA eine Desoxyribose. Über eine Phosphatgruppe sind die einzelnen Zuckermoleküle miteinander verbunden. Die Abfolge von Zucker und Phosphatmolekülen bildet das Rückgrat der Struktur, während die Basen, die ebenfalls an das Zuckermolekül gebunden sind, die „Buchstaben" des genetischen Codes darstellen und variieren. Als Nucleotid wird die Verbindung des Zuckermoleküls mit der Base bezeichnet (Abb. 1.2).

Die Basen teilen sich in die Purin und in die etwas größeren Pyrimidinbasen ein. Es gibt fünf Basen, von denen Cytosin, Thymin und Uracil Pyrimidinbasen sind, Adenin und Guanin dagegen Purinbasen. Thymin ist nur Bestandteil der DNA und wird in der RNA durch Uracil ersetzt, das seinerseits in der DNA fehlt. Die Basen ragen seitlich aus dem Pentosephosphatrückgrat heraus. Jeweils zwei zueinander komplementäre DNA-Einzelstränge lagern sich durch Wasserstoffbrücken zwischen den Basen aneinander und bilden einen DNA-Doppelstrang. Dabei ist die Purinbase mit einer Pyrimidinbase verbunden. Adenin paart immer mit Thymin bzw. Guanin immer mit Cytosin. In ihrer Abfolge in einem Strang bilden die Basen Dreiergruppen (Tripletts), wobei jeweils ein Triplett eine spezifische Aminosäure codiert (genetischer Code). Zum Ablesen der genetischen Information wird der Doppelstrang mithilfe von Enzymen getrennt und ein DNA-Strang dient als Matrize für die Synthese der mRNA (Transkription). Dieser Vorgang wird im Kap. 4 näher beschrieben.

Die RNA ist im Gegensatz zur DNA einzelsträngig. Es gibt vier verschiedene RNA-Formen mit unterschiedlicher Struktur und unterschiedlichen Aufgaben. Während die Messenger-RNA (mRNA) die genetische Information vom Gen aus dem Zellkern in das Cytoplasma zu den Ribosomen, dem Ort der Proteinsynthese, bringt, fungiert die ribosomale RNA (rRNA) als funktioneller Bestandteil der Ribosomen. Auch sie wird im Zellkern, und zwar im Nucleolus (Kernkörperchen), gebildet. Bei der Proteinsynthese transportiert die kleeblattförmige Transfer-RNA (tRNA) die einzelnen Aminosäuren zu den Ribosomen. Schließlich findet sich die mitochondriale RNA ausschließlich in den Mitochondrien, wo sie an der Synthese der mitochondrialen Proteine beteiligt ist.

Aufbau und Funktion der Zellen 2

> **Flashcards**
> Als Käufer dieses Buches können Sie kostenlos unsere Flashcard-App „SN Flashcards" mit Fragen zur Wissensüberprüfung und zum Lernen von Buchinhalten nutzen. Für die Nutzung folgen Sie bitte den folgenden Anweisungen:
>
> 1. Gehen Sie auf https://flashcards.springernature.com/login
> 2. Erstellen Sie ein Benutzerkonto, indem Sie Ihre Mailadresse angeben und ein Passwort vergeben.
> 3. Verwenden Sie den folgenden Link, um Zugang zu Ihrem SN Flashcards Set zu erhalten: ▶ www.sn.pub/kt4cim.
>
> Sollte der Link fehlen oder nicht funktionieren, senden Sie uns bitte eine E-Mail mit dem Betreff „SN Flashcards" und dem Buchtitel an customer-service@springernature.com.

Die kleinsten, selbsttätig funktionsfähigen Einheiten eines Organismus sind die Zellen. Als Einzeller sind sie von anderen Zellen völlig unabhängig, als Mehrzeller organisieren sie sich zu Geweben, Organen und Organismen und übernehmen im Verband unterschiedliche Aufgaben.

Alle tierischen Zellen sind eukaryotisch und damit kompartimentiert mit einem echten Zellkern. Das Beispiel einer polaren Epithelzelle zeigt alle typischen Merkmale und Organellen (Abb. 2.1). Solche Zellen befinden sich z. B. in der Darmschleimhaut und bewirken einen kontrollierten Stoffaustausch. Ihre apikale, zum Darmlumen gerichtete Oberfläche ist durch Mikrovilli stark vergrößert. Die stark verformbare Zellmembran besteht aus einer Lipiddoppelschicht mit eingelagerten Proteinen (Fluid-Mosaik-Modell), deren Zusammensetzung zwischen apikaler und basolateraler Seite unterschiedlich ist.

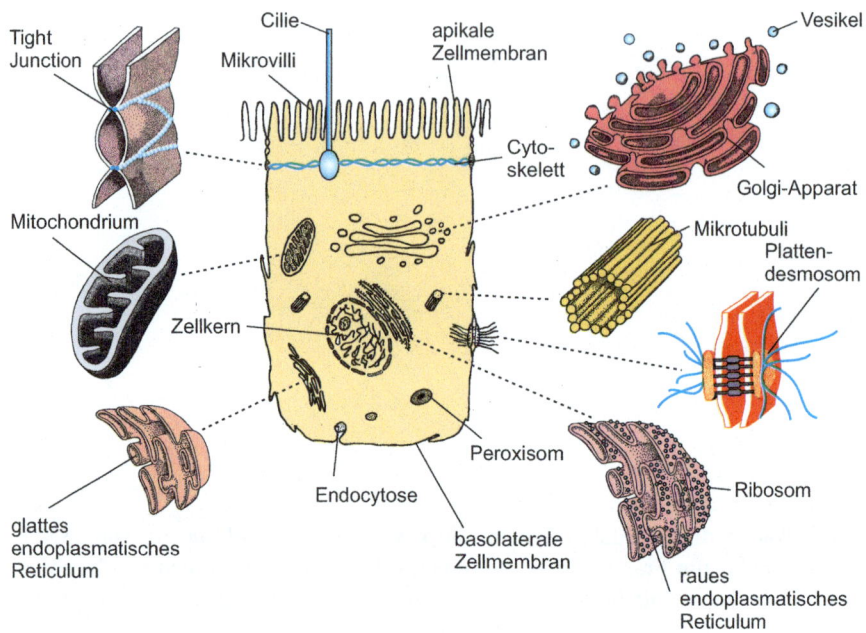

Abb. 2.1 Übersicht einer polaren Zelle mit ihren Organellen

Das Cytoplasma enthält den Zellkern und die Organellen. Dazwischen befindet sich das Cytoplasma (Cytosol). Es besteht hauptsächlich aus Wassermolekülen und Ionen, aber auch aus Proteinen, Kohlenhydraten, Lipiden und Nucleinsäuren. Seine kolloidartige Masse kann verschiedene Viskositätszustände annehmen (Sol- und Gelzustand) und ermöglicht eine amöboide Beweglichkeit.

Als Organellen gibt es Zell-Zell-Kontakte (Tight Junctions, Desmosomen), Mitochondrien für den Energiestoffwechsel, das glatte und raue endoplasmatische Reticulum zur Proteinsynthese, den Golgi-Apparat als Verteilungsstelle für Vesikel, Elemente des Cytoskeletts (Centriol und Filamente sowie bei speziellen Zellen Cilien) sowie Reaktionsräume für den Abbau (Peroxisomen). Größere Partikel und Moleküle werden über vesikelartige Strukturen aus der Zelle hinaus (Exocytose) oder in sie hinein (Endocytose) geschleust.

Tierische Zellen sind in eine extrazelluläre Matrix eingebettet, die ihnen mechanische Festigkeit und Orientierung für Wachstum und Differenzierung bietet. Sie besteht aus vernetzten Proteinen (Kollagenen), die in ein wässriges Gel aus Polysacchariden eingebettet sind. Vielzeller wie der Mensch bestehen aus bis zu 200 verschiedenen Zelltypen, die entsprechend ihrer Funktion unterschiedliche Formen aufweisen. Sie entwickeln sich aus einer embryonalen Stammzelle über gewebetypische Stammzellen. Die normale Zellgröße variiert von wenigen bis etwa 30 μm Durchmesser, spezialisierte Zellen (N. ischiadicus) können bis über 1 m lang werden.

Zellmembran

Alle tierischen Zellen besitzen eine verformbare Lipiddoppelschicht als Zellmembran (Abb. 2.2). In dieser als Fluid-Mosaik-Modell bezeichneten Struktur sind alle Komponenten beweglich. Die Moleküle der beiden Lipidschichten sind mit ihrem polaren, hydrophilen Kopf nach außen angeordnet. Die apolaren, hydrophoben Schwänze weisen dagegen ins Innere der Membran. In diese Lipiddoppelschicht sind integrale Proteine eingelagert, die sich in verschiedene Funktionsklassen einteilen. Transmembranproteine durchspannen die Membran vollständig und wirken zum Teil als Tunnelproteine (Ionenkanäle) für den Transport von Substanzen. Liegen die Proteine nur in einer Membranlamelle, so können sie als Rezeptoren oder Enzyme wirken. Membranassoziierte Proteine sind an sie angelagert und können z. B. Signalfunktionen übernehmen (G-Proteine). An der Außenseite der Membran sind sie aber oft auch mit Zuckerketten verknüpft (Glykosylierung). Dadurch entsteht für jede Zelle ein individuelles, charakteristisches Oberflächenprofil zur Erkennung und zum Schutz vor körpereigenen Abwehrmechanismen des Immunsystems. Zusammen mit anderen Substanzen bildet diese Schicht (Glykokalyx) einen dünnen Überzug jeder Zelle.

Die Lipiddoppelschicht wird auch als Bilayer bezeichnet. Sie besteht aus Phospholipiden, z. B. aus Phosphatidylcholin, das auch als Lecithin bezeichnet wird. Weitere Bestandteile sind Glykolipide (z. B. Ceramide) und Cholesterin. Deren Anteil in der Membran ist zellspezifisch und beträgt bei Erythrocyten ca. 22 %, während die intrazellulären Organellenmembranen nur ca. 5 % enthalten.

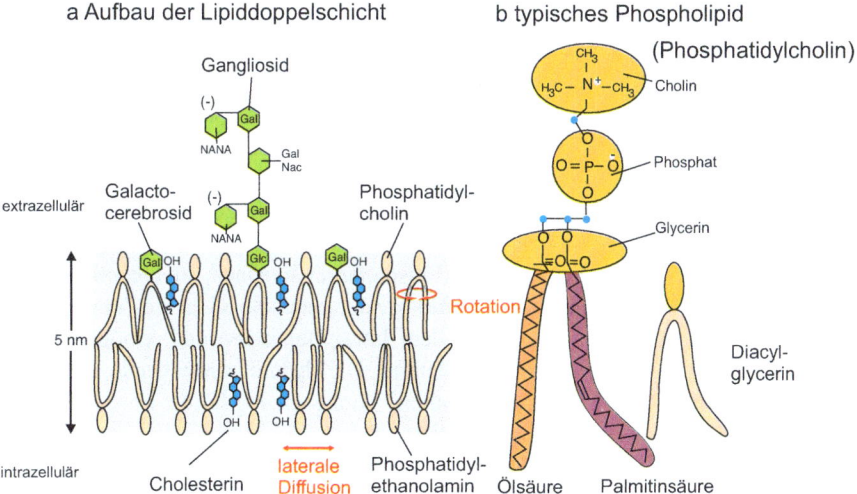

Abb. 2.2 Lipiddoppelschicht der Zellmembran. (**a**) Aufbau der Lipiddoppelschicht mit Beispielen von akzessorischen Glykoproteinen (Gangliosid, Galactocerebrosid) und den Diffusionsmöglichkeiten der Phospholipide. (**b**) Aufbau eines typischen Phospholipids am Beispiel von Phosphatidylcholin (Lecithin)

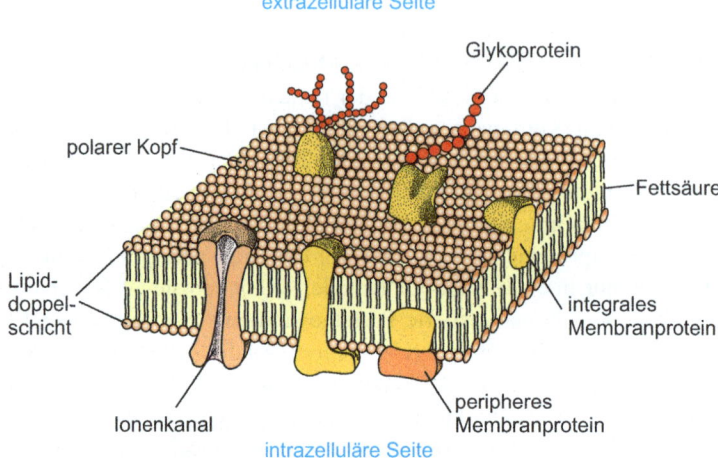

Abb. 2.3 Einbettung der integralen Membranproteine in die Lipiddoppelschicht der Zellmembran

Der Cholesterinanteil einer Membran bestimmt ihre Fluidität. Aufgrund ihrer Molekularbewegungen sind alle Lipide in einer ständigen dynamischen Umordnung begriffen (Abb. 2.3). Die Lipidmoleküle rotieren um sich selbst, tauschen in einer Lamelle häufig den Platz und können sogar von einer Lamelle in die andere wechseln (Flip-Flop-Mechanismus). Die Lipiddoppelschicht ist durch ihre Hydrophobizität nur für Gase und kleine, nichtionisierte Moleküle sowie für lipidlösliche Stoffe permeabel. Für Wasser und alle anorganischen Ionen ist sie undurchlässig. Für diese sind mit den integralen Proteinen spezielle Transportsysteme vorhanden.

Das Cytoskelett dient als Verankerung für die integralen Membranproteine und hindert manche an ihrer lateralen Beweglichkeit. Manche Membranproteine durchspannen die Lipiddoppelschicht mehrfach, wobei ihre apolaren Anteile als Membrandomänen bezeichnet werden. Sie werden durch hydrophile Schleifen verbunden, die als extra- oder cytoplasmatische Domänen bezeichnet werden. Ein integrales Membranprotein besteht aus einer langen Peptidkette, die eine komplizierte dreidimensionale Struktur hat. Bei Ionenkanälen lagern sich die Transmembrandomänen oft kreisförmig zusammen und bilden einen Tunnel für die Passage der Ionen. So bildet die Zellmembran eine Barriere zwischen dem Extra- und dem Intrazellularraum und ermöglicht eine Kompartimentierung der biologischen Materie. Die dadurch entstehende ungleiche Verteilung von Substanzen ist eine wesentliche Voraussetzung für die Entstehung des Lebens und für die Funktion von Organellen.

Extrazelluläre Matrix
Menschliche und tierische Zellen sind in eine Grundsubstanz eingebettet, die ihnen neben mechanischer Festigkeit auch eine Orientierung für Wachstum und Differenzierung bietet. Diese Grundsubstanz wird als extrazelluläre Matrix bezeichnet und besteht hauptsächlich aus vernetzten Proteinen mit verschiedenen mechanischen Eigenschaften. Sie sind in ein wässriges Gel aus Polysacchariden (Sialomucine,

Hyaluronsäure) und Proteoglykanen eingebettet. Den überwiegenden Anteil der Matrixproteine stellen Kollagene, von denen es verschiedene, auch tierartlich spezifische Typen gibt. Ihre Polypeptidkette weist eine schraubenförmige Struktur auf und wird mit anderen Ketten zu einer Tripelhelix verdrillt. Im extrazellulären Raum polymerisieren diese Tripelhelices zu langen, festen Kollagenfasern. Ein weiteres Protein, das Elastin, hat durch seine gekräuselte Struktur auch elastische Eigenschaften. Zur Zelladhäsion und Zellerkennung tragen spezielle Zelladhäsionsproteine wie Fibronectin, Cadherin und Selectine bei. Dies sind meist Glykoproteine, die lange Fasern bilden und mit ihren spezifischen Domänen auch spezifische Bindungen mit der extrazellulären Matrix oder auch mit Rezeptoren in der Zellmembran eingehen können. Fibrin ist ein extrazelluläres Faserprotein, das spezifisch bei der Blutgerinnung entsteht und für einen Wundverschluss sorgt. Integrine sind Proteine, welche die extrazelluläre Matrix mit Actinfilamenten des Cytoskeletts verbinden. Laminin wird speziell von Epithelzellen sezerniert und bildet zusammen mit Kollagenen die Basallamina, eine Grundstruktur, auf der sich Epithelzellen befinden und sich differenzieren.

Rezeptoren
Als membranständiger Rezeptor wird ein membranständiges Protein bezeichnet, an das extrazelluläre Signalmoleküle binden können und dadurch intrazelluläre Signalprozesse auslösen. Rezeptoren können sich aber auch im Zellinneren befinden und dort zellspezifische Reaktionen auslösen. Membranrezeptoren besitzen eine spezifische molekulare Passform, an die Liganden (Signalmoleküle) binden können (Schlüssel-Schloss-Prinzip). Dabei können diese Rezeptoren in der Zellmembran liegen oder auch intrazellulär in der Membran von Organellen. Zellmembranrezeptoren werden in zwei Klassen unterteilt: Als ionotrope Rezeptoren bezeichnet man Ionenkanäle, die sich bei Ligandenbindung vermehrt öffnen und dadurch die Membranleitfähigkeit und das Membranpotenzial verändern. Dagegen aktivieren metabotrope Rezeptoren (Abb. 2.4a) bei Ligandenbindung ein nachgeschaltetes G-Protein oder ein Enzym (Proteinkinase) und beeinflussen damit intrazelluläre Signalkaskaden und führen zu Konzentrationsveränderungen von sekundären Botenstoffen (Second Messenger).

Dagegen liegen nichtmembranständige Rezeptoren im Cytoplasma der Zelle oder im Karyoplasma des Zellkerns (Abb. 2.4b) vor. Diese Rezeptoren können hydrophobe Hormone (z. B. Cortisol) oder auch hydrophile Hormone (z. B. Thyroxin) binden und durch Konformationsänderung zu einer Freilegung der DNA-bindenden Domäne führen. Damit kann das Rezeptorprotein als Transkriptionsfaktor wirken und die Expression von Genen verursachen oder verändern (Aktivator oder Repressor).

Zell-Zell-Erkennung
Zellen können Wechselwirkungen mit ihren Nachbarzellen eingehen, indem sie Erkennungsmechanismen ihrer membranständigen Proteine (Adhäsine) verursachen. Diese haben regulatorische und auch signalvermittelnde Eigenschaften. Eine wesentliche Rolle bei der Zellerkennung spielt offensichtlich auch die Vielfalt der

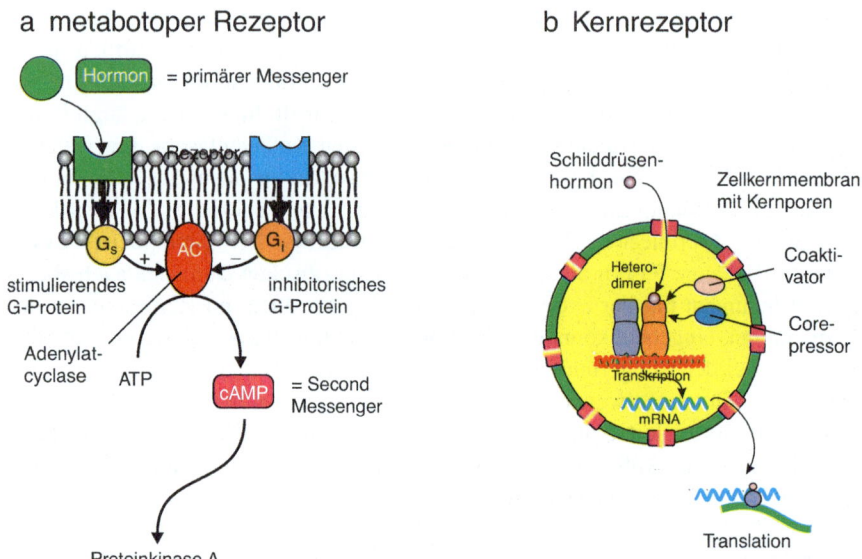

Abb. 2.4 Beispiele von Rezeptortypen. (**a**) Metabotroper Rezeptor am Beispiel einer Hormonwirkung als primärer Messenger und der Aktivierung von cAMP als Second Messenger. (**b**) Kernrezeptor am Beispiel der Wirkung des Schilddrüsenhormons und der Aktivierung der Genexpression

an der Zelloberfläche vorhandenen Kohlenhydratketten mit ihren speziellen Seitenketten aus Proteinen und Lipiden. Dieses Muster der Oberflächenstrukturen einer Zelle ändert sich während der Entwicklung, Differenzierung und auch bei der Erkrankung einer Zelle. Dabei spielen vor allem die Lectin-Kohlenhydrat-Verbindungen eine wichtige Rolle. So tragen Tumorzellen auf ihren Oberflächen ein Lectin, das auf normalen Zellen nicht vorkommt. Es spielt vermutlich bei der Entwicklung von Tochterzellen (Metastasierung) eine Rolle. Bei Infektionen spielt die Anheftung von bakteriellen Lectinen über sogenannte P-Fimbrien an Kohlenhydrate der Wirtszelle eine große Rolle. Diese Familie der lectinassoziierten Adhäsionsmoleküle wird inzwischen als Selectine bezeichnet, eine andere Bezeichnung für sie ist LEC-CAMs. Selectine sind Oberflächenproteine mit drei Funktionsdomänen zur Verankerung und Bindung der Kohlenhydrate. Lymphocyten besitzen einen sogenannten Homing-Rezeptor, mit dem sie bei ihren Wanderungen durch den Organismus bestimmte Ziele an Endothelzellen finden (L-Selektion).

Zell-Zell-Verbindungen
Diese Verbindungsstrukturen dienen bei Mehrzellern der Stabilität und auch der Kommunikation. Außerdem führen sie zur Bildung von Geweben.

Durch die Haftkontakte der Desmosomen werden Zellen an mehreren Stellen verbunden. Es gibt mehrere Arten von Desmosomen mit unterschiedlicher Bauweise. Plattendesmosomen besitzen eine scheibenförmige Struktur, die sich über extrazelluläre Filamente wie ein Druckknopf mit einer gleichartigen Struktur der

Nachbarzelle verbindet (Abb. 2.1). An ihrem Inneren setzen die Intermediärfilamente der Zelle an. Gürteldesmosomen befinden sich auf der apikalen Seite der Epithelzellen und sind neben Haft- und Festigkeitsfunktionen entscheidend für die Gestaltungsbewegungen der Zellen während ihrer Entwicklungsphase. Durch Kontraktion können ihre Strukturen Zellverbände gürtelartig einschnüren und so z. B. die Absenkung der Neuralrinne bei der Bildung des Nervensystems bewirken.

Zwischen Epithelzellen kommen neben den Desmosomen auch Tight Junctions vor. Es sind Verschlusskontakte, die Epithelzellen an ihrer apikalen Seite verbinden und den Durchtritt von Substanzen und Flüssigkeit zwischen den Zellen kontrollieren (parazellulärer Weg). Tight Junctions bestehen aus speziellen Verschlussproteinen (Occludine, Claudine), die die Zellmembran an dieser Stelle eng zu *strands* zusammenheften. Da die Verschlussproteine fest miteinander gekoppelt in den Membranlamellen zweier Zellen sitzen, bilden sie so auch eine natürliche Barriere für die laterale Diffusion von Membranproteinen. Auf diese Weise werden apikale und basolaterale Membranbereiche voneinander getrennt und weisen jeweils ihre eigene charakteristische Zusammensetzung von Membranproteinen auf. So findet man in Epithelzellen bestimmte Na^+- und K^+-Kanäle nur in der apikalen Membran, während die Na^+-K^+-ATPase nur in der basolateralen Membran vorkommt.

Gap Junctions sind Kommunikationskontakte zwischen einzelnen Zellen. Sie bestehen aus zwei Hälften (Connexone), die jeweils in den Membranen benachbarter Zellen lokalisiert sind (Abb. 2.5). Jedes Connexon besteht aus sechs identischen Proteinen (Connexine), die gemeinsam einen Tunnel bilden. Beim Andocken dieser Hälften aneinander bildet sich ein großlumiger Tunnel, der große Moleküle bis zu einer Molekülmasse von 1500 Da durchlässt, z. B. chemische Signalstoffe wie cAMP. Durch seine flüssigkeitsgefüllte Verbindung koppelt dieser Tunnel aber auch das Cytosol dieser Zellen elektrisch, sodass elektrische Signale sehr schnell und in beide Richtungen von Zelle zu Zelle weitergegeben werden können (elektrische Synapse). Connexone sind in der Zellmembran lateral beweglich und müssen

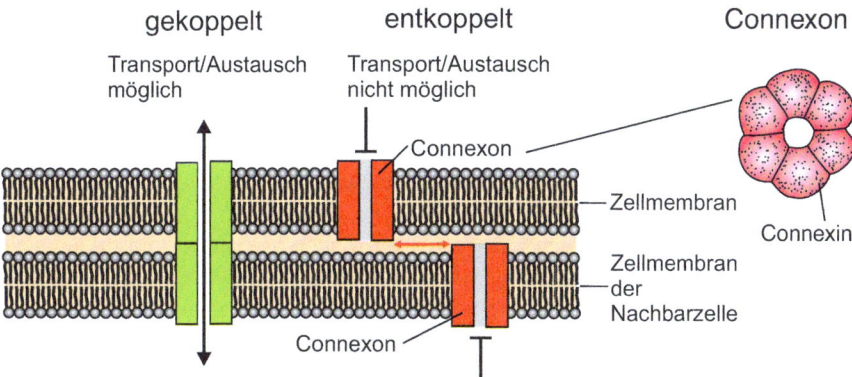

Abb. 2.5 Funktion der Gap Junctions. Ein Connexon besteht aus sechs Connexinen. Connexone können Zellen elektrisch koppeln, indem sie nach lateraler Diffusion koppeln und einen elektrisch leitfähigen Kanal bilden, der für Moleküle bis 1500 Da durchlässig ist

sich miteinander verbinden, um eine leitende Verbindung zu schaffen. Sie können sich aber auch entkoppeln, z. B. wenn zwei Zellen in Kultur dissoziieren. Dann schließen sich die Hälften und verhindern ein Auslaufen des Cytosols. Die Durchlässigkeit von Gap Junctions wird durch Ca^{2+} reguliert. Sie kommen besonders häufig zwischen den Herzmuskelzellen und zwischen glatten Muskelzellen vor.

Cytoplasma

Das Cytoplasma umfass die gesamte Füllung einer Zelle also auch das Cytosol. Dieses beinhaltet die flüssigen und die darin gelösten Komponenten, enthält neben Wasser auch die hauptsächlichen Bestandteile von Proteinen, Kohlenhydraten, Lipiden und Nucleinsäuren. Im Cytosol befinden sich auch Ionen (Na^+, K^+, Ca^{2+}, Mg^{2+}, HCO_3^-, PO_4^{2-}, Cl^- u. a.), deren Konzentration durch Transportmoleküle in der Zellmembran so reguliert wird, dass sie konstant ist (zelluläre Homöostase). Durch die Proteine enthält das Cytosol eine kolloidartige Eigenschaft, die ihm je nach Konzentration verschiedene Viskositätszustände verleiht. Sind die Proteine frei im wässrigen Milieu verteilt, ist die Zelle sehr beweglich und formbar. Man spricht dann vom flüssigen Solzustand. Sind die Proteine dagegen durch Seitenketten miteinander vernetzt, so wird das Cytosol zähflüssiger und befindet sich im Gelzustand. Durch die Einflüsse von Temperatur, pH-Wert, Ionenkonzentration oder intrazellulären Signalstoffen können diese beiden Zustände ineinander übergehen. Steigt die Körpertemperatur über 41 °C, so beginnen die Proteine zu denaturieren und verklumpen, die Zelle wird irreversibel geschädigt und stirbt ab.

Im Cytosol befinden sich die Zellorganellen, die von eigenen Membranen umgeben sind. Auch in den Zellorganellen ist ein wässriges Milieu vorhanden, das alle oben genannten Stoffe des Cytosols enthalten kann, und auch hier werden die Konzentrationen reguliert und eine Homöostase wird aufrechterhalten. Die einfachsten Zellorganellen werden als Vesikel bezeichnet. Es sind kleine, kugelige Kompartimente, die von einer einfachen Membran umgeben sind. Oft entstehen sie durch Abschnürung von anderen Organellen (Golgi-Apparat, endoplasmatisches Reticulum).

Cytoskelett

Die äußere Membran der Zellen wird durch ein bewegliches, inneres Gerüst formgebend stabilisiert. Dieses Cytoskelett ist im Zellinneren auch für den gesicherten Transport von Substanzen zuständig. Das Cytoskelett besteht aus einzelnen Filamenten, die in speziellen Strukturen der Zellmembran verankert sind. Sie durchziehen die gesamte Zelle in alle Richtungen und unterteilen sich in drei Filamentgruppen.

Actinfilamente sind in allen eukaryotischen Zellen vorhanden und bilden sich durch dynamische Polymerisierung von einzelnen G-Actin-Molekülen zu langen, fadenförmigen Strukturen (F-Actin), von denen jeweils zwei zu einer Helix verdrillt sind (Abb. 2.6). Sie sind durch akzessorische Proteine (Fibrin, Vinculin und Ankyrin) vernetzt und in der Zellmembran verankert. Zusammen mit Myosin bilden sie in Muskelzellen eine kontraktile Einheit. Die Filamente sind auch an der Zellteilung beteiligt und für die Formgebung bei Entwicklungsvorgängen von Geweben und Organen verantwortlich.

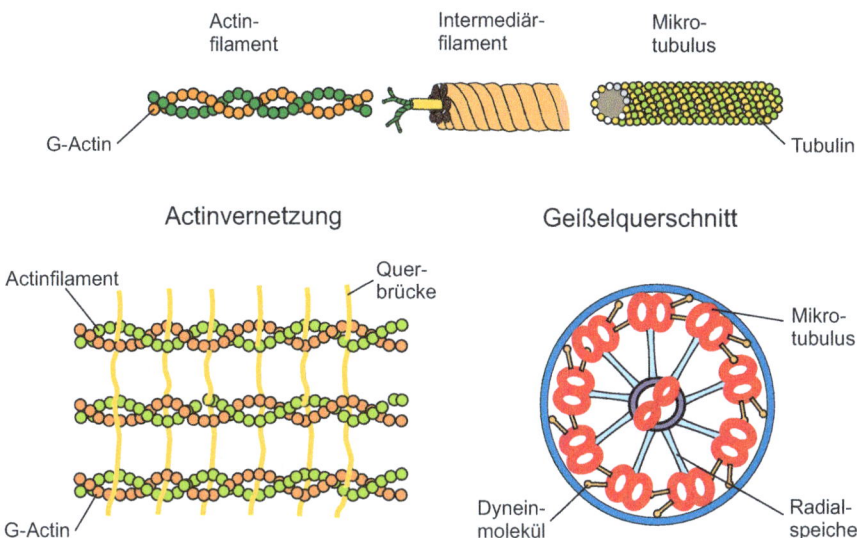

Abb. 2.6 Elemente des Cytoskeletts

Intermediärfilamente (IF) sind vernetzte Polypeptide, die in der Zelle ein dreidimensionales, inneres Gerüst bilden. Man unterscheidet fünf Typen, deren Vorkommen für bestimmte Zelltypen charakteristisch ist. In Deckgeweben wie der Epidermis, die auch mechanisch stark belastet sind, findet man hauptsächlich Keratinfilamente. Sie bilden lange, dreifach verdrillte, helikale Strukturen, die durch ihren Aufbau mechanisch stark belastbar sind. Keratine sind charakteristisch für Epithelzellen und kommen deshalb auch in Geweben vor, die innere Oberflächen bilden (Darmepithel). Sie sind über Plattendesmosomen in der Zellmembran verankert und stabilisieren Zellen auch bei Volumenänderungen. Deshalb werden sie oft auch als Tonofilamente bezeichnet. Charakteristisch sind sie auch für verhornte Gewebe wie Nägel und Haare. Desminfilamente sind zusätzliche, mechanisch stabilisierende Strukturen, z. B. in den Z-Scheiben der Muskelzellen. Vimentin findet sich hauptsächlich in Bindegewebezellen (Fibroblasten). Diese mechanisch stark belasteten Zellen sind aufgrund der Elastizität ihres inneren Vimentinnetzwerks äußerst verformbar. In Nervenzellen finden sich drei Arten von Neurofilamenten, die den oft langen Axonen dieser Zellen einen besonderen Halt geben. Durch die hohe Gewebespezifität aller Intermediärfilamente eignen sie sich hervorragend für die Zelltypisierung. Dadurch haben sie speziell in der Tumordiagnostik eine besondere Bedeutung. Auch Mikrotubuli sind in allen eukaryotischen Zellen vorhanden. Sie bestehen aus Polymeren von α- und β-Tubulin, die spiralig angeordnet eine Mikroröhre bilden (Abb. 2.6). Diese Mikroröhren haben einen Durchmesser von etwa 25 nm und bestehen aus 13 ringförmig angeordneten Tubulindimeren. Mikrotubuli sind in einem ständigen dynamischen Auf- und Abbau begriffen. Sie bilden eine polare Struktur mit einem Plusende, an das laufend neue Tubulindimere angelagert werden, und einem Minusende, an dem die Tubulindimere abgebaut werden. Durch Koordinierung dieser Polymerisierungs- und

Depolymerisierungsvorgänge kann die Mikroröhre entweder wachsen und sich verlängern oder sich wieder verkürzen. Anlagerung und Abbau der Tubulinmoleküle können sich auch in einem dynamischen Gleichgewicht befinden, sodass die Röhre scheinbar gleich lang bleibt, in Wirklichkeit aber allmählich durch neue Tubulinmoleküle ersetzt wird. Dies wird als Tretmühlenmechanismus bezeichnet. In diese Vorgänge greifen verschiedene Zellgifte hemmend ein. So blockiert Colchicin, ein Gift der Herbstzeitlose, die Polymerisierung genauso wie das ähnliche, aber synthetisch hergestellte Colcemid. Taxol, ein pflanzliches Gift aus der Eibe, hemmt dagegen die Depolymerisierung, sodass die Mikrotubuli in ihrem Maximalzustand stabilisiert, in ihrer Funktion aber ebenfalls blockiert werden. Mikrotubuli sorgen für den intrazellulären Transport von Substanzen, Vesikeln und Partikeln. Sie bilden spezielle Strukturen wie den Kernspindelapparat, der bei der Kernteilung die duplizierten Chromosomen auseinanderzieht. Mikrotubuli entstehen aus Organisationszentren, die man als Centrosomen bezeichnet. In diesen Gebieten der Zellen liegen die Centriolen, die aus zwei senkrecht zueinander orientierten, kurzen, zylinderförmigen Strukturen bestehen. In diesen sind neun dreifache Mikrotubuli kreisförmig angeordnet. Vor der Kernteilung werden die Centriolen dupliziert. Sie bilden strahlenförmige Mikrotubulusstrukturen aus. Ein Centriolenpaar wandert auf die entgegengesetzte Seite des Zellkerns und von beiden Centriolen wachsen Mikrotubuli aus, die zwischen den Chromosomenhälften angreifen. Durch Depolymerisierung werden die Kernspindeln wieder verkürzt und die Chromosomen auseinandergezogen. Wird dieser Vorgang durch Colchicin oder Taxol gehemmt, so wird die Zellteilung unterbunden. Deshalb setzt man diese Stoffe, unter anderem auch Vinblastin, als Zytostatika bei der Tumorsuppression ein.

Die ganze Zelle ist von Mikrotubuli durchzogen, die auf diese Weise auch als Leitstrukturen für die Bewegung von molekularen Motoren beim Vesikeltransport dienen. Mikrotubuli bilden auch die innere Bewegungsstruktur von Cilien und Geißeln. In diesen ordnen sich neun paarige Mikrotubuli im Kreis um zwei zentrale Mikrotubuli an. Diese bei eukaryotischen Zellen vorherrschende Anordnung bezeichnet man als 9+2-Formel. Die neun äußeren Doppelstrukturen sind durch radiale Speichen mit den zwei inneren Mikrotubuli verbunden. Zwischen den neun äußeren Doppelmikrotubuli finden sich Motorproteine, die Dyneinarme, die an der benachbarten Doppelstruktur angreifen. Das Hin- und Hergleiten zwischen den äußeren Doppelstrukturen bewirkt eine seitliche Bewegung der Cilie.

Geißeln und Cilien sind extrazelluläre Strukturen, die über Basalkörper in der Zellmembran verankert sind. Die Basalkörper entsprechen im Aufbau den Centriolen (9×3) und sind ebenfalls Organisationszentren für den Aufbau der Geißelmikrotubuli. Bei vielen Zellen dienen Cilien und Geißeln auch zur Fortbewegung (Zellmotilität). In Säugetieren sind Epithelzellen verschiedener Gewebe mit Geißeln versehen, z. B. das Bronchialepithel. Geißeln von Prokaryoten (Bakterien) sind dagegen völlig anders aufgebaut und bestehen aus dem Protein Flagellin.

Molekulare Motoren und Vesikeltransport
In Muskelzellen gleitet das Motorprotein Myosin entlang der Actinfilamente und verursacht die Bewegung. Weitere Motorproteine kommen ubiquitär in allen Zellarten vor. Sie ermöglichen den Transport von Substanzen, die in Vesikel eingepackt werden.

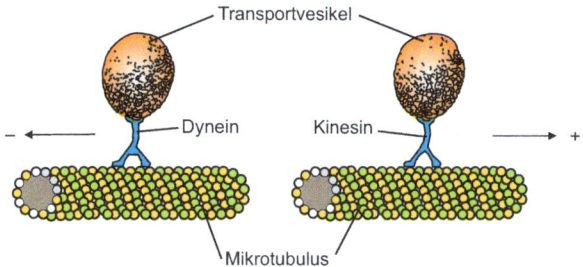

Abb. 2.7 Motorproteine

Dazu besitzen sie eine Struktur mit verschiedenen Bindungsketten. Eine ist für die Ankopplung der Vesikel zuständig, die andere für das Entlanggleiten an einer filamentösen Struktur. Man teilt die Motorproteine in zwei Klassen ein (Abb. 2.7). Myosinartige Motorproteine bewegen sich entlang von Actinfilamenten, und zwar nicht nur in Muskelzellen. Dynein und Kinesin bewegen sich als Motorproteine entlang der Mikrotubuli, und zwar Dynein zum Minusende und Kinesin zum Plusende. Für diese Bewegungen haben Dynein und Kinesin zwei Bindungsstellen, die das Molekül in einer schreitenden Bewegung unter ATP-Verbrauch am Mikrotubulus entlangführen. Somit wird ein zielgerichteter Transport innerhalb der Zelle ermöglicht.

Zellkern
Alle eukaryotischen Zellen besitzen einen echten Zellkern (Nucleus). Er besteht aus einer Doppelmembran, die von Öffnungen (Kernporen) durchbrochen ist. Die Kernporen bestehen aus ringförmig angeordneten Proteinen, die einen Kernporenkomplex bilden, der geöffnet oder auch verschlossen werden kann. Die innere Membran grenzt an die Kernlamina, einer 20–100 nm dicken, formstabilisierenden Schicht aus Lamininfilamenten. Zwischen den beiden Schichten der Doppelmembran befindet sich der perinucleäre Raum. Er geht an verschiedenen Stellen der äußeren Membran in das endoplasmatische Reticulum über (Abb. 2.1).

Im Zellkern befinden sich die Erbsubstanz (Chromatin) und das Kernkörperchen (Nucleolus). Das Chromatin wird in das genetisch aktive Euchromatin und das genetisch inaktive Heterochromatin unterteilt. Im Nucleolus werden die Untereinheiten der Ribosomen zusammengesetzt, die dann in das Cytoplasma auswandern. Die Substanz im Inneren des Zellkerns wird als Karyoplasma oder auch als Nucleoplasma bezeichnet. Im Stadium zwischen den Zellteilungen ist im Inneren des Zellkerns nur das diffuse Karyoplasma zu sehen. Chromosomen als kondensierte Formen der Erbsubstanz sind nur im Stadium der Zellteilung erkennbar.

Ribosomen und Polysomen
Zur Proteinsynthese dienen die partikelförmigen Ribosomen, die frei im Cytoplasma vorkommen oder auch an das endoplasmatische Reticulum gebunden sind. Eine Zelle besitzt mehr als 1 Mio. Ribosomen. Eine Spezialform der Ribosomen findet sich in den Mitochondrien. Ribosomen bestehen aus zwei verschieden großen Untereinheiten, die im Nucleolus des Zellkerns synthetisiert werden und dann durch

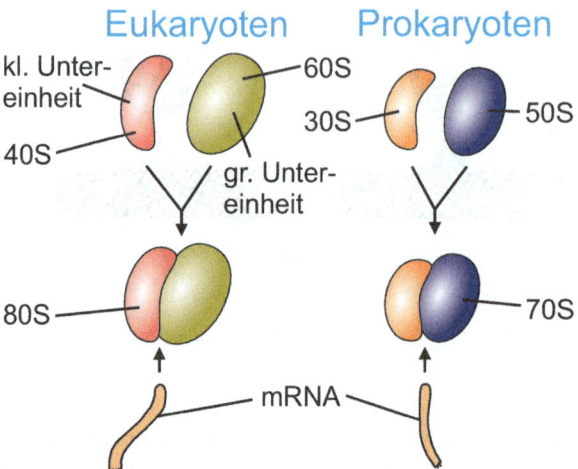

Abb. 2.8 Ribosomen. Die Ribosomen von Pro- und Eukaryoten haben eine unterschiedliche Molekülmasse. Sie setzen sich jeweils aus einen kleinen und einer großen Untereinheit zusammen, die nach ihrer Sedimentationsgeschwindigkeit (S) beim Zentrifugieren benannt werden

die Kernporen in das Cytosol auswandern. Dort verbleiben sie entweder als freie cytosolische Ribosomen und dienen der Synthese von cytosolischen Proteinen oder sie werden zeitweise an der Außenseite des endoplasmatischen Reticulums gebunden (raues ER). Die ribosomalen Untereinheiten von prokaryotischen und eukaryotischen Ribosomen sind unterschiedlich groß (Abb. 2.8). Sie werden nach der Sedimentationsgeschwindigkeit (S) beim Zentrifugieren bezeichnet. Ribosomen von Eukaryoten bestehen aus 60S- und 40S-Untereinheiten, während Ribosomen von Prokaryoten aus 50S- und 30S-Untereinheiten bestehen. Diese Untereinheiten bestehen aus ribosomaler RNA (rRNA) und verschiedenen Proteinen. Lagern sich eine große und eine kleine Untereinheit zusammen, dann entsteht ein Komplex, der zur Proteinsynthese (Translation) dient. Dabei gleitet die mRNA zwischen den beiden Untereinheiten durch und wird abgelesen. Nach Beendigung der Translation trennen sich die beiden Untereinheiten wieder voneinander. Oft lagern sich an der RNA nacheinander viele Ribosomen an und beginnen mit der Translation, wobei dann gleichzeitig mehrere Kopien desselben Produkts gebildet werden und der Vorgang wird damit effizienter. In dieser Anordnung werden die Ribosomen als Polysomen bezeichnet.

Endoplasmatisches Reticulum
In der Zelle bildet das endoplasmatische Reticulum (ER) ein weit verzweigtes System aus Gängen und Kammern. Das ER besteht aus einer einfachen Membran, die in die äußere Schicht der Doppelmembran des Zellkerns übergeht. Es hat eine zentrale Funktion für den Zellstoffwechsel, indem es als Syntheseort für Lipide, Kohlenhydrate und Proteine und in hormonproduzierende Zellen auch für die Synthese von z. B. Steroidhormonen dient. In seinen Lumen erfolgten außerdem die

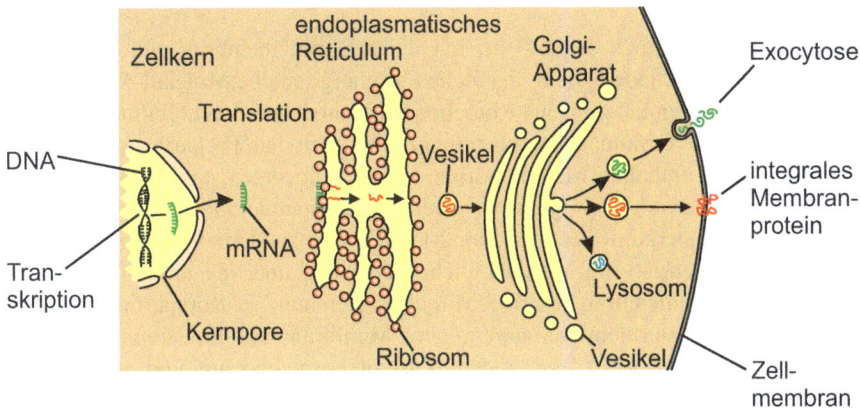

Abb. 2.9 Endoplasmatisches Reticulum, Golgi-Apparat und Weg der Proteinsynthese. Im Zellkern wird die DNA abgelesen (Transkription). Die gebildete Messenger-RNA (mRNA) verlässt den Zellkern durch die Kernporen und dockt an die Ribosomen des endoplasmatischen Reticulums (raues ER) an. Dort verläuft die Translation. Das gebildete Produkt wird in ein Vesikel verpackt, verlässt das ER und fusioniert mit der *cis*-Seite des Golgi-Apparats. Dort erhält das Vesikel eine Adressierung, bevor es den Golgi-Apparat auf der *trans*-Seite wieder verlässt und zu seinem Zielort gebracht wird

Entgiftung und Spaltung von zellfremden, schädlichen Stoffen (Xenobiotika). Funktionell steht es zwischen dem Zellkern und dem Golgi-Apparat (Abb. 2.9). Man unterscheidet das glatte und das raue ER. Das raue ER ist an der Außenseite mit Ribosomen besetzt und es ist der Ort der Proteinsynthese (Translation). Dabei gleitet die mRNA durch die Ribosomen und das entstehende Polypeptid wird direkt in das ER-Lumen geleitet, wo es mithilfe von Chaperonen gefaltet und dann glykosyliert wird. Im glatten ER werden Produkte entgiftet. Aus den vom ER abgeschnürten Vesikeln und Membranabschnitten werden viele andere Zellorganellen gebildet, z. B. Endosomen, Golgi-Apparat und Lysosomen.

Golgi-Apparat
Er bildet eine Ansammlung von Zisternen, die tellerförmig übereinandergeschichtet sind. Damit stellt er eine Verteiler- und Adressierstelle innerhalb der Zelle dar. In ihm werden die Produkte des ER in Vesikel verpackt und an verschiedene Zielorte versendet. Der Golgi-Apparat ist polar aufgebaut. Seine *cis*-Seite ist dem ER zugewandt und empfängt die Vesikel, die ihren Inhalt durch Membranfusion in den Golgi-Apparat abgeben. Im Golgi-Apparat durchwandern die Produkte mehrere Kompartimente und werden nach ihrer Modifikation dann an der gegenüberliegenden *trans*-Seite über die Abschnürung von Vesikeln wieder abgegeben. Vesikel entstehen an der Außenseite eine Adressierung durch ihren Glykosylphosphatidylinositol-(GPI-)Anker, der eine charakteristische Erkennung und damit eine Sortierung ermöglicht. Danach werden sie von den Motorproteinen über das Cytoskelett zu ihrem Bestimmungsort in der Zelle oder der Zellmembran gebracht oder durch Exocytose abgegeben.

Mitochondrien
Sie haben eine länglich-ovale Form mit einer Doppelmembran und dienen der Energieproduktion, indem sie in der Zelle das energiereiche Molekül Adenosintriphosphat (ATP) herstellen. Neue Mitochondrien entstehen durch Teilung. Sie enthalten ein eigenes Genom, das ringförmig ist und damit dem Prokaryotengenom ähnelt. Außerdem enthalten Mitochondrien eigene Ribosomen, die ähnlich wie die von Prokaryoten vom 70S-Typ sind. Auch die Doppelmembran spricht für eine Endosymbiontenherkunft der Mitochondrien. Eine Besonderheit in der Biogenese der Mitochondrien ist ihre ausschließliche Vererbung über die mütterliche Linie. Durch die Doppelmembran bestehen Mitochondrien aus vier Kompartimenten: äußere Membran, Intermembranraum, innere Membran und Innenraum (Matrix). Jeder dieser Räume weist eine andere Zusammensetzung auf und erst ihr Zusammenwirken ermöglicht die Energiegewinnung. Während die äußere Membran glatt ist und die Mitochondrien oval umschließt, ist die Oberfläche der inneren Membran durch viele lamellenförmige Falten (Cristae) stark vergrößert. Dieser Cristaetyp ist für die meisten Zellen charakteristisch, es gibt aber auch den schlauchförmigen Tubulustyp. In der Matrix der Mitochondrien finden die wichtigsten Stoffwechselvorgänge statt (Citratzyklus), Fettsäureoxidation und Biosynthese der Aminosäuren. In diesem Raum liegen auch mehrere Kopien der ringförmigen mitochondrialen DNA, die mitochondrialen Ribosomen, ribosomale RNA sowie Transfer-RNA. Außerdem befinden sich hier alle Enzyme, die für das Stoffwechselgeschehen und die mitochondriale Proteinsynthese notwendig sind. Die mitochondriale Genaktivität ist semiautonom und fügt sich in die Gesamtsituation der Zelle ein. In der inneren Membran sind verschiedene Transmembranproteine lokalisiert, die durch die enorme Oberflächenvergrößerung der Cristae in unzähligen Kopien vorliegen. Besonders hervorzuheben ist der ATP-Synthase-Komplex, der durch den Mechanismus der oxidativen Phosphorylierung ATP herstellt (Abb. 2.10). Dieser Komplex wird durch Protonen getrieben, die durch membranständige Protonenpumpen ständig aus der Matrix in den Intermembranraum gepumpt werden und so einen Protonengradienten über der inneren Membran bilden. Die Protonen folgen dem elektrochemischen Potenzial und strömen durch den Komplex zurück in die Matrix, wobei ATP gebildet wird. Wird dieser Gradient entkoppelt, so wird die ATP-Produktion unterbrochen und es wird hauptsächlich Wärme produziert. Die Mitochondrien sind deshalb neben der ATP-Produktion auch hauptsächlich an der Wärmeproduktion der Organismen beteiligt. In homoiothermen Organismen, die im neonatalen Zustand eine besonders starke Wärmeproduktion benötigen, ist häufig ein besonders mitochondrienreiches Gewebe, das braune Fettgewebe, vorhanden, das im adulten Organismus zurückgebildet wird. Die Regulation der Wärmeproduktion an der inneren Mitochondrienmembran ist bei Winterschläfern besonders wichtig.

Durch das Phospholipid Cardiolipin wird die innere Mitochondrienmembran undurchlässig für Ionen, sodass alle Transfervorgänge über diese Membran ausschließlich über Carrierproteine erfolgen müssen. Dagegen ist die äußere Mitochondrienmembran mit großen Poren für Makromoleküle gut durchlässig. Jede Körperzelle hat mehrere Hundert Mitochondrien, deren Zahl in sehr stoffwechselaktiven Zellen (Leber, Muskulatur) viel höher ist als z. B. in Nervenzellen.

2 Aufbau und Funktion der Zellen

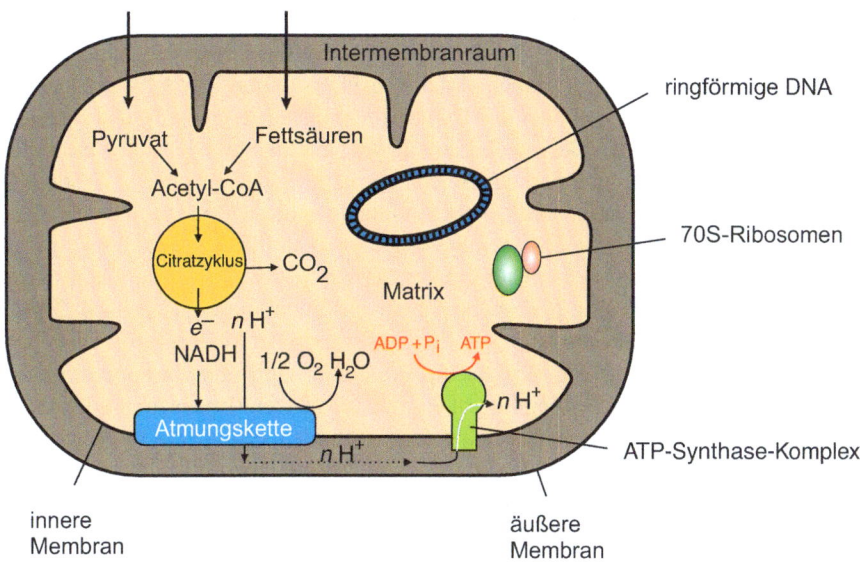

Abb. 2.10 Energiegewinnung im Mitochondrium. Mitochondrien haben eine Doppelmembran und eine eigene, ringförmige DNA. In der inneren Membran sitzt der ATP-Synthase-Komplex, der durch Protonen angetrieben ATP herstellt. Im Innenraum (Matrix) laufen sämtliche Stoffwechselvorgänge ab, die aus den Substraten Pyruvat und Fettsäuren über den Citratzyklus die Atmungskette bedienen

Peroxisomen, Lysosomen und Vesikel

Vesikel sind kleine, kugelige, von einer Membran umgebene Kompartimente. Sie werden oft von Organellen (ER, Golgi-Apparat) abgeschnürt und dienen zur Speicherung und zum Transport von Stoffen. Eine besondere Form der Vesikel sind Lysosomen und Peroxisomen, die dem Abbau, der Entgiftung und der Entsorgung von schädlichen Produkten dienen.

Lysosomen sind von einer einfachen Membran umgeben und enthalten saure Hydrolasen. Sie spalten bei einem pH-Optimum von 5 Proteine, Fette, Kohlenhydrate und Nucleinsäuren, aber auch aggressive Phosphor- und Schwefelverbindungen. Dazu nehmen die Lysosomen Proteine über ihre membrangebundenen Transportsysteme auf. Ähnlich wie die Lysosomen können Peroxisomen aggressive Verbindungen abbauen. Dazu enthalten sie hochwirksame Enzyme (Katalasen, Oxidasen), die Substrate (Purin, Fettsäuren) mit molekularem Sauerstoff oxidieren. Dabei entstehen hoch aggressive Wasserstoffperoxide, die mit Katalasen zu Wasser reduziert werden. Peroxisomen haben eine Doppelmembran, weshalb vermutet wird, dass auch sie ehemalige, adaptierte Endosymbionten sind.

Endo und Exocytose

Zellen haben spezielle Mechanismen zur Aufnahme und Abgabe von größeren Partikeln oder Molekülen entwickelt, die nicht lipophil sind und die auch nicht über geeignete Transportsysteme durch die Zellmembran gelangen können. Solche Substanzen werden über vesikelartige Strukturen aus der Zelle ausgeschleust (Exocytose) oder in die Zelle aufgenommen (Endocytose). Bei der Endocytose bildet sich in der Zellmembran eine Einbuchtung, die sich weiter einsenkt und den extrazellulären Inhalt in ein Vesikel einschließt. Dabei wird die Vesikelmembran aus der Lipiddoppelschicht der Zellmembran gebildet und ist deshalb umgekehrt orientiert. Die ehemals äußere Lamelle bildet jetzt die innere Lamelle des Vesikels. Das Vesikelinnere stellt quasi einen extrazellulären Raum dar. Solche Vorgänge laufen an jeder Zelle ständig ab. Werden feste Stoffe aufgenommen, bezeichnet man diese Mechanismen als Phagocytose, die Aufnahme von flüssigen Stoffen nennt man Pinocytose.

Bei der rezeptorvermittelten Endocytose werden Stoffe wie Eisen, Cholesterin oder Insulin durch spezielle Rezeptoren in der Zellmembran erkannt (Abb. 2.11). Diese lösen eine Signalkaskade aus, die zur Einsenkung der Vesikel führt. Die Vesikel sind von einer netzartigen Struktur des Proteins Clathrin überzogen und fusionieren zur weiteren Verarbeitung mit andern Zellstrukturen (Endosomen). Clathrin und die Rezeptoren werden zurück in die Zellmembran überführt, wo sie in speziellen Strukturen, den Coated Pits, für einen neuen Einsenkungszyklus bereitstehen.

Nach dem umgekehrten Prinzip läuft die Exocytose ab. Ein intrazelluläres Vesikel fusioniert mit der Zellmembran und bildet eine Fusionspore, durch die der Vesikelinhalt in den extrazellulären Raum abgegeben wird. Bei der Fusion spielen spezielle Proteine eine Rolle, die sowohl in der Vesikelmembran als auch in der Zellmembran lokalisiert sind. Sie erkennen sich und bilden unter ATP-Verbrauch einen sogenannten Fusionskomplex. Bei diesen Vorgängen spielt auch die intrazelluläre Ca^{2+}-Konzentration eine entscheidende Rolle. Es entsteht eine Ca^{2+}-vermittelte Exocytose, die z. B. auch in Nervenendigungen eine Rolle bei der synaptischen Ausschüttung von Transmittern eine Rolle spielt.

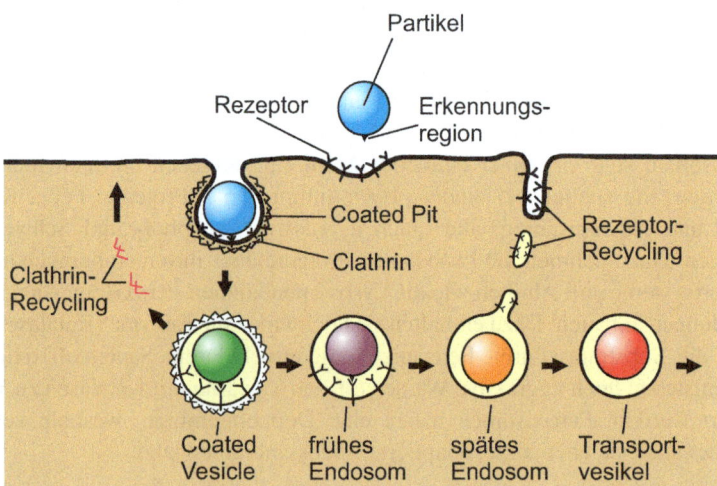

Abb. 2.11 Rezeptorvermittelte Endocytose. Aufzunehmende Partikel erkennt die Zelle über spezifische Rezeptoren. An diesen wird das Partikel gebunden und die Zellmembran senkt sich ein und bildet dann ein mit Clathrin überzogenes Vesikel. Dieses wird modifiziert und weitergeleitet. Die Rezeptoren und auch Clathrin werden zu einem weiteren Gebrauch recycelt

Gewebe und Organe 3

> **Flashcards**
> Als Käufer dieses Buches können Sie kostenlos unsere Flashcard-App „SN Flashcards" mit Fragen zur Wissensüberprüfung und zum Lernen von Buchinhalten nutzen. Für die Nutzung folgen Sie bitte den folgenden Anweisungen:
>
> 1. Gehen Sie auf https://flashcards.springernature.com/login.
> 2. Erstellen Sie ein Benutzerkonto, indem Sie Ihre Mailadresse angeben und ein Passwort vergeben.
> 3. Verwenden Sie den folgenden Link, um Zugang zu Ihrem SN Flashcards Set zu erhalten: ▶ www.sn.pub/kt4cim.
>
> Sollte der Link fehlen oder nicht funktionieren, senden Sie uns bitte eine E-Mail mit dem Betreff „SN Flashcards" und dem Buchtitel an customer-service@springernature.com.

Die Zellen eines Organismus sind spezialisiert, indem sie sich zu Geweben organisieren. Gewebe wiederum bilden Organe. Allgemein werden vier Gewebetypen unterschieden: Nervengewebe, Muskelgewebe, Bindegewebe und Epithelgewebe (Abb. 3.1).

Das Nervengewebe besteht nur aus ca. 10 % Nervenzellen (Neuronen), den überwiegenden Bestandteil bildet die Neuroglia (Nervenbindegewebe) mit ihren verschiedenen Zelltypen (s. Kap. 7). Die Neuroglia isoliert und stützt die Nervenzellen, versorgt sie mit Nährstoffen und dient auch der Immunabwehr. Die verschiedenen Neuronentypen bilden ein kompliziertes Nervengeflecht (Abb. 3.1a).

Für das Wachstum, die Formgebung und die Erhaltung des Körpers ist das Bindegewebe oder Stützgewebe entscheidend. Dieses Gewebe entwickelt sich aus dem mittleren Keimblatt (Mesoderm). Das Bindegewebe unterteilt man in verschiedene

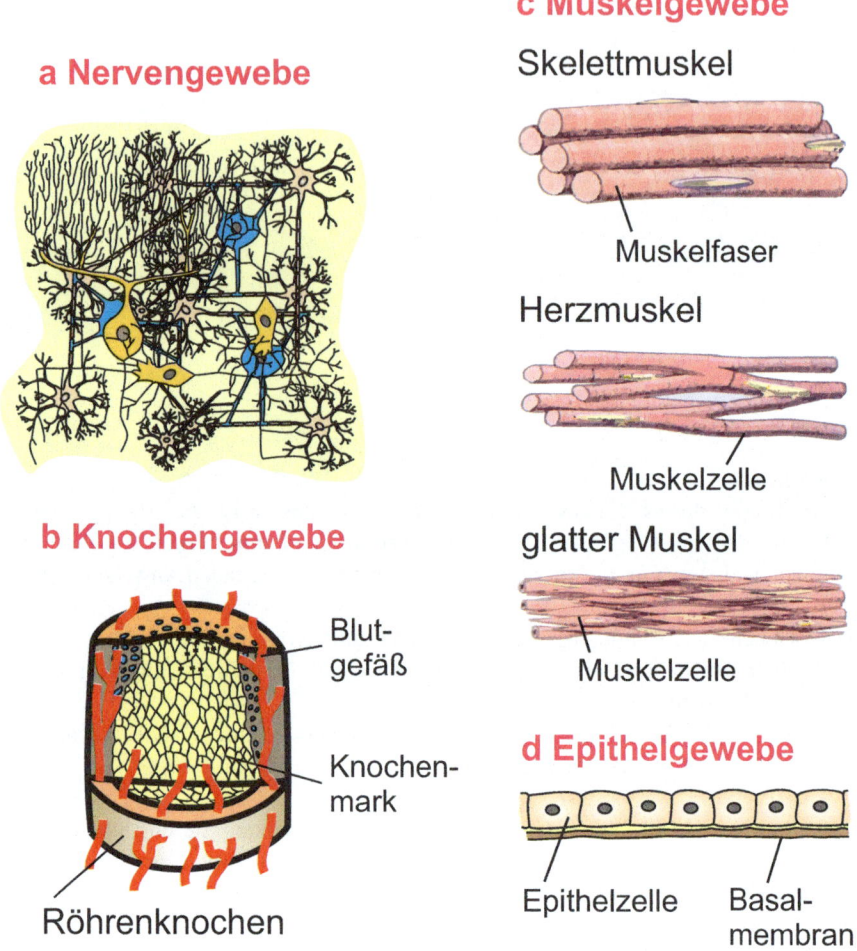

Abb. 3.1 Gewebetypen eines Organismus. (**a**) Nervengewebe. (**b**) Knochengewebe. (**c**) Muskelgewebe. (**d**) Epithelgewebe

Typen: lockeres, straffes und retikuläres. Das Stützgewebe unterteilt man in Knorpel und Knochen (Abb. 3.1b).

Die Muskelzellen (Myocyten) sorgen für die Kontraktion (reversible Verkürzung). Dazu besitzt jede Muskelzelle einen kontraktilen Apparat mit den Molekülen Actin und Myosin (s. Kap. 7) Muskelgewebe kann aus allen Keimblättern entstehen. Bei den Cnidaria bilden sich z. B. Muskelepithelzellen aus den ektodermalen und entodermalen Epithelschichten, deren basale Fortsätze kontraktile Elemente enthalten. Bei Nematoden haben die Kahnmuskelzellen neben den Fortsätzen zum Nervensystem auch Fortsätze mit kontraktilen Elementen. Bei höheren Tieren unterscheidet man zwischen Skelettmuskelgewebe, Herzmuskelgewebe und glatter Muskulatur (Abb. 3.1c).

3 Gewebe und Organe

Epithelgewebe bedecken neben inneren Organoberflächen auch Körperoberflächen. Sie sind flächige Zellverbände, deren polare Zellen stets durch Tight Junctions verbunden sind (Abb. 3.1d). Die äußeren Epithelgewebe, z. B. die Haut, entstehen in der embryonalen Entwicklung stets aus dem äußeren Keimblatt (Ektoderm). Die inneren Epithelgewebe, z. B. das Darmepithel, entstehen dagegen stets aus dem inneren Keimblatt (Entoderm). Zu den Epithelgeweben gehören auch die Sinnesepithelien (s. Kap. 7). Epithelgewebe besteht aus Epithelzellen, die nebeneinander auf einer bindegewebigen Trägerschicht (Basallamina) angeordnet sind. Sie können auch in mehreren Lagen angeordnet sein (mehrschichtiges Epithel).

Organe
Ein Organ wird durch verschiedene Gewebe gebildet. Dabei bilden diejenigen Zellen, die für die eigentliche Funktion des Organs zuständig sind, das Parenchym. Die Umhüllung und das Gerüst des Organs, das dann auch die Versorgungsbahnen (Gefäße und Nerven) enthält, werden durch das Bindegewebe (Stroma) gebildet. Zwischen den Zellen liegt die Interzellularsubstanz, die dem jeweiligen Gewebe eine organtypische Form verleiht. Diese Substanz besteht aus Wasser, Kohlenhydraten und Proteinen, die als bindegewebige Fasern eine gitterartige Netzstruktur und Elastizität vermitteln.

Arbeiten mehrere Organe funktionell zusammen, so bilden sie ein Organsystem. Am Beispiel des Verdauungstrakts wird dies deutlich. Er beginnt mit der Aufnahme und Zerkleinerung der Nahrung durch den Mund und die Zähne und zieht sich dann durch alle Segmente des Magen-Darm-Kanals bis zum Anus.

Fortpflanzung und Genetik

> **Flashcards**
> Als Käufer dieses Buches können Sie kostenlos unsere Flashcard-App „SN Flashcards" mit Fragen zur Wissensüberprüfung und zum Lernen von Buchinhalten nutzen. Für die Nutzung folgen Sie bitte den folgenden Anweisungen:
>
> 1. Gehen Sie auf https://flashcards.springernature.com/login
> 2. Erstellen Sie ein Benutzerkonto, indem Sie Ihre Mailadresse angeben und ein Passwort vergeben.
> 3. Verwenden Sie den folgenden Link, um Zugang zu Ihrem SN Flashcards Set zu erhalten: ▶ www.sn.pub/kt4cim.
>
> Sollte der Link fehlen oder nicht funktionieren, senden Sie uns bitte eine E-Mail mit dem Betreff „SN Flashcards" und dem Buchtitel an customerservice@springernature.com.

4.1 Fortpflanzungstypen

Zu den wichtigsten Eigenschaften eines Organismus gehört die Fortpflanzung. Nur auf diese Weise kann er seine genetischen Eigenschaften weitergeben und den Fortbestand seiner Art sichern. Dazu gibt es verschiedene Fortpflanzungsarten. Die asexuelle (ungeschlechtliche) Fortpflanzung wird oft auch als vegetative Fortpflanzung bezeichnet, da sie ausschließlich auf mitotischen Teilungen eines Einzelindividuums beruht. Damit sind die Nachkommen genetisch identisch. Bei niederen Tieren kann das durch einfache Teilung (Seesterne, Plathelminthes), durch Regeneration (Polypen, Polychäten) oder durch Knospung (Schwämme, Korallen) erfolgen. Die Vorteile sind eine geringe Vermehrungsdauer bei Wegfall eines Sexualpartners. Nachteile entstehen durch genetische Homogenität, Akkumulation von Gendefekten und durch eine hohe Mortalitätsrate in der Population bei ungünstigen Änderungen der Umweltbedingungen.

Dagegen benötigt die sexuelle Fortpflanzung zwei Typen von Keimzellen (Gameten), die bei der Befruchtung verschmelzen (Anisogamie). Männliche Organismen produzieren in der Spermatogenese in den meist paarigen Keimdrüsen (Hoden) Spermien, die meist kleiner und beweglicher sind. Weibchen produzieren in der Oogenese in den Ovarien (Eierstöcke) relativ große und unbewegliche Keimzellen, die als Ovum (Ei) bezeichnet werden. Während der Keimzellenbildung (Gametogenese) wird der diploide Chromosomensatz der Ausgangszelle in der Meiose halbiert, wodurch haploide Gameten entstehen. Durch die bei der Befruchtung erfolgende Verschmelzung zweier haploider Gameten entsteht eine diploide Somazelle, die Zygote.

Als weitere Form gibt es daneben noch die unisexuelle Fortpflanzung, bei der kein Austausch von genetischem Material stattfindet, da sich nur das Muttertier fortpflanzt. So entsteht bei der apomiktischen Parthenogenese der Embryo aus einem unbefruchteten Ei, sodass das männliche Geschlecht genetisch keine Rolle spielt. Bei einer Form der Parthenogenese (Arrhenotokie) entstehen aus unbefruchteten Eiern haploide Männchen (z. B. Honigbiene). Bei einigen Fischen kommt eine Gynogenese vor. Hierbei wird die Furchung des diploiden Eies durch ein Spermium aktiviert, aber es werden keine Chromosomen übertragen.

Das Verhältnis der männlichen Individuen einer Population zur Anzahl der weiblichen Individuen bezeichnet man als Geschlechterverhältnis oder Geschlechterverteilung. Dabei unterscheidet man zwischen drei Unterbezeichnungen. Unter dem primären Geschlechterverhältnis versteht man die Situation bei der Befruchtung. Es kann tierartlich unterschiedlich sein (meist 1:1) und liegt beim Menschen bei ca. 1,3 (männlich) zu 1,0 (weiblich). Das sekundäre Geschlechterverhältnis liegt bei der Geburt vor, beim Menschen bei 1,05 (männlich) zu 1,0 (weiblich), sofern nicht eine selektive Geburtsverhinderung vorgenommen wird. Das tertiäre Geschlechterverhältnis wird im fortpflanzungsfähigen Alter bestimmt. Es wird beim Menschen stark von historischen und sozialen Gegebenheiten beeinflusst. Das Verhältnis der reproduktiv aktiven Mitglieder einer Population wird als effektives Geschlechterverhältnis bezeichnet.

Üblicherweise tritt bei getrenntgeschlechtlichen Organismen eine Geschlechterverteilung von etwa 1:1 auf. Dies kann jedoch bei Zwittrigkeit artspezifisch variieren, da es neben Simultanzwittern auch unterschiedliche Konsekutivzwitter gibt, was als Proterandrie oder Proterogynie bezeichnet werden. Das Geschlechterverhältnis wird auch durch die intrauterine Position der Mutter vor deren Geburt beeinflusst. Mütter, die sich während einer Schwangerschaft gleichzeitig mit einem eigenen Bruder im Uterus entwickelt haben, erzeugen überdurchschnittlich viele männliche Nachkommen.

4.2 Geschlechtsbestimmung und -differenzierung

Das primäre (gonadale) Geschlecht eines Organismus wird durch einen Entwicklungsschritt festgelegt. Dazu werden Gene durch Kontrollgene auf zwei unterschiedliche Weisen (phänotypisch, genotypisch) gesteuert. Beim monogenen Mechanismus wird das Geschlecht nur durch den Polymorphismus eines Kontrollgens bestimmt. Dies erfolgt z. B. bei Milben, Blattläusen und Stechmücken. Dagegen ist bei der chromosomalen Geschlechtsbestimmung der Karyotyp der Zygote entscheidend. In ihrem Chromosomensatz befinden sich nämlich neben den Autosomen zwei Geschlechtschromosomen (Gonosomen). Deren Vorhandensein ist artspezifisch sehr unterschiedlich. Beim Säugetiertyp besitzt das Weibchen ein Paar identischer Chromosomen (XX) und alle von ihm produzierten Gameten tragen deshalb ein X-Chromosom (homogametisch). Die Männchen dagegen besitzen zwei ungleiche Chromosomen (XY) und sind deshalb heterogametisch. Bei ihnen entstehen zwei unterschiedliche Gameten, die entweder das X- oder das Y-Chromosom tragen. Neben den Säugetieren ist das noch bei einigen Fischen, Reptilien und Amphibien der Fall. Beim Vogeltyp ist der Karyotyp genau umgekehrt. Das Weibchen ist heterogametisch (XY) und das Männchen ist homogametisch (XX). Die offizielle Bezeichnung ist ZW/ZZ, um diesen Unterschied zu unterstreichen. Dieser Karyotyp kommt neben Vögeln auch bei einigen Amphibien und Insekten vor (Abb. 4.1).

Die genetische Information für die männliche Entwicklung steckt im Y-Chromosom und wird vom Vater an seine Söhne weitervererbt. Das Y-Chromosom trägt mit dem SRY-Gen die männliche Geschlechtsdetermination. Im Verhältnis

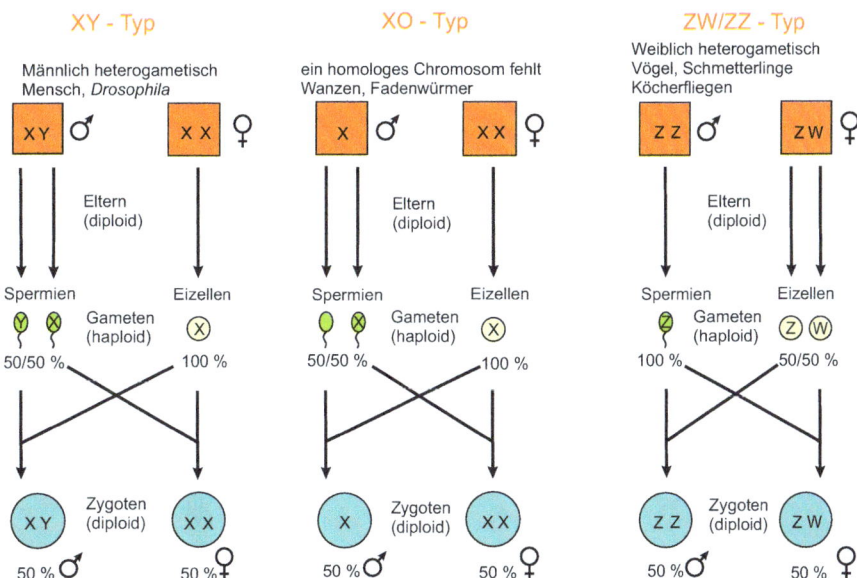

Abb. 4.1 Unterschiedliche Typen von Geschlechtsdifferenzierung

zum X-Chromosom ist das Y-Chromosom klein, da es nur wenige Gene trägt. Dagegen befinden sich auf dem X-Chromosom viele lebenswichtige Gene und die Nachkommen müssen zumindest ein X-Chromosom erhalten, um lebensfähig zu sein.

Bei der phänotypischen (umweltbedingten) Geschlechtsbestimmung werden die Kontrollgene durch Umweltfaktoren (Temperatur, Licht, Nahrung, Salinität, Pheromone) ein- oder ausgeschaltet. Diese Geschlechtsbestimmung kommt bei verschiedenen Tierarten vor (Ciliaten, Nematoden, Polychäten, Crustacea, Knochenfische, einigen Reptilien). Zum Beispiel wirkt sich bei Schildkröten und Krokodilen die Temperatur, bei der die Eier bebrütet werden, entscheidend auf die Geschlechtsdetermination aus. Höhere Temperaturen bewirken bei Krokodilen die Entstehung von Männchen, bei Schildkröten die von Weibchen.

Erst nachdem der Gonadentyp festgelegt wurde, erfolgt die Geschlechtsdifferenzierung. Erst dabei bilden sich die jeweiligen Geschlechtsorgane und Merkmale aus. Bei den Geschlechtsorganen unterscheidet man die Gonaden (Keimdrüsen) und das innere und äußere Genital. Dabei besteht entwicklungsgeschichtlich ein Zusammenhang mit der Entwicklung der Exkretionsorgane, deshalb auch die Bezeichnung Urogenitalsystem. Das innere Genital ist ursprünglich paarig angelegt mit zwei Ausführungsgängen (Wolff-Gang und Müller-Gang). Auch die Gonaden sind bisexuell angelegt und entwickeln sich unter dem Einfluss von Hormonen zum männlichen oder weiblichen Geschlecht (Abb. 4.2).

Dabei entwickeln sich die Zellen des Markbereichs zum Hoden (Testis) und die Zellen der Rindenschicht (Cortex) zum Eierstock (Ovar). Die genetische Anlage (X- und Y-Chromosom) entscheidet, ob sich die Gonadenentwicklung in die männliche oder weibliche Richtung vollzieht. Die Ausführungsgänge sind zunächst bisexuell

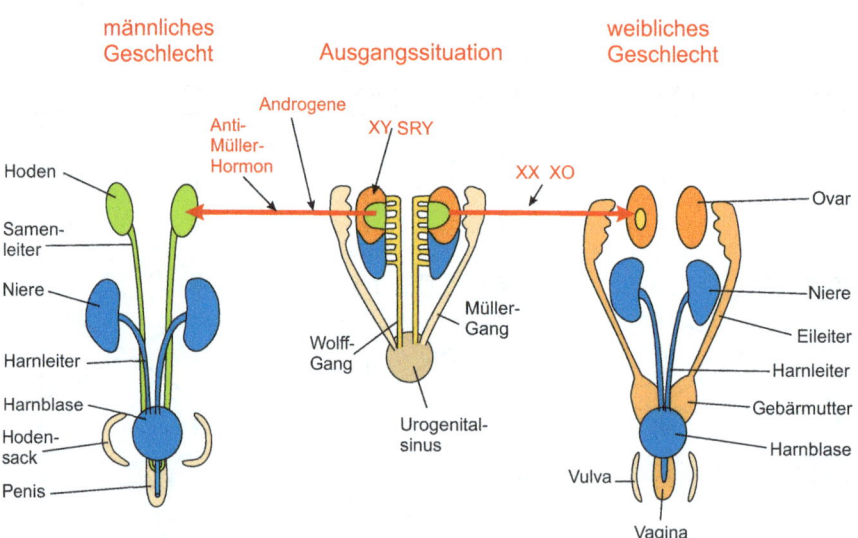

Abb. 4.2 Entwicklung der Gonaden

angelegt und differenzieren sich im Verlauf der Embryogenese zum Eileiter oder werden im männlichen Organismus rückgebildet, da hier der primäre Harnleiter (Wolff-Gang) auch als Samenleiter benutzt wird. Im weiblichen Organismus differenziert sich der parallel zum Harnleiter angelegte embryonale Eileiter zum primären Eileiter (Müller-Gang). Bei den meisten Säugetieren werden die Hoden von der Leibeshöhle ventral in einen Hodensack (Skrotum) verlagert. Dieser Hodenabstieg (Descensus testis) ist zur Ausbildung der Fertilität zwingend notwendig, da zur Entwicklung und Reifung der Spermien eine niedere Hodentemperatur notwendig ist.

4.3 Männliche Fortpflanzungsorgane

Über das Tierreich sind die Geschlechtsorgane artspezifisch unterschiedlich und werden deshalb im Kap. 9 (Tierstämme) mitbehandelt. Exemplarisch werden hier in diesem Kapitel nur die Geschlechtsorgane des Menschen dargestellt.

Die primären Geschlechtsorgane sind beim Mann der Penis, die Hoden, Nebenhoden und Samenwege. Sekundäre Geschlechtsmerkmale (Bart, Schambehaarung) bilden sich erst in der Pubertät durch Hormone. Als tertiäre Geschlechtsmerkmale bezeichnet man den Körperbau (Körpergröße, Beckenform) und geschlechtsspezifische Verhaltensweisen und Gefühle (Psyche).

Zu den inneren Geschlechtsorganen gehören die Hoden, Nebenhoden, Samenleiter, Samenstrang, Vorsteherdrüse, Samenbläschen und Cowper-Drüsen. Der Penis und der Hodensack werden dagegen als äußere Geschlechtsorgane bezeichnet. Am oberen Ende der paarigen Hoden befindet sich der Nebenhoden. Der Hoden ist von einer Bindegewebskapsel umgeben, von der Septen ins Innere ziehen und den Hoden in etwa 200 Hodenläppchen unterteilen. Diese enthalten die Hodenkanälchen, deren Epithel die Vorstufen der Keimzellen und der Sertoli-Zellen enthält. Hier entstehen durch Reifung und Proliferation die Keimzellen (Spermien). Die Sertoli-Zellen dienen der Ernährung der reifenden Spermien und bilden Hormone und Trägerproteine. Um die Hodenkanälchen liegen die Leydig-Zellen, die das männliche Geschlechtshormon Testosteron bilden.

Befruchtungsfähige Spermien werden in den Hodenkanälchen durch den Vorgang der Spermatogenese gebildet (Abb. 4.3). In ca. 80 Tagen bilden sich dabei aus den Urkeimzellen zunächst die Spermatogonien, die sich ab der Pubertät durch Mitose in die diploiden, primären Spermatocyten teilen. In der ersten meiotischen Teilung bilden sich aus ihnen haploide, sekundäre Spermatocyten, aus denen sich der zweiten meiotischen Teilung die Spermatiden bilden. Diese reifen schließlich zu den beweglichen und befruchtungsfähigen Spermien.

Die Spermien bestehen aus einem Kopf mit dem Chromosomensatz, der auch das Akrosom enthält, eine Struktur, die für das Eindringen in die Eizelle notwendig ist. Der Hals verbindet Kopf und Mittelteil, in dem sich Mitochondrien für die Energieversorgung befinden. Dann folgt der bewegliche Schwanzteil. Die Spermien wandern zunächst in den Nebenhoden, wo sie mit Sekret angereichert reifen. Zusammen mit den Sekreten aus Prostata, Samenblasen und Cowper-Drüsen bilden sie das leicht alkalische Sperma. Wird vom vegetativen Nervensystem ein Samenerguss

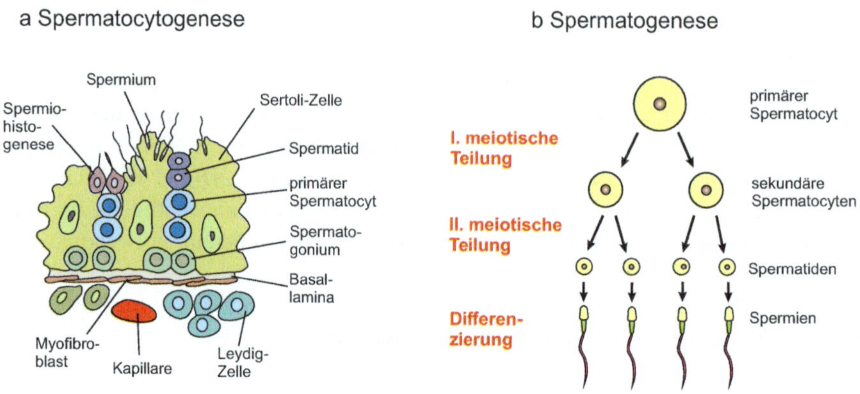

Abb. 4.3 Entwicklung der Spermien. (**a**) Spermatocytogenese im Hoden. (**b**) Spermatogenese

(Ejakulation) ausgelöst, so werden 60–600 Mio. Spermien in etwa 5 ml Flüssigkeit abgegeben. Zu den männlichen Geschlechtsdrüsen zählen die Prostata, die Samenbläschen und die Cowper-Drüsen. Die kastaniengroße Prostata umschließt die Harnsamenröhre kurz vor der Harnblase und produziert die Hauptmenge des Ejakulats in einem dünnflüssigen Sekret. Die Samenbläschen und die Cowper-Drüsen geben ein alkalisches, zuckerreiches Sekret in das Ejakulat ab.

4.4 Weibliche Geschlechtsorgane

Die weiblichen Fortpflanzungsorgane sind ursprünglich paarig angelegt und werden im Laufe der Säugetierentwicklung umdifferenziert, sodass auch einzelne Abschnitte verschmelzen (Abb. 4.4). Bei den Monotremata (Kloakentiere) und den Marsupialia (Beuteltiere) bleiben die beiden Müller-Gänge getrennt und es haben sich auch zwei Uteri und zwei Vaginae entwickelt. Diese Tiere werden deshalb auch zweischeidige Tiere (Didelphia) genannt. Bei den Placentalia verschmelzen die unteren Abschnitte der Müller-Gänge zu einer Vagina, während die Uteri völlig getrennt bleiben (Uterus duplex) oder auch verschmelzen. Dabei können nur die unteren Uterusanteile (Uterus bicornis) oder die ganzen Uteri verschmelzen (Uterus simplex) wie beim Menschen.

Die Harn- und Geschlechtsorgane münden bei den ursprünglichen Wirbeltieren in eine gemeinsame Kloake, in die auch der Enddarm mündet. Bei den Säugetieren, außer den Monotremata, werden diese Ausführungsöffnungen durch den Damm (Perineum) getrennt. Im ventralen Sinus urogenitalis münden Harn und Geschlechtsorgane, während der Darm in den dorsalen After mündet. Die inneren Geschlechtsorgane der Frau liegen im kleinen Becken und umfassen die Eierstöcke, Eileiter, Gebärmutter und Scheide. Zu den äußeren Geschlechtsorganen gehören die großen und kleinen Schamlippen, der Kitzler und der Scheidenvorhof. Die paarigen Eierstöcke produzieren beim Menschen jeden Monat eine befruchtungsfähige Eizelle und bilden außerdem die weiblichen Sexualhormone Östrogen und Progesteron. Mit der ersten

4.4 Weibliche Geschlechtsorgane

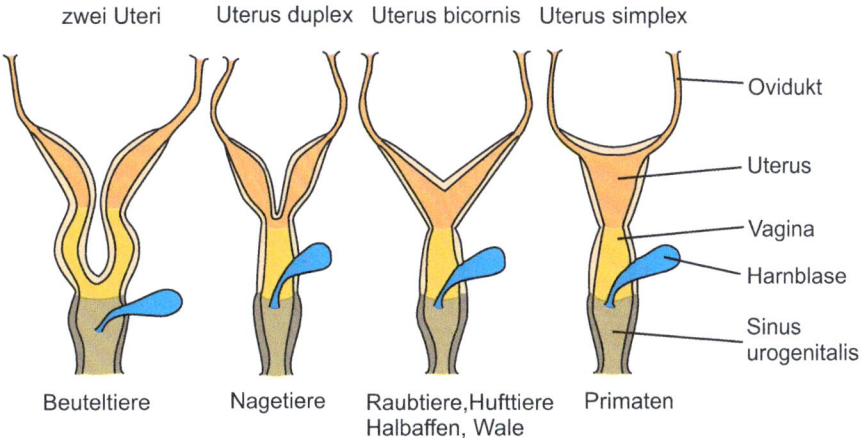

Abb. 4.4 Vergleichende Entwicklung der weiblichen Geschlechtsorgane

Abb. 4.5 Entwicklungszyklus der Eizelle im Eierstock

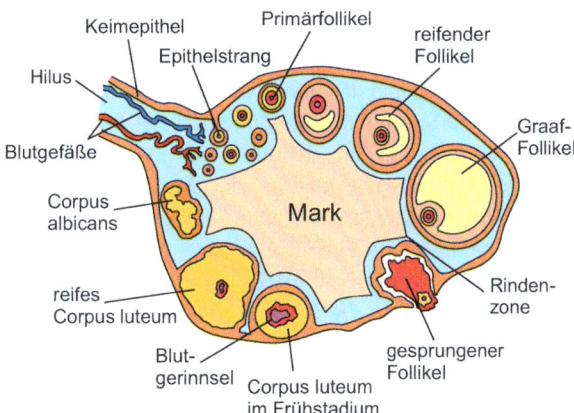

Regelblutung setzt die vollständige Eibildung mit dem Eisprung ein. Sie wiederholt sich bis zur letzten Regelblutung (Menarche). Danach folgt die Postmenopause. Beim Eisprung wandert das Ei in die trichterförmige Erweiterung des Eileiters und wird durch peristaltische Kontraktionen weiter bis zur Gebärmutter befördert.

Als Oogenese wird die Bildung der befruchtungsfähigen Eizelle bezeichnet. Sie läuft im Eierstock in verschiedenen Phasen ab (Abb. 4.5). Am Anfang stehen die aus den Urkeimzellen gebildeten Oogonien, die sich durch Mitose weiter teilen. Einige dieser Oogonien vergrößern sich und beginnen die erste Reifeteilung. In ihrer Prophase verharren sie in der Rinde der Eierstöcke, umgeben von Follikelepithel. Diese Struktur wird als Primärfollikel bezeichnet (Abb. 4.5). Jedes Ovar enthält von Beginn an etwa 4.000.000 Primärfollikel, die mindestens bis zur Pubertät und längstens bis zur Menopause in diesem Zustand verbleiben. Unter hormonellem Einfluss bilden sich aus diesen Primärfollikeln monatlich einige Sekundärfollikel. Sie besitzen ein mehrschichtiges Follikelepithel, eine Umhüllung der Oocyte (Zona pellucida) und eine hormonproduzierende Zellschicht (Theca folliculi). Durch weiteres Wachstum und die Ansammlung von Flüssigkeit bildet sich schließlich der Tertiärfollikel, der die Oocyte enthält. Nur einer der Tertiärfollikel wandelt sich jeden Monat zum sprungreifen Graaf-Follikel, die anderen werden abgebaut. Noch vor dem Eisprung vollendet die Oocyte im Graaf-Follikel die erste meiotische Teilung und beginnt mit der zweiten. In der Mitte des Monatszyklus gelangt eine Oocyte aus dem Graaf-Follikel in den Eileiter (Ovulation) und wird zur Gebärmutter transportiert. Die zweite meiotische Teilung wird erst nach der Befruchtung abgeschlossen, sodass erst dann eine reife Eizelle (Ovum) entsteht. Der leere Graaf-Follikel bildet sich zum Gelbkörper (Corpus luteum) um, der dann das Hormon Progesteron produziert. Der Gelbkörper wird danach durch Makrophagen abgebaut und mit Kollagen und Fibroblasten gefüllt. Dieses bindegewebig degenerierte Stadium wird als Corpus albicans bezeichnet.

4.5 Steuerung der Sexualfunktion

Ab der Pubertät setzt der Hypophysenvorderlappen das Gonadotropin-Releasing-Hormon (GnRH) frei, das die Bildung und Ausschüttung des follikelstimulierenden Hormons (FSH) und das luteinisierenden Hormons (LH) anregt. Beim Mann stimuliert FSH die Spermienreifung über die Sekrete der Sertoli-Zellen. LH stimuliert in den Leydig-Zellen die Bildung des Androgens Testosteron. Es bewirkt die Geschlechtsdifferenzierung und das Wachstum und die Ausbildung der sekundären Geschlechtsmerkmale. Androgene haben außerdem eine starke anabole Wirkung auf Muskel und Knochenwachstum.

Bei Frauen stimuliert GnRH über FSH und LH die Östrogenbildung in den Eierstöcken und bewirkt die Reifung der Follikel bis zum Graaf-Follikel in der ersten Zyklusphase (Abb. 4.5). LH wird in der Zyklusmitte in hoher Konzentration abgegeben und bewirkt den Eisprung und die Umwandlung des Graaf-Follikels in den Gelbkörper (Corpus luteum). Dieses produziert dann das Gelbkörperhormon Progesteron und in geringerem Umfang auch Östrogene. Während Östrogen die Ausbildung der sekundären weiblichen Geschlechtsmerkmale (Brust), die Eireifung und den Aufbau der Gebärmutterschleimhaut bewirkt, bereitet Progesteron die Gebärmutterschleimhaut auf das Einnisten des befruchteten Eies vor. Außerdem erhöht es die Körpertemperatur, verhindert nach der Befruchtung die Menstruation, verdichtet den Zervixschleim, steuert die Gebärmutter während der Schwangerschaft und bereitet die Milchproduktion in der Brust vor.

Der Menstruationszyklus (Abb. 4.6) dauert ca. 28 Tage und läuft in vier Phasen ab. In der ersten Phase, der eigentlichen Menstruation, löst sich die oberste Schicht des Endometriums, die Funktionalis, unter oft heftigen Blutungen und Uteruskontraktionen ab. Dies dauert 3–7 Tage und geht in die Proliferationsphase (5.–14. Tag) über, in der unter dem Einfluss des ansteigenden Östrogenspiegels die Funktionalis mit ihren Blutgefäßen wieder aufgebaut wird. Die Östrogene stimulieren

4.6 Schwangerschaft, Geburt und Laktation

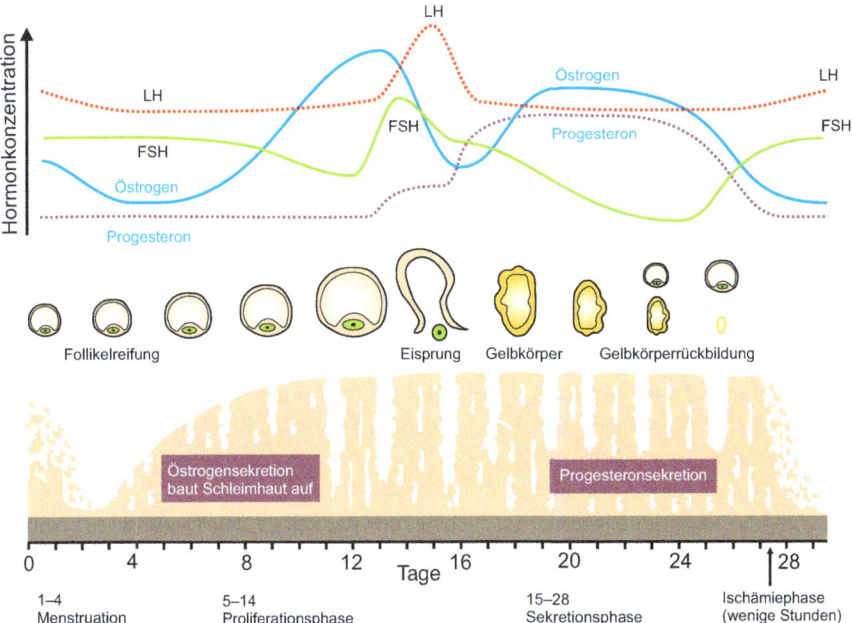

Abb. 4.6 Menstruationszyklus

auch die Hypophyse zur Ausschüttung von LH und FSH, sodass der Eisprung ausgelöst wird. Vom 15. Tag bis kurz vor der nächsten Menstruation dauert die Sekretionsphase (gestagene Phase). Progesteron baut das Endometrium wieder auf und bereitet durch Glykogeneinlagerung das Einnisten des befruchteten Eies vor. Wurde die Eizelle nicht befruchtet, bildet sich in der Ischämiephase der Gelbkörper zurück, seine Progesteronsekretion nimmt ab, die Blutgefäße im Endometrium verengen sich. Durch Mangeldurchblutung schrumpft die Funktionalis und stirbt ab. Diese Phase dauert nur wenige Stunden und führt anschließend zum nächsten Menstruationszyklus. Der Menstruationszyklus beginnt in der Pubertät und wiederholt sich über ca. 40 Jahre bis zur Menopause. Durch eine Schwangerschaft und einem Teil der Stillzeit wird er unterbrochen. Im Klimakterium kommt es durch den starken Abfall des Hormonspiegels oft zu erheblichen körperlichen Beschwerden.

4.6 Schwangerschaft, Geburt und Laktation

Das Spermium und die Eizelle verschmelzen bei Kontakt durch einen rezeptorgesteuerten Mechanismus und das Spermium tritt danach in die Eizelle ein (Besamung). Darauf bildet diese die rigide Zona pellicula, um das Eindringen von weiteren Spermien zu verhindern. Der Spermienkopf trennt sich vom Schwanz und bildet den Vorkern, der sich mit dem ebenfalls haploiden Vorkern der Eizelle vereinigt (Befruchtung). Dadurch entsteht eine diploide Zygote. Innerhalb der nächsten Stunden finden die Furchungsteilungen statt und es bildet sich die Morula, ein kugeliger Zellhaufen. Innerhalb von Tagen wandelt sie sich zur Blastula, mit einer seitlichen Verdickung, dem Embryoblasten. Die Blastula enthält die Embryonalanlage, während die restlichen Zellen (Trophoblasten) den Embryoblasten umgeben und zu seiner Ernährung dienen. Die so entstehende Blastocyste wandert in den Uterus und lagert sich mit den Embryoblasten an das Endometrium an. Die Zellen des Trophoblasten sezernieren proteolytische Enzyme, sodass sich die Blastocyste tief in das Endometrium einlagert (Nidation). Durch Bildung von Lakunen verschmilzt der Trophoblast mit den mütterlichen Blutgefäßen, die dann die Ernährung übernehmen. Es werden Chorionzotten gebildet und der Trophoblast produziert das Schwangerschaftshormon humanes Choriogonadotropin (hCG), das die Gelbkörperfunktion aufrechterhält und so ein Abstoßen des Endometriums und einen Abort verhindert. Die weitere Differenzierung des Embryoblasten wird in Kap. 5 behandelt.

Nachdem sich die Placenta entwickelt hat, wird der Embryo über die Nabelschnur ernährt. Während der Schwangerschaft ist er von der Fruchtblase und den Eihäuten überzogen. Ab der 8. Woche nehmen die Organe ihre Funktion auf, reifen und vergrößern sich. Ab dieser fötalen Entwicklungsphase reagiert der Fötus auf Reize. Die Schwangerschaft dauert ca. 9,5 Monate und wird in drei Abschnitte unterteilt. Im ersten Trimester (1.–3. Monat) stellt sich der mütterliche Organismus hormonell um, was Übelkeit verursacht. Im zweiten Trimester (4.-6. Monat) wächst der Embryo etwa zur Größe einer Faust heran. Im dritten Trimester treten ab und zu Uteruskontraktionen (Wehen) auf, da die Muskulatur sensibler für Oxytocin wird. Der Muttermund wird durch Prostaglandine flexibler, die Geburt wird hormonell vorbereitet. Vier Wochen vor der Geburt dreht sich der Fötus mit dem Kopf nach unten und nimmt die Geburtslage ein. Regelmäßige Wehen setzen schon Stunden vor der Geburt ein (Eröffnungsphase).

Die Milchsekretion (Laktation) wird von der Hypophyse gesteuert (Abb. 4.7). Vor der Geburt hemmen Östrogene und Progesteron die Milchsekretion. Nach der Geburt bildet die Milchdrüse zunächst ein fettarmes Sekret (Kolostrum). Im Verlauf von zwei bis fünf Tagen kommt es durch Prolactin zur vollen Milchsekretion. Diese bleibt erhalten, wenn eine mechanische Reizung der Brustwarzen im Hypothalamus die Bildung des Prolactin-Releasing-Hormons (PRH) stimuliert. Das Prolactin-Inhibiting-Hormon (PIH), das bei Nichtschwangeren die Milchbildung unterdrückt, wird gehemmt. Dadurch wird verstärkt Prolactin ausgeschüttet. Gleichzeitig wird über denselben Reflex aus dem Hinterlappen Oxytocin freigesetzt, das die Milchdrüse kontrahieren lässt und die Milchsekretion fördert. Prolactin und Oxytocin hemmen auch die Ausschüttung von GnRH, wodurch bei der stillenden Frau der Menstruationszyklus für mehrere Monate gehemmt wird.

Abb. 4.7 Steuerung der Milchsekretion

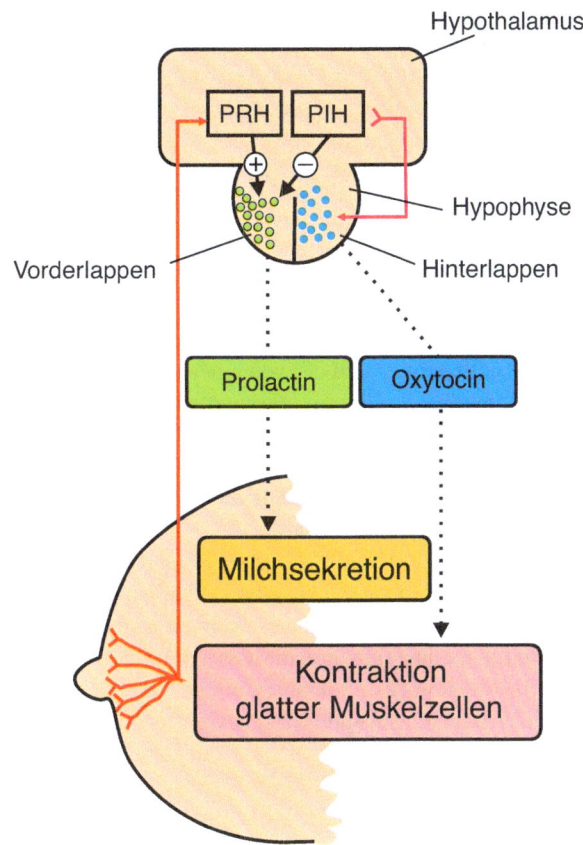

4.7 Künstliche Reproduktion

Zur Initiation einer Schwangerschaft kann beim Menschen eine künstliche Befruchtung durchgeführt werden. Bei diesem Vorgang wird das Zusammentreffen von Spermien und Eizellen durch verschiedene Methoden ermöglicht, die als medizinische Behandlung nur durch einen Arzt vorgenommen werden dürfen. Bei einer Insemination werden die Spermien über einen Katheter direkt in die Gebärmutter (intrauterin), in den Gebärmutterhals (intrazervikal) oder in den Eileiter (intratubar) gespritzt. Danach müssen die Spermien selbstständig bis zur befruchtungsfähigen Eizelle gelangen. Bei der In-vitro-Fertilisation werden den Frauen befruchtungsfähige Eizellen entnommen und in vitro mit den Spermien befruchtet. Dabei wird die Frau vorher mit Hormonen behandelt, um genügend Eizellen zu erhalten. Bei der intracytoplasmatischen Spermieninjektion werden aus dem Ejakulat oder aus dem

Nebenhoden entnommene Spermien über eine Mikropipette unter dem Mikroskop direkt in die Eizelle injiziert. Beim intratubaren Gametentransfer werden der Frau bei einer Bauchspiegelung Eizellen entnommen, die zusammen mit aufbereiteten Spermien über einen Katheter durch den Muttermund in die Eileiter gespritzt werden. Das dort befruchtete Ei muss dann selbstständig zur Einnistung in die Gebärmutter wandern. In der Tiermedizin wird der Vorgang künstliche Besamung genannt.

4.8 Aufbau der Erbsubstanz

Alle eukaryotischen Zellen haben einen Zellkern, in dem Kernplasma (Nucleoplasma) enthalten ist und der von einer Doppelmembran umgeben ist. In ihm finden sich filamentöse Strukturen (Kernmatrix), das Kernkörperchen (Nucleolus) und die Erbsubstanz (Chromatin). In der Phase zwischen den Zellteilungen liegt das Chromatin als netzartige Struktur vor und verdichtet sich für Kernteilungen zu den Chromosomen, die dann durch die Kernspindel in die Hälften der zukünftigen Tochterzellen gezogen werden.

Das Chromatin besteht aus DNA (Desoxyribonucleinsäure), die als Doppelhelix um Strukturproteine (Histone) gewunden ist. Diese dienen nicht nur zur Stabilisierung der DNA-Struktur, sondern können auch die Genregulation beeinflussen. Die strukturellen Untereinheiten des Chromatins werden Nucleosomen genannt. Sie bestehen aus einem Histonoktamer, um das die DNA-Doppelhelix in einer anderthalbfachen Windung gewunden ist, bevor sie über ein Verbindungsstück, die Linker-DNA, weiter zum nächsten Nucleosom zieht (Abb. 4.8). So entsteht eine perlschnurartige Struktur, welche die DNA bereits erheblich verkürzt. Die Nucleosomenkette ist ihrerseits mithilfe eines weiteren Histonproteins zu einer schraubenförmigen Faserstruktur (Solenoid) organisiert. Die Chromatinfasern legen sich in unregelmäßigen Schleifen zusammen, sodass bei einer maximalen Verdichtung von 2 % ihrer eigentlichen Länge schließlich die Form eines Chromosoms entsteht.

Die Chromosomen liegen als diploider Satz vor, beim Menschen sind es 23 Paare, also 46 Chromosomen, davon 44 Autosomen und zwei Gonosomen, die beim Mann XY, bei der Frau XX heißen. Die Zellteilung verläuft gemäß dem Zelltyp bei Soma- und Keimzellen unterschiedlich. Die normalen Körperzellen sind diploid und ent-

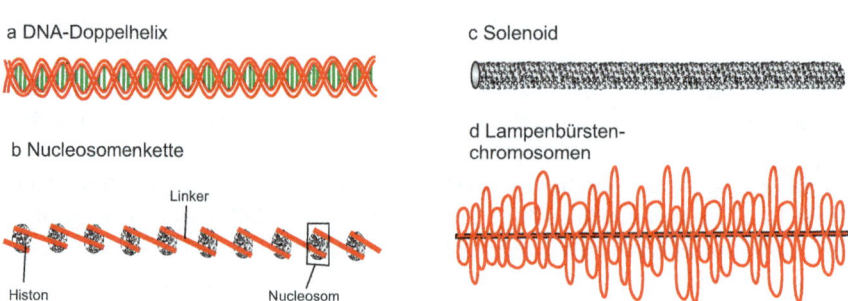

Abb. 4.8 Aufbau der Erbsubstanz

4.8 Aufbau der Erbsubstanz

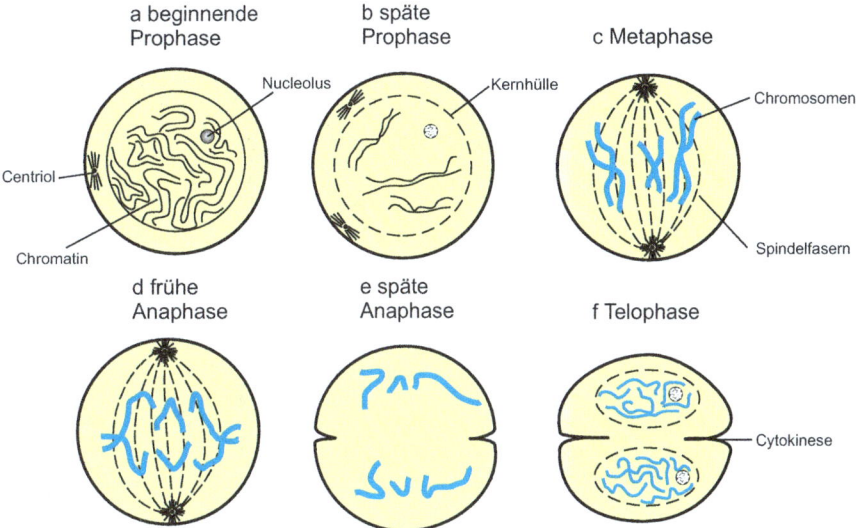

Abb. 4.9 Ablauf der Mitose

wickeln sich aus gewebetypischen Stammzellen durch fortwährende Mitose zu Geweben und Organen mit identischen Zellen. Die Mitose läuft dabei in vier Schritten ab (Abb. 4.9). In der ersten Phase (Prophase) verschwindet der Nucleolus und die Chromosomenfäden verdichten sich. Es bilden sich die Chromosomen mit ihren beiden Einzelsträngen (Chromatiden). Das sind identische Verdopplungen eines einzelnen Chromosoms. An jedem Chromosom wird jetzt auch eine Einschnürung sichtbar, die die beiden Chromatiden verbindet, das Centrosom. In der Metaphase ordnen sich die Chromosomen in der Äquatorialebene an und die Spindelfasern wachsen von den Centriolen zu den Centromeren aus. In der Anaphase verkürzen sich die Spindelfasern, die Chromatiden werden getrennt und zu den beiden Polen gezogen. In der Telophase sind die Chromatiden an den Zellpolen angekommen und bilden den diploiden Chromosomensatz der Tochterzellen. Die Chromosomenstruktur löst sich auf, Kernmembran und Nucleolus bilden sich und der kontraktile Ring aus Actinfasern schnürt in der Cytokinese die Zelle in der Äquatorialebene ein.

Die Meiose macht dagegen aus jeder Ausgangszelle mit diploidem Chromosomensatz vier Keimzellen mit je einem haploiden Chromosomensatz. Deshalb wird sie auch als Reduktionsteilung bezeichnet. Dadurch wird verhindert, dass sich der Chromosomensatz bei der Vereinigung der Gameten (Syngamie) von Generation zu Generation verdoppelt. Sie läuft in zwei Schritten ab (Abb. 4.10), die als Meiose I und Meiose II bezeichnet werden. Die Meiose I ist die eigentliche Reduktionsteilung. In ihr wird der diploide auf den haploiden Chromosomensatz reduziert. Dazu paaren sich in der Prophase die homologen Chromosomen, sodass in der Metaphase vier Chromatiden in einer Tetrade eng zusammenliegen. In dieser Phase kann es durch Überkreuzung (Chiasma) von homologen Chromosomen zu einem Austausch (Crossing-over) von Nichtschwesterchromatiden kommen. Dadurch wird die gene-

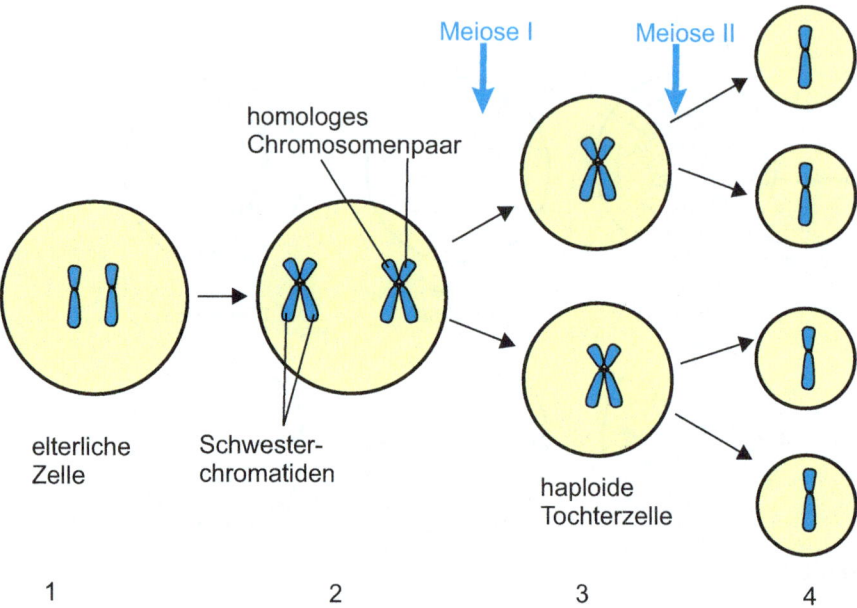

Abb. 4.10 Ablauf der Meiose

tische Information neu kombiniert (Rekombination). Die Prophase der Meiose I wird in folgende Stadien unterteilt: Leptotän, Zygotän, Pachytän, Diplotän und Diakinese. Darauf folgen Metaphase, Anaphase I und Telophase I. Anschließend trennen sich die homologen Chromosomen. In der unmittelbar darauf folgenden Meiose II werden dann die Chromatiden getrennt.

Die Struktur der DNA besteht aus einer Doppelhelix, deren beide Einzelstränge komplementär zueinander sind und antiparallel verlaufen (Abb. 4.11). Das Rückgrat des Einzelstrangs bildet die Desoxyribose, die durch einen Phosphatrest mit der Desoxyribose des nächsten Nucleotids verbunden ist. Die Nucleotide unterscheiden sich als Bausteine des DNA-Moleküls in den vier Basen. Durch die Aneinanderreihung der Nucleotide ergibt sich ein langes, kettenförmiges Molekül, der einzelne DNA-Strang, von dem sich wiederum zwei zu einer Doppelhelix zusammenlagern. Diese Struktur ist schraubenförmig verdrillt, wobei jeweils zehn aufeinanderfolgende Basen einem vollen Umlauf entsprechen. Die Reihenfolge dieser Basen wird als Basensequenz bezeichnet, sie wird laut Konvention beginnend mit dem 5′-Phosphat-Ende zum 3′-Hydroxyl-Ende angegeben. Bei der Transkription wird einer der beiden DNA-Stränge abgelesen und seine Sequenz in die einzelsträngige Messenger-RNA (mRNA) übersetzt. Jeweils drei Basen der RNA (Triplett) codieren eine Aminosäure und bilden in ihrer Abfolge die Grundlage für den genetischen Code.

Für die Zellteilung muss die Erbsubstanz vor der Mitose verdoppelt werden. Diesen Vorgang bezeichnet man als Replikation, da identische Kopien der DNA-Stränge abgefertigt werden (Abb. 4.12). Dabei wird jeweils ein Strang der ursprünglichen DNA durch einen komplementären, neu gebildeten Strang ergänzt. Für die

4.8 Aufbau der Erbsubstanz

a Einzelstrang mit Basenpaarungen

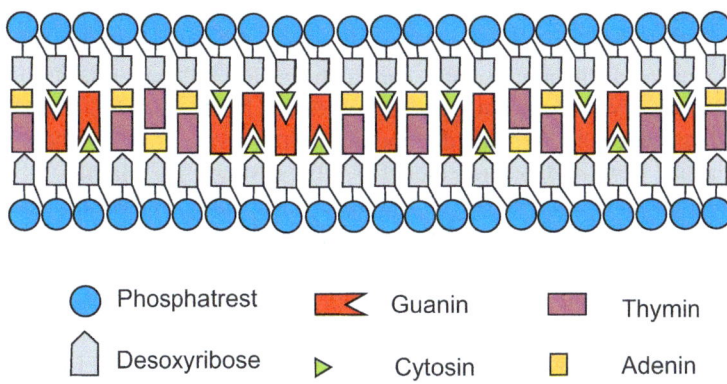

b Doppelhelixstruktur

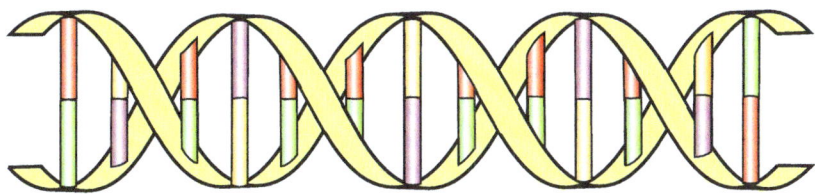

Abb. 4.11 Struktur der Desoxyribonucleinsäure (DNA)

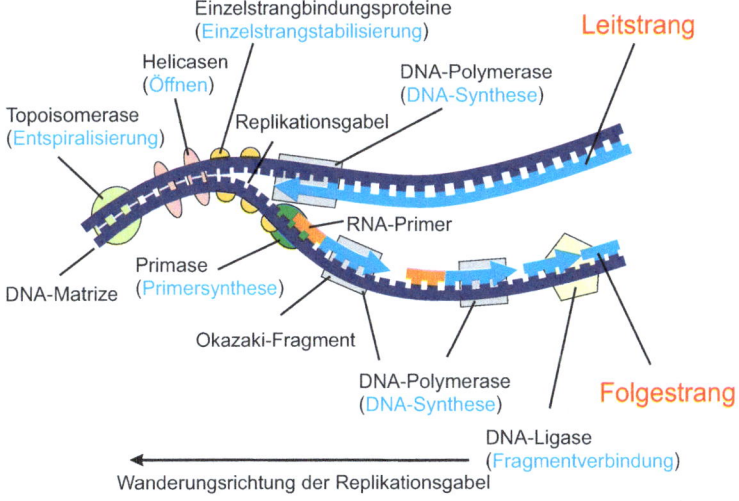

Abb. 4.12 Ablauf der genetischen Replikation

Replikation sind komplizierte enzymatische Vorgänge verantwortlich, von denen im Folgenden nur die grundlegenden Prozesse behandelt werden. Zunächst werden die Wasserstoffbrücken zwischen den Einzelsträngen der DNA-Doppelhelix an einer bestimmten Stelle (Replikationsursprung) gelöst. Der Bereich, in dem die Neusynthese der DNA erfolgt, wird als Replikationsgabel bezeichnet. Für den Start ist ein sogenannter Primer notwendig, der durch eine RNA-Polymerase (Primase) synthetisiert wird. Vom Primer ausgehend werden nun Nucleotide in 5'-3'-Richtung aneinandergehängt, ein Vorgang, der von der DNA-Polymerase katalysiert wird. Die Polymerase benutzt dabei je einen DNA-Einzelstrang als Matrize, d. h., seine Basensequenz wird abgelesen und komplementär dazu Nucleotide des Tochterstrangs miteinander verknüpft. Die beiden neuen DNA-Stränge setzen sich also jeweils aus dem ursprünglichen Einzelstrang, der als Matrize abgelesen wurde, und aus dem dazu komplementär neu gebildeten Tochterstrang zusammen. Dieses Prinzip nennt man semikonservative Replikation. An ihr sind mehrere Enzyme beteiligt. In der Replikationsgabel werden die Wasserstoffbrücken durch die Helicase gelöst. Die Primase synthetisiert einen Primer, von dem ausgehend die DNA-Polymerase zur Matrize komplementär Nucleotide aneinanderfügt. Dieses Enzym kann eine Neusynthese allerdings nur in 5'-3'-Richtung durchführen. Für den Matrizenstrang ergibt sich daher eine kontinuierliche Synthese des Leitstrangs in Richtung der wandernden Replikationsgabel. Für den anderen Matrizenstrang verläuft die Synthese jedoch in Gegenrichtung, sodass fortwährend neue RNA-Primer synthetisiert werden müssen, die als Ausgangspunkte für die Synthese von Okazaki-Fragmenten dienen, welche später durch eine Ligase zusammengeführt werden. Die Replikation dieses Folgestrangs ist deshalb diskontinuierlich.

Die Replikation eines eukaryotischen Chromosoms erfolgt in der S-Phase des Zellzyklus. Der Vorgang beginnt bidirektional an bestimmten Stellen (Replikationsursprünge), die im eukaryotischen Chromosom, im Gegensatz zum prokaryotischen Chromosom, mehrfach vorhanden sind. Eventuelle Schleifen in der Superhelixstruktur der DNA werden durch Einzelstrangbrüche aufgelöst, aufgedrillt und auch durch Topoisomerasen wieder geschlossen. Fehlerhaft replizierte Abschnitte werden durch Reparaturmechanismen korrigiert. An den Chromosomenenden schützen Telomerasen vor enzymatischem Abbau. Die Enden werden mit einer zunehmenden Zahl an Replikationsrunden und daher mit zunehmendem Zellalter immer kürzer, können aber in bestimmten Zelltypen wie Keimbahn- oder Tumorzellen durch die Telomerase verlängert werden.

4.9 Transkription und mRNA-Processing

Bei der Transkription wird die genetische Information eines der beiden DNA-Stränge in RNA übertragen (Abb. 4.13). Dafür wird die Sequenz des anderen DNA-Strangs genutzt (der Matrizenstrang ist der codogene Strang, der andere ist der codierende Strang; seine Sequenz entspricht der RNA-Sequenz, bis auf U statt T). Die dabei gebildete Messenger-RNA (mRNA) ist einzelsträngig und komplementär zum DNA-Matrizenstrang. Statt der Base Thymin (T) wird jedoch in der mRNA die

4.9 Transkription und mRNA-Processing

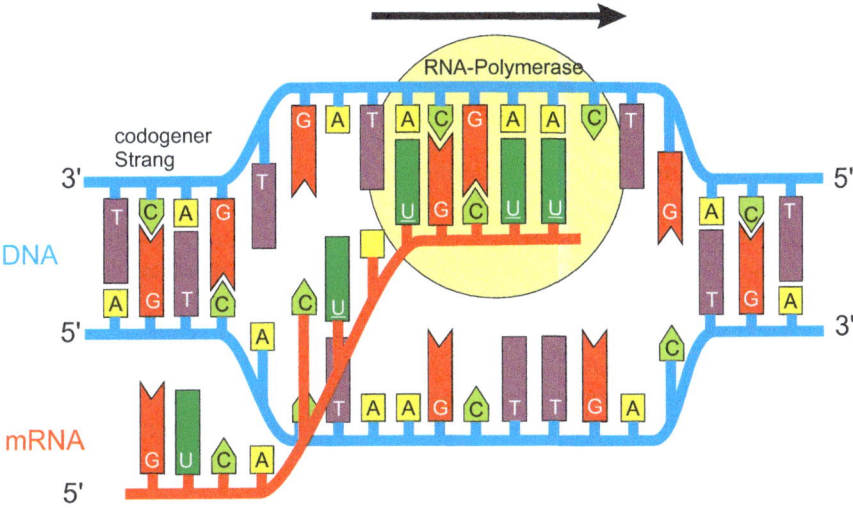

Abb. 4.13 Ablauf der Transkription

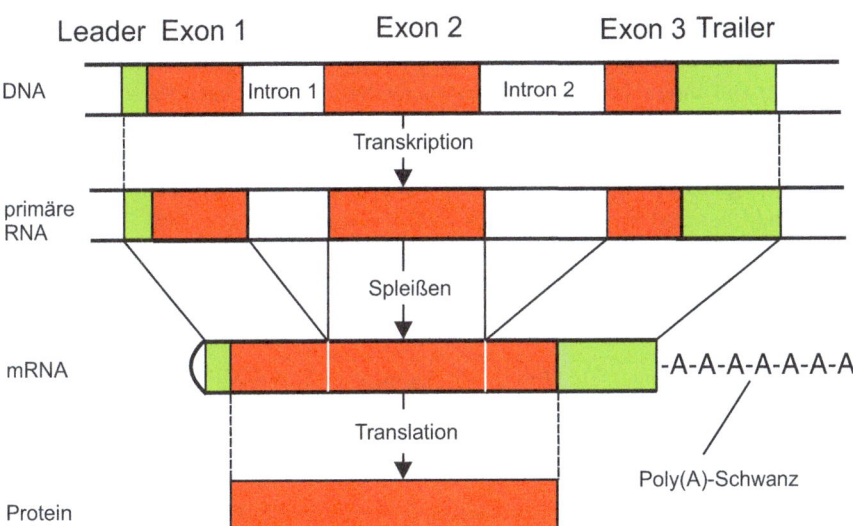

Abb. 4.14 Schematischer Aufbau eines Gens und RNA-Processing

Base Uracil (U) verwendet. Die Übertragung der genetischen Information von DNA in RNA wird von RNA-Polymerasen katalysiert, die wie die DNA-Polymerase in 5'-3'-Richtung synthetisieren.

Die meisten eukaryotischen Gene sind in codierende Abschnitte (Exons) und nichtcodierende Abschnitte (Introns) unterteilt (Abb. 4.14). Bei der Transkription entsteht zunächst eine Prä-mRNA, die sowohl Exons als auch Introns enthält. In weiteren eukaryotischen Schritten wird sie zu einer reifen RNA verarbeitet

(RNA-Processing). Dabei werden die Introns durch Spleißen entfernt, die Exons miteinander verknüpft und die sehr fragile mRNA an beiden Enden modifiziert. Dazu wird am 5'-Ende eine Cap-Struktur angehängt und am 3'-Ende der Poly(A)-Schwanz, eine Sequenz aus Adeninnucleotiden. Die Cap-Struktur ist wichtig, damit die mRNA den Zellkern durch die Kernporen verlassen kann. Sie dient auch als wichtige Initiationssequenz für den Beginn der Proteinsynthese (Translation) an den Ribosomen. Das Spleißen ist sehr variabel. So können z. B. verschiedene Exons einer mRNA unterschiedlich miteinander kombiniert oder auch Exons, die von verschiedenen Genen codiert werden, zusammengefügt werden (alternatives oder differenzielles Spleißen). Der genetische Code entsteht durch Dreierkombination aus Basen der DNA (Tripletts). Jedes Triplett (auch Codon genannt) codiert eine der 20 kanonischen Aminosäuren, die in Proteinen vorkommen. Da es in der DNA vier Basen gibt, stünden kombinatorisch maximal 64 Möglichkeiten zur Verfügung, die aber nicht alle genutzt werden, denn manche Aminosäuren werden durch mehrere Tripletts codiert. Insgesamt werden beim Menschen 21 Aminosäuren verwendet, neben den 20 kanonischen auch noch Selenocystein.

Bestimmte Basenkombinationen (UAA, UAG und UGA) codieren keine Aminosäuren, sondern dienen als Stoppcodons für die Translation. Als Startcodons fungiert die Kombination AUG, die die Aminosäure Methionin codiert. Die genetische Information wird, beginnend mit dem Startcodon, fortlaufend in Dreierschritten abgelesen. Wurde eine Base durch Mutation entfernt oder beschädigt, so kann sich das Leseraster mit möglicherweise schwerwiegenden Konsequenzen verschieben. Da einige Codons die gleiche Aminosäure codieren und man daher nicht von der Aminosäure auf ein Codon schließen kann, bezeichnet man den genetischen Code auch als degeneriert. Dieser Code wird nahezu universell bei allen Organismen (Tiere und Pflanzen) verwendet.

4.10 Genregulation

Sie erfolgt durch unterschiedliche Mechanismen. Prokaryotische Gene sind in Operons (Gruppen von eng benachbarten Strukturgenen) organisiert, die eine Transkriptionseinheit bilden und von einer einzelnen regulatorischen Region kontrolliert werden. Dagegen besitzen Eukaryoten vorwiegend Einzelgene, deren Regulation auf verschiedenen Ebenen stattfindet, so z. B. auf der Ebene der Organisation des Chromatins im Heterochromatin oder im Euchromatin, der Initiation der Transkription, der mRNA-Stabilität, der Translation und der Proteinstabilität. Darüber hinaus verändern epigenetische Prozesse, die nicht von der primären Basensequenz abhängen, die Chromatinstruktur über aktivierende und inaktivierende Modifikationen der Histone durch Acetylierung und Methylierung.

DNA-Abschnitte, die ihren Ort im Genom verändern, werden als springende Gene (Transposons) bezeichnet. Sie können sich an einer anderen Stelle auch mitten in einem vorhandenen Gen einbauen und kommen in vielen Organismen vor. In eukaryotischen Zellen gibt es zwei Arten von Transposons. Retrotransposons arbeiten nach dem Prinzip *copy and paste*, d. h., sie erzeugen eine RNA-Kopie ihrer Sequenz, die revers in DNA transkribiert und an anderer Stelle in das Genom integriert wird. Das ursprüngliche Transposons bleibt dabei an seiner Stelle erhalten. DNA-Trans-

4.11 Mutation und Retroviren

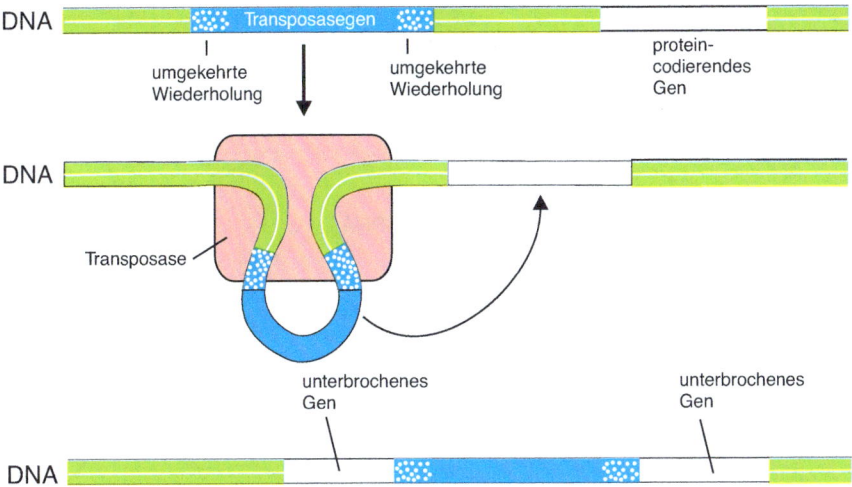

Abb. 4.15 Transposons

posons benötigen dagegen keine RNA-Kopie, sondern werden ausgeschnitten und wandern nach dem *cut and paste*-Prinzip an eine andere Stelle im Genom, das dadurch in seiner ursprünglichen Länge erhalten bleibt (Abb. 4.15). Die Transposase bildet dabei eine Schleife und bewegt die DNA an eine neue Stelle. Der Vorgang wird durch umgekehrte Sequenzwiederholungen unterstützt, die sich am Ende aller DNA-Transposons befinden. Dieser Vorgang wird als nichtreplikativ bezeichnet. In seltenen Fällen wird auch replikativ transponiert, sodass die ursprüngliche Stelle erhalten bleibt. Ursprünglich war es umstritten, ob Transposons nur Abfall (*junk*-DNA) darstellen, ob sie intrazelluläre Parasiten sind, die sich selbst replizieren, oder ob ihnen eine wichtige übergreifende genetische Funktion zukommt. Integrieren sie sich nämlich in ein vorhandenes Gen, so wird dieses funktionsunfähig oder mutiert. Auf diese Weise entstanden einige Erbkrankheiten des Menschen, z. B. die Bluterkrankheit oder auch die Muskeldystrophie. Neuere Forschungen zeigen, dass die Transposons durchaus auch wichtige Funktionen haben, so stammen wahrscheinlich die Immunglobuline von ihnen ab. Heutzutage spricht man Transposons auch eine wichtige Rolle als kreative Faktoren bei genetischen Innovationen zu.

4.11 Mutation und Retroviren

Durch eine reverse Transkription kann Information von einem RNA-Genom eines Retrovirus in cDNA transkribiert und diese dann in die DNA einer Wirtszelle eingebaut werden (Abb. 4.16). Im Gegensatz zu der in eukaryotischen Zellen üblichen Transkriptionsrichtung von der DNA zur RNA ist bei einer reversen Transkription die Richtung der Informationsübertragung umgedreht. Dies ist nur durch das spezielle Enzym Reverse Transkriptase möglich. Es spielt eine wesentliche Rolle im Zellgeschehen, da durch seine Wirkung nicht nur virale Erbinformation in das eukaryotische Genom eingebaut werden kann, sondern auch Tumorsuppressoren in der Zelle inaktiviert werden können. Deshalb ist dieses Enzym auch für die Krebs-

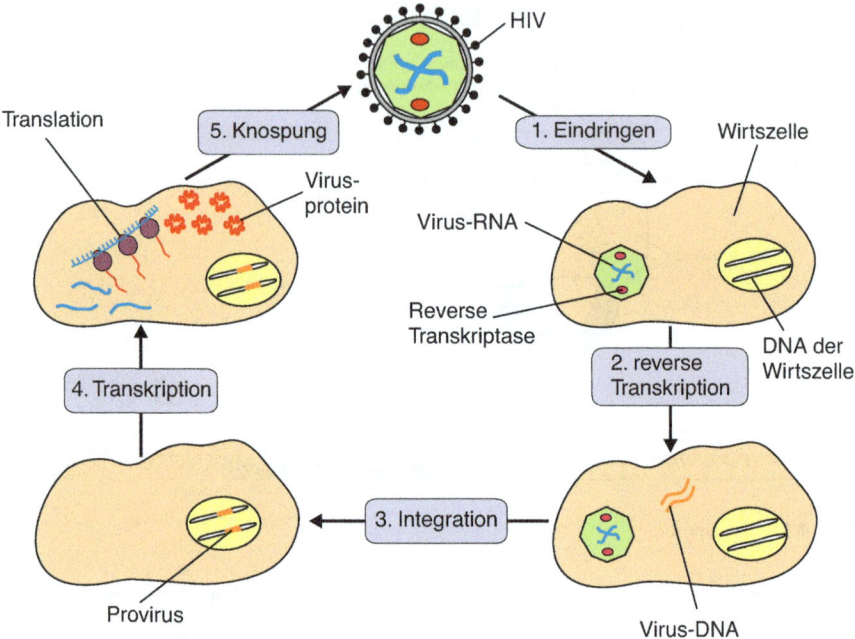

Abb. 4.16 Retroviren und reverse Transkription

entstehung von Bedeutung. Die ursprünglich an Retroviren erfolgte Aufklärung dieses Vorgangs zeigt, dass die Reverse Transkriptase von dem viralen Genom zunächst eine einzelsträngige DNA-Kopie herstellt und dann die Synthese des komplementären DNA-Strangs katalysiert. Das resultierende doppelsträngige DNA-Stück wird in das Genom der Wirtszelle eingebaut und damit zur Synthese des viralen Proteins benutzt. Teilen sich diese Zellen, resultieren daraus infizierte Tochterzellen. Das bekannteste Beispiel solcher Retroviren ist HIV (*human immunodeficiency virus*), das AIDS hervorruft. Das Virus befällt T-Lymphocyten und führt nach einer initialen, oft mehrere Jahre dauernden Ruhephase zu einer sich ausbreitenden Immunschwäche. Bei Affen tritt ein HIV-ähnliches Virus, das SIV (*simian immunodeficiency virus*), auf, das als Vorläufer des HIV gilt. Im Gegensatz zur Humanmedizin, in der HIV erst seit ca. 1982 eine Rolle spielt, sind Retroviren in der Tiermedizin (Lentiviren, RNA-Tumorviren) seit Langem als Krankheitsauslöser bekannt. Man unterscheidet zwischen infektiösen exogenen und den in der Keimbahn vorhandenen endogenen Retroviren.

4.12 Gentechnologie

Erst die Entdeckung der Reversen Transkriptase und anderer Enzyme, die ein Genom gezielt an bestimmten Stellen schneiden können, haben die Wissenschaft der molekularen Genetik ermöglicht. Inzwischen hat sie sich von einer experimentellen Grund-

4.12 Gentechnologie

lagenforschung zu einer Disziplin mit industrieähnlicher Analysen- und Produktionsverfahren entwickelt. Neben der Analyse von bestimmten Genen stellt sie Genkombinationen her, die in natürlichen Organismen nicht vorkommen (rekombinante DNA). Mithilfe von Plasmiden wurde inzwischen auch die Klonierung von Genen möglich. Diese meist ringförmigen DNA-Moleküle dienen als Träger und selbstständig funktionierende Vermehrungseinheiten. Die DNA kann mit Restriktionsenzymen den bestimmten Stellen gespalten und mit Ligasen auch wieder zusammengefügt werden. Plasmide können in prokaryotische Zellen eingeschleust werden (Transformation) und werden dann bei Zellteilungen vermehrt und weitervererbt. Werden Plasmide in eukaryotischen Zellen übertragen, spricht man von einer Transfektion. Nutzt man rekombinante Expressionsvektoren, lassen sich Proteine in großen Mengen herstellen. Ein Beispiel ist die Produktion von Humaninsulin in Hefe, die die Gewinnung aus der Bauchspeicheldrüse von Schweinen abgelöst hat.

In der Tierzucht ist es schon seit vielen Jahren möglich, Klone von Lämmern und Kälbern aus kultivierten Zellen herzustellen. Dazu wird die DNA aus dem Zellkern einer frühembryonalen Spenderzelle in eine vorher entkernte Zelle übertragen (Nucleustransfer). Die Zelle mit dem transferierten Erbgut entwickelt sich ähnlich wie der Embryo, der anschließend in ein Empfängertier übertragen wird. Diese Klonierung vom Erbmaterial aus adulten Spenderzellen gelang erstmals beim Schaf Dolly (Abb. 4.17).

Klonierungsversuche an Säugetieren sind ethisch problematisch und der Umgang mit ihnen ist international unterschiedlich geregelt. In vielen Ländern ist neben dem reproduktiven Klonen des Menschen auch das therapeutische Klonen aus em-

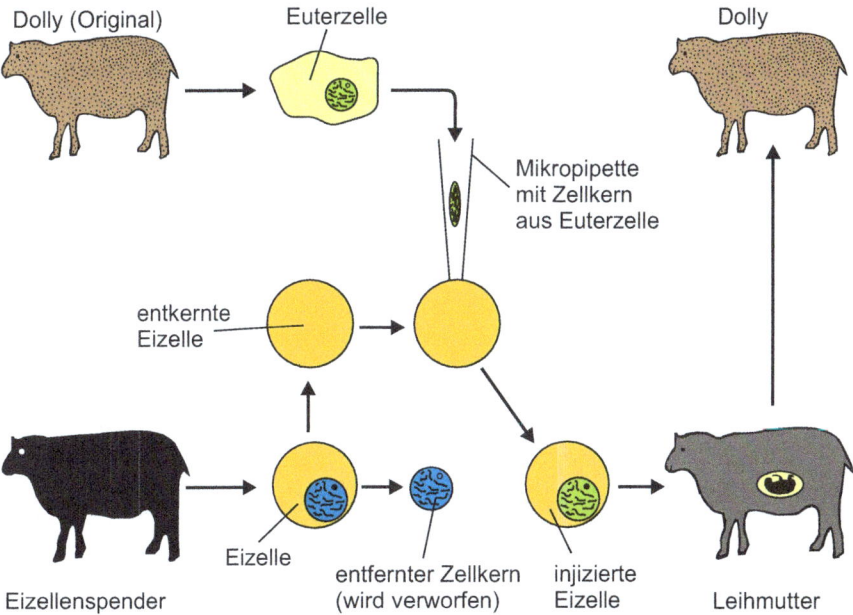

Abb. 4.17 Klonierung des Schafs Dolly

Abb. 4.18 Schema der CRISPR/Cas-Methode

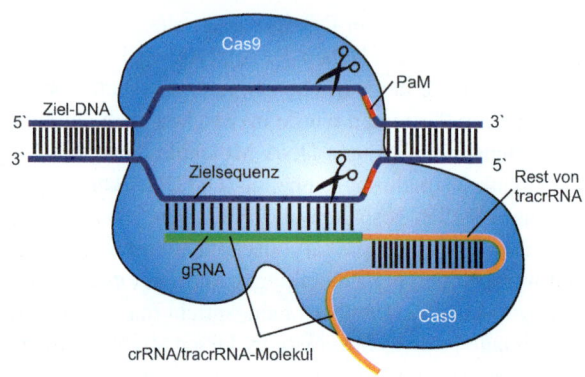

bryonalem Material zur Erzeugung von Geweben und Organen untersagt. In China wurden 2018 Zwillinge geboren, deren Erbgut kurz nach der Zeugung gentechnisch verändert wurde, um sie vor einer Infektion mit dem HIV-Virus zu schützen. Dieser Menschenversuch wurde von ehrgeizigen Forschern mithilfe der CRISPR/Cas-Technologie durchgeführt. Mit diesen Versuchen hat der Mensch begonnen, den eigenen Genpool aktiv umzugestalten. Nach jetzigem Stand der Forschung war dieses Experiment verfrüht und verantwortungslos, weil nicht absehbar ist, ob die beiden Mädchen an Spätfolgen leiden werden.

Die CRISPR/Cas-Methode (CRISPR für *clustered regularly interspaced short palindromic repeat*) ist die neueste und präziseste Methode, um DNA gezielt und punkgenau zu schneiden und zu verändern (Genomeditierung, Abb. 4.18). Sie basiert auf der Entdeckung von kurzen, sich wiederholenden Sequenzen (CRISPR-Sequenzen) im Genom von Bakterien und Archaeen, die es den Prokaryoten erlauben, eindringende virale DNA gezielt durch zwei Schritte zu zerstören und zu eliminieren. Die Cas9-Nuclease schneidet dabei die DNA mithilfe zweier spezieller RNA-Moleküle.

Bei diesem Vorgang werden die CRISPR- und Spacer-Sequenzen in eine crRNA übersetzt. Bevor diese aber dem Cas9-Enzym die korrekten Schnittstellen zeigen kann, muss sie selbst durch Schneideproteine in die endgültige Form umgewandelt werden. Dazu wird sie von der RNase III mit einer tracrRNA (*trans-activating crRNA*) zusammengeführt, gekürzt und in ein funktionsfähiges Molekül (crRNA/tacrRNA-Molekül) umgewandelt. Dieses dient dann als Adapter zur Bindung an die zu schneidende Ziel-DNA. Zur Bindung von Cas9 an die Ziel-DNA sind außerdem noch die PAM-Motive (*protospacer adjacent motif*) notwendig. Sie bestehen aus einem drei Basen langen Abschnitt, der jeweils unmittelbar neben der Erkennungssequenz liegt. Dann entspiralisiert sich die Ziel-DNA und das crRNA/tracrRNA-Molekül bindet mit dem gRNA-Abschnitt (*guide-RNA*) an die Zielsequenz, woraufhin der Schneidevorgang durch Cas9 einsetzt. Mit dieser neuen gentechnischen Methode können einzelne DNA-Nucleotide ausgetauscht, Teile eines Gens entfernt oder durch neue Sequenzen ergänzt werden.

Für die Genschere CRISPR/Cas gab es 2020 den Nobelpreis. Seit Kurzem wurde mit ihrer Hilfe eine Gentherapie für die Behandlung von Bluterkrankungen (Sichelzellanämie und Thalassämie) entwickelt. Dabei kann das fehlerhafte Hämoglobin in blutbildenden Stammzellen korrigiert werden. Diese Gentherapie, die als Meilenstein in der Therapie von Bluterkrankungen angesehen wird, wurde 2023 von den Behörden in der Europäischen Union erstmals zugelassen.

4.13 Besamung und Befruchtung

Unter Besamung versteht man das Eindringen eines Spermiums (Samenzelle) in die Eizelle eines Organismus. Darunter fallen auch alle Vorgänge, die das Spermium zur Eizelle bringen, z. B. künstliche Besamung in der Tierzucht. Die Besamung ist also die notwendige Vorstufe der Befruchtung.

Unter Befruchtung versteht man das Verschmelzen des Spermiums mit dem Zellkern der Eizelle (Oocyte), was zu einer befruchteten, diploiden Zelle (Zygote) führt. Im Tierreich unterscheidet man zwischen äußerer Befruchtung, bei der die Geschlechtszellen außerhalb des Organismus verschmelzen (z. B. bei Fischen und Amphibien), und innerer Befruchtung, die im Organismus des Weibchens erfolgt.

Ontogenese 5

Flashcards
Als Käufer dieses Buches können Sie kostenlos unsere Flashcard-App „SN Flashcards" mit Fragen zur Wissensüberprüfung und zum Lernen von Buchinhalten nutzen. Für die Nutzung folgen Sie bitte den folgenden Anweisungen:

1. Gehen Sie auf https://flashcards.springernature.com/login
2. Erstellen Sie ein Benutzerkonto, indem Sie Ihre Mailadresse angeben und ein Passwort vergeben.
3. Verwenden Sie den folgenden Link, um Zugang zu Ihrem SN Flashcards Set zu erhalten: ▶ www.sn.pub/kt4cim.

Sollte der Link fehlen oder nicht funktionieren, senden Sie uns bitte eine E-Mail mit dem Betreff „SN Flashcards" und dem Buchtitel an customerservice@springernature.com.

5.1 Ontogenese

Die befruchtete Eizelle (Oocyte) ist Ausgangspunkt der Embryonalentwicklung. Sie besteht aus dem Cytoplasma mit dem Dotter und den Reservestoffen für die Ernährung des Embryos. Außerdem enthält sie einen Zellkern, der den weiblichen haploiden Chromosomensatz enthält. Bei fast allen Tierarten besitzen die Oocyten eine animal-vegetative Polarität. In der Oocyte liegt der Zellkern meistens in der Nähe des animalen Pols, während sich die Reservestoffe mit dem Dotter am vegetativen Pol befinden.

Bei vielzelligen Tieren stehen am Beginn der embryonalen Entwicklung (Embryogenese) die Furchungsteilungen (Blastogenese) der befruchteten Eizelle (Zygote). Dabei vergrößert sich der Embryo nicht, denn es handelt sich nicht um die Neubildung von Zellmaterial, sondern um Abschnürungen des vorhandenen Materials. Dadurch bilden sich die Blastomeren. Solche Furchungsteilungen können etwa alle 8 min stattfinden und führen schließlich zu einer kugeligen Struktur aus zahlreichen Zellen (Morula). Die Teilungen verlaufen meist synchron und führen zu einer ständigen Änderung des Kern-Plasma-Verhältnisses.

Es gibt verschiedene Furchungstypen (Abb. 5.1). Bei der äqualen Furchung entstehen gleich große Blastomeren, die als Makromere und Mikromere bezeichnet werden. Die Verteilung des Dotters im Ei führt zu drei verschiedenen Furchungstypen.

Die vollständige oder totale Furchung (holoblastische Furchung) kann bei dotterarmen oder mäßig dotterreichen Eizellen entweder total-äqual erfolgen wie bei den dotterarmen Eizellen der Säugetiere, deren Dotter gleichmäßig (isolecithal) verteilt ist. Ist der Dotter dagegen bei den dotterreichen Eizellen an einem Pol konzentriert (telolecithal), so ergibt sich eine total-inäquale Furchung wie bei Amphibien. Das einfachste Furchungsmuster ist die Radiärfurchung, bei der die Teilungsspindeln parallel und senkrecht zur Hauptachse stehen, sodass sich eine radiärsymmetrische Anordnung der Blastomeren ergibt (z. B. bei Seeigeln).

Bei extrem dotterreichen Eiern erfolgt eine meroblastische Furchung. Dabei wird der Dotter entweder an einem Ende konzentriert (telolecithal oder auch discoidal) oder er ist im Zentrum konzentriert (centrolecithal oder auch superfiziell). Dabei bleibt ein großer Bereich der Eizelle zunächst ungefurcht. Bei discoidalen Furchungen entsteht eine sogenannte Keimscheibe. Sie liegt dem Dotter zunächst als Zellkappe auf und umwächst im späteren Verlauf der Embryonalentwicklung während der Gastrulation den Dotter, der dann einen Dottersack bildet (Epibolie). Dieser Furchungstyp kommt in verschiedenen Variationen bei Fischen, Reptilien, Vögeln, Kopffüßern und Kloakentieren vor. Bei den sehr dotterreichen centrolecithalen Eiern der Arthropoden furcht sich die ganze Oberfläche der Eizelle. Der Kern teilt sich mehrfach und die Tochterkerne wandern schließlich in die neu gebildeten, oberflächlichen Blastomeren aus.

Ein weiterer Furchungstyp ist die Spiralfurchung, bei der die Zellen wendelförmig versetzt werden. Hier sind die Teilungsspindeln gegen die Teilungseben geneigt, sodass die Blastomeren nicht wie bei der Radiärfurchung neben und übereinander liegen, sondern auf Lücke angeordnet sind. Dies ist der Furchungstyp der als Spiralia bezeichneten Tierstämme (Anneliden, Mollusken [außer Cephalopoda], Spritzwürmer, Plattwürmer und Schnurwürmer).

Dieser Furchungstyp ist in der Regel mit der Mesodermbildung und einer Trochophora-Larve verbunden. Von einigen weiteren Taxa ist die Spiralfurchung noch nicht geklärt.

5.1 Ontogenese

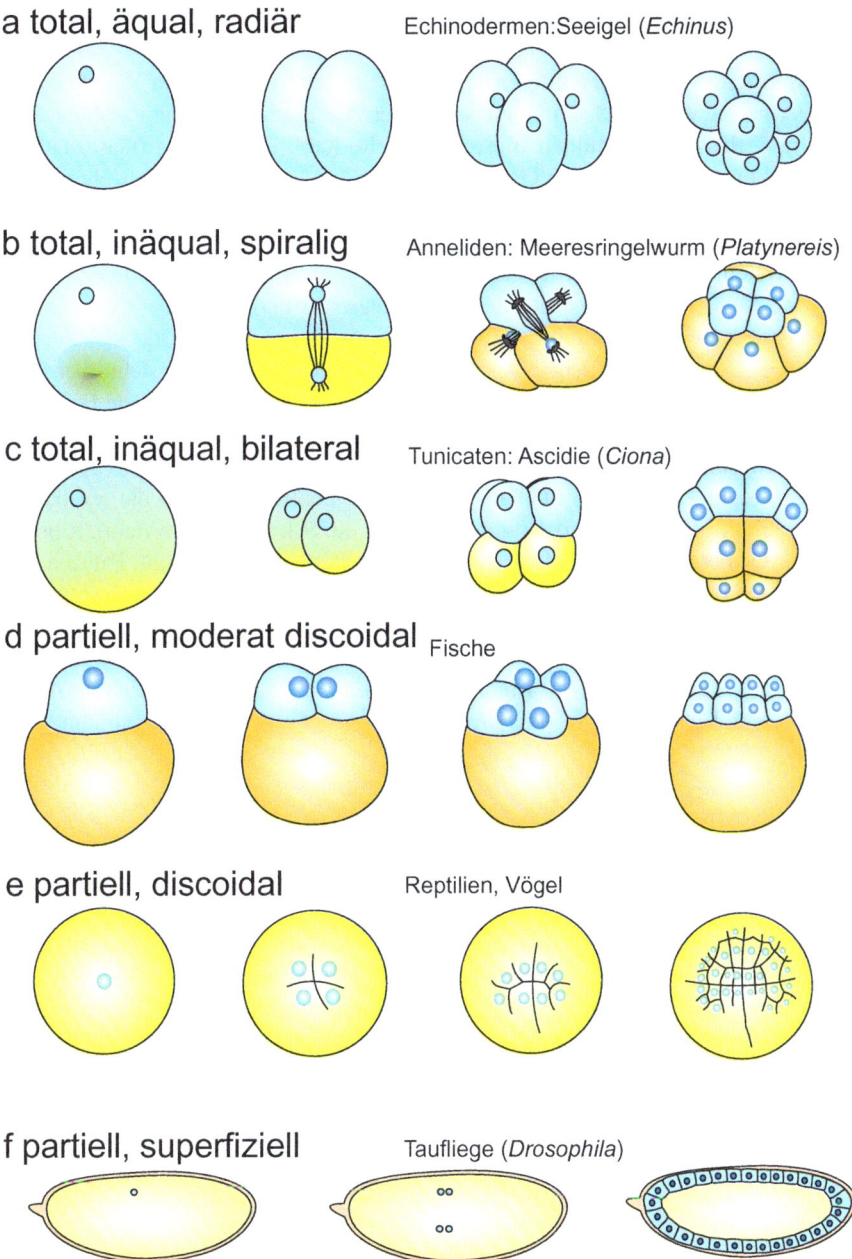

a total, äqual, radiär — Echinodermen:Seeigel (*Echinus*)

b total, inäqual, spiralig — Anneliden: Meeresringelwurm (*Platynereis*)

c total, inäqual, bilateral — Tunicaten: Ascidie (*Ciona*)

d partiell, moderat discoidal — Fische

e partiell, discoidal — Reptilien, Vögel

f partiell, superfiziell — Taufliege (*Drosophila*)

Abb. 5.1 Furchungstypen der Oocyten während der Embryonalentwicklung

5.2 Bildung der Keimblätter

Alle Metazoa (Mehrzeller) differenzieren sich über die Bildung von Keimblättern. Dieser Vorgang wird als Gastrulation bezeichnet. Aus der während der Furchung entstandenen, flüssigkeitsgefüllten Blastula entsteht durch Einstülpung (Gastrulation) der Wand eine doppelwandige Gastrula. Dabei bilden sich die beiden Keimblätter, das äußere Ektoderm und das innere Entoderm (Abb. 5.2). Das Ektoderm, die äußere Oberfläche des Embryos, bildet später auch die äußere Körperbedeckung und das Nervensystem. Das Entoderm bildet zunächst den embryonalen Urdarm (Archenteron). Aus ihm werden später der Verdauungstrakt und die inneren Organe gebildet, z. B. Lunge und Leber. Zwischen den beiden Keimblättern bildet sich die primäre Leibeshöhle, das flüssigkeitsgefüllte Blastocoel. Der Urdarm steht über dem Blastoporus (Urmund) in Verbindung mit der Außenwelt. Diese häufigste Form der Gastrulation wird Invagination genannt. Eine zweiwandige Gastrulation kann aber auch durch Umwachsung der Makromeren (große Blastomeren) entstehen (Epibolie).

Aus diesem Entwicklungsstadium des Embryos entwickeln sich die zweikeimblättrigen Tiere (Diploblasten). Zu ihnen gehören die Schwämme (Porifera), Rippenquallen (Ctenophora), Nesseltiere (Cnidaria). Porifera werden oft als Parazoa bezeichnet, weil sie nach der Umstülpung der Blastula kein echtes Gewebe und Organe bilden. Alle anderen Mehrzeller werden als Eumetazoa zusammengefasst. Bilden Tiere ein drittes Keimblatt (Mesoderm), so werden sie als Triploblasten zusammengefasst.

Das Mesoderm entsteht im Embryo zwischen Ektoderm und Entoderm durch Teilung und Einwanderung von Urmesodermzellen in den Zwischenraum oder durch Abfaltung des Urdarmdachs. Hierbei bilden sich die Mesodermleisten. Diese sind so angelegt, dass sich die Triploblasten entlang ihrer Medianebene in zwei spiegelsymmetrische Hälften teilen lassen (Bilateralsymmetrie). Die Triploblasten werden deshalb auch als Bilateria bezeichnet. Aufgrund ihrer Körpersymmetrie werden die Eumetazoa in die Radiata und die Bilateria unterteilt. Ein radiärsymmetrisches Tier, z. B. ein Polyp, orientiert sich in seinem Bauplan in alle Richtungen, ausgehend von der Körperlängsachse. Radiata haben deshalb keine Rücken- und Bauchseite, sondern nur eine Mundseite (oral) und eine vom Mund abgewandte Seite (aboral). Dagegen besitzen bilateralsymmetrisch aufgebaute Tiere neben dem Kopfende (anterior) auch ein Schwanzende (posterior), eine Oberseite (dorsal) und eine Unterseite (ventral) sowie eine rechte und linke Seite (lateral).

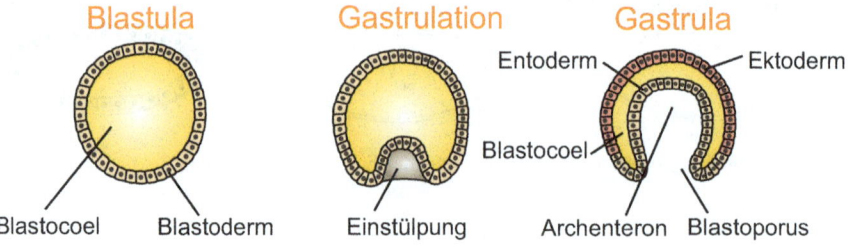

Abb. 5.2 Bildung der Keimblätter

5.2 Bildung der Keimblätter

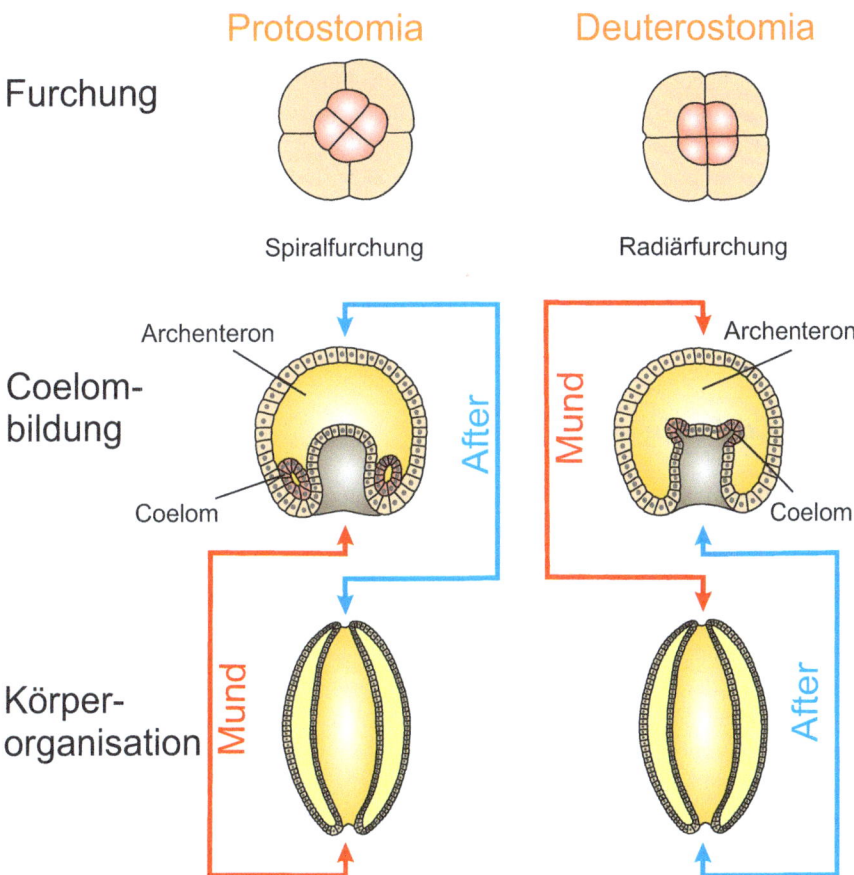

Abb. 5.3 Entstehung des Urmunds bei (**a**) Protostomia und bei (**b**) Deuterostomia

Die Entstehung des Urmunds und seine Position führen in der zoologischen Systematik der Triploblasten zu den klar getrennten evolutionären Linien der Protostomia (Urmünder) und der Deuterostomia (Neumünder). Bei den Protostomia wird der Urmund zum später eigentlichen Mund des Tiers und an der gegenüberliegenden Stelle des Keims bricht eine zweite Öffnung durch, die sich später zum After entwickelt (Abb. 5.3a). Zu den Protostomia gehören unter anderen die Plathelminthes, Nemathelminthes, Annelida, Arthropoda und Mollusca. Zu den Deuterostomia gehören die Echinodermata, Hemichordata und Chordata. Bei den Deuterostomia wird der Urmund zum After und die an der gegenüberliegenden Stelle des Keims entstehende zweite Öffnung zum eigentlichen Mund (Abb. 5.3b). Diese Entwicklung stellt den wichtigsten und charakteristischsten Unterschied zwischen Protostomia und Deuterostomia dar. Darüber hinaus gibt es weitere bedeutende Unterschiede, die vor allem die Furchung und die Bildung des Coeloms, eine sekundäre Leibeshöhle, betreffen.

Bei vielen Protostomia tritt im frühen Entwicklungsstadium eine Spiralfurchung auf, in der die Teilungsebene der dritten Furchung diagonal verläuft. Die meisten Protostomia haben auch eine frühdeterminierte Furchung, d. h., das spätere Entwicklungsziel einer Embryonalzelle wird schon sehr früh festgelegt. Bei den Deuterostomia kommt es dagegen nie zu einer Spiralfurchung, sondern die Furchungsebenen verlaufen rechtwinklig. Bei den meisten Deuterostomia wird das Entwicklungsziel der Zellen erst spät festgelegt, es erfolgt also eine spätdeterminierte Furchung. Bei einer frühen Trennung der Zellen hat so jede einzelne Zelle die Fähigkeit, einen vollständigen Embryo mit all seinen Geweben auszubilden. Diese Totipotenz spielt in der gegenwärtigen Diskussion um die Forschung mit embryonalen Stammzellen des Menschen eine große Rolle.

5.3 Coelombildung

Viele vollentwickelte Protostomia oder Deuterostomia lassen sich an der Lage des Hauptnervenstrangs im Körper gut unterscheiden. Bei vielen Protostomia liegt dieser ventral zum Darmkanal. Sie werden deshalb als Gastroneuralia bezeichnet. Dagegen liegt bei Deuterostomia, auch beim Menschen, der Hauptnervenstrang dorsal zum Darm. Sie werden deshalb als Notoneuralia bezeichnet. Ein weiterer wichtiger Unterschied in der Entwicklung der Protostomia und Deuterostomia ist die Bildung des Coeloms, der sekundären Leibeshöhle. Bei Protostomia entstehen zunächst aus den urmesodermalen Zellen seitlich des Urdarms mesodermale Zellhaufen, in denen sich flüssigkeitsgefüllte Spalten bilden. Diese erweitern sich zum Coelom, das nach dieser Entwicklungsform Schizocoel genannt wird. (Abb. 5.4a). Im Gegensatz dazu entsteht das Coelom der Deuterostomia durch Abfaltungen von seitlichen Divertikeln aus dem Urdarmdach (Abb. 5.4b). Es wird deshalb auch Enterocoel genannt.

Innerhalb der bilaterialsymmetrisch aufgebauten Tiere (Bilateria) gibt es verschiedene Varianten von Körperbau und Anordnung der Leibeshöhlen. Die äußere Körperhülle eines Tiers (Integument) umschließt die darunterliegende Muskel-

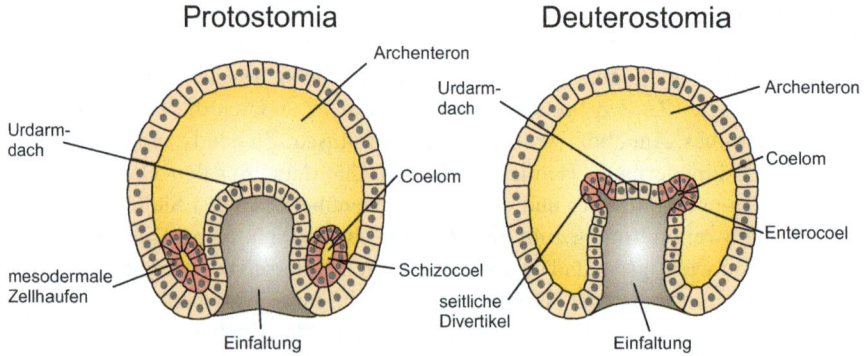

Abb. 5.4 Bildung des Coeloms bei (**a**) Protostomia und bei (**b**) Deuterostomia

5.3 Coelombildung

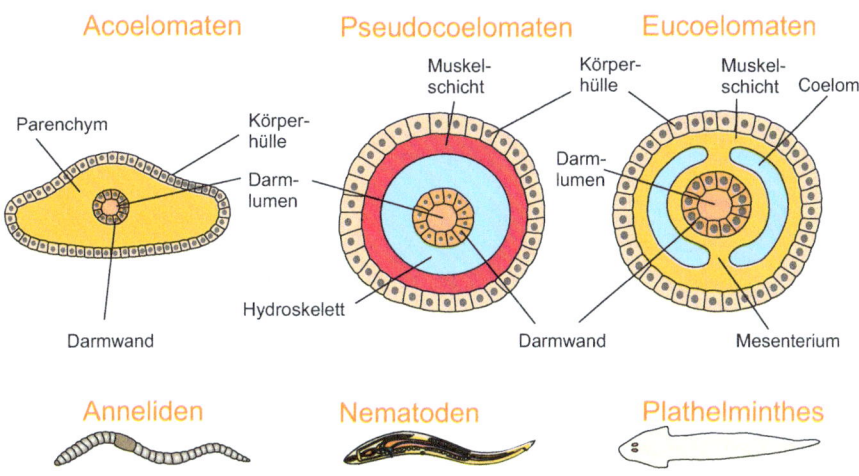

Abb. 5.5 Bauplan der Bilateria

schicht, die der Fortbewegung dient. Integument und Muskelschicht bilden zusammen den Hautmuskelschlauch. In der Mitte des Körpers liegt der Darm. Tiere, die zwischen Darm und Hautmuskelschlauch keine flüssigkeitsgefüllte Körperhöhle besitzen, werden als Acoelomata bezeichnet (Abb. 5.5a). Zu ihnen gehören vor allem die Plathelminthes (Plattwürmer).

Die übrigen Bilateria besitzen eine flüssigkeitsgefüllte Höhle, die sich allerdings in verschiedenen Tierstämmen unterschiedlich entwickeln und ausdifferenzieren kann. Wird kein echtes Coelom gebildet, d. h., die Körperhöhle ist nicht vollständig von einer mesodermalen Gewebeschicht (Mesothel oder Coelothel) ausgekleidet, so werden die Tiere Pseudocoelomata genannt (Abb. 5.5b). Zu diesen gehören die Nemathelminthes (Rundwürmer) und einige weitere Stämme. Tiere mit einem echten Coelom werden als Eucoelomata oder Coelomata bezeichnet (Abb. 5.5c). Zu diesen zählen neben anderen Tierstämmen die Annelida (Ringelwürmer).

Ein echtes Coelom ist vollständig mit einer mesodermalen Epithelschicht ausgekleidet, die im Inneren der Muskulatur des Darms anliegt und nach außen direkt an die Muskulatur des Hautmuskelschlauchs anschließt. Die beiden Epithelschichten sind dorsal und ventral durch Mesenterien verbunden. Die darm- und körperflächennahen Anteile dieses Coelothels differenzieren sich vielfach zur Muskulatur. Eucoelomata besitzen auch ein Blutgefäßsystem, das den meisten Pseudocoelomata fehlt. Das flüssigkeitsgefüllte Coelom dient als Speicher und Transportmedium. In das Coelom münden auch die Trichter der Metanephridien, die der Exkretion dienen. Außerdem polstert das Coelom die Eingeweide von der Körperhülle ab, sodass bei Bewegungen keine störenden Einflüsse übertragen werden. Bei der Kontraktion der an der Bewegung beteiligten Muskelgruppen kann der davon resultierende erhöhte Druck in der Leibeshöhle und im Hautmuskelschlauch den Körper oder die Segmente stabilisieren (Hydroskelett). Auf diese Weise werden die schlängelnden Bewegungen einiger wurmförmiger Organismen, z. B. der Spulwürmer, ermöglicht.

Organogenese 6

> **Flashcards**
> Als Käufer dieses Buches können Sie kostenlos unsere Flashcard-App „SN Flashcards" mit Fragen zur Wissensüberprüfung und zum Lernen von Buchinhalten nutzen. Für die Nutzung folgen Sie bitte den folgenden Anweisungen:
>
> 1. Gehen Sie auf https://flashcards.springernature.com/login
> 2. Erstellen Sie ein Benutzerkonto, indem Sie Ihre Mailadresse angeben und ein Passwort vergeben.
> 3. Verwenden Sie den folgenden Link, um Zugang zu Ihrem SN Flashcards Set zu erhalten: ▶ www.sn.pub/kt4cim.
>
> Sollte der Link fehlen oder nicht funktionieren, senden Sie uns bitte eine E-Mail mit dem Betreff „SN Flashcards" und dem Buchtitel an customerservice@springernature.com.

6.1 Organisation des Ooplasmas

Direkt nach der Befruchtung und noch vor der Furchung kommt es zu einer Umorganisation das Ooplasmas in drei Bereiche (Abb. 6.1) und damit auch zur Bildung des ganzen grauen Halbmonds. Diese Bereiche werden während der Furchung und der Bildung der Blastula auf verschiedene Zellen verteilt. Dabei spielen die Zellen, die aus dem grauen Halbmond hervorgegangen sind, eine wichtige Rolle bei der weiteren Entwicklung, da sie wichtige Signalproteine freisetzen. Durch sie wird an einem bestimmten Punkt des grauen Halbmonds die Gastrulation ausgelöst (Abb. 6.2). Sie beginnt mit der Einwölbung der Flaschenzellen in das Blastocoel.

Befruchtete Amphibienoocyte

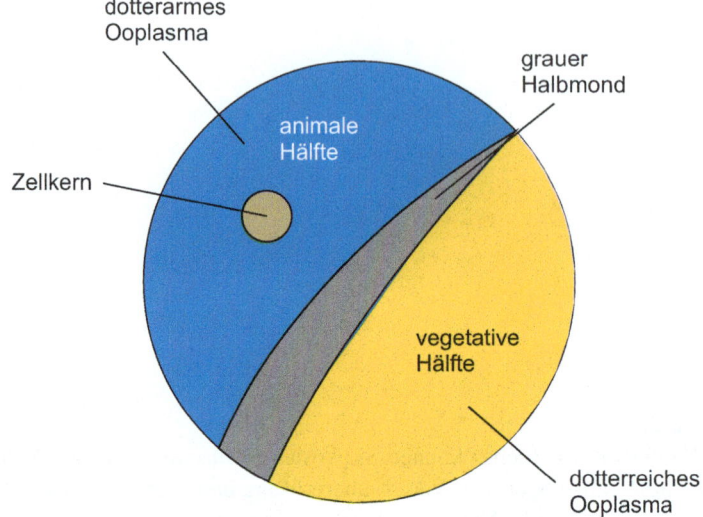

Abb. 6.1 Bildung des grauen Halbmonds bei der Oogenese

Blastoporus

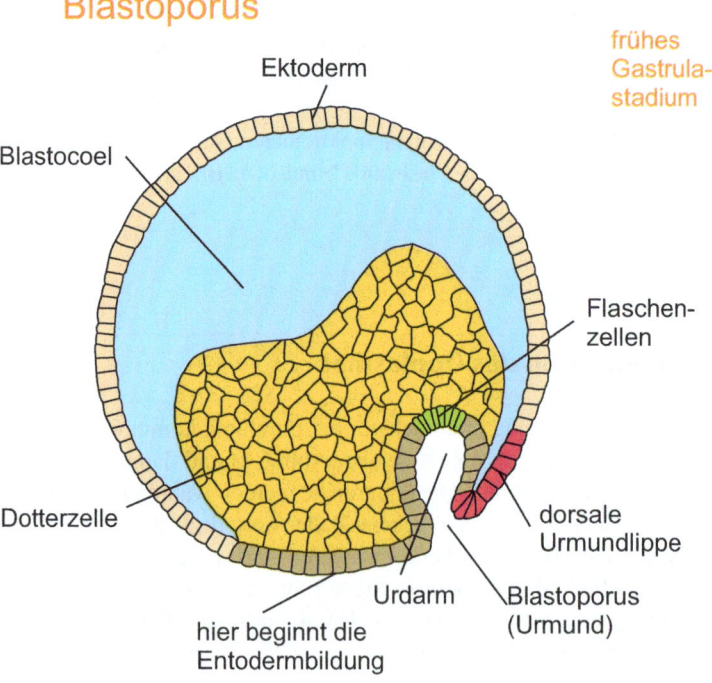

Abb. 6.2 Blastoporus und Beginn der Gastrulation

An dieser Stelle bildet sich die dorsale Urmundlippe, über die fortwährend weitere Zellen in das Blastocoel einwandern (Involution), die zunächst den Urdarm bilden. (Entoderm) und später eine zweite Zellschicht, das Mesoderm. Am Ende dieses Vorgangs sind alle drei Keimblätter gebildet und die dorsale Körperachse ist festgelegt. Diese dorsale Urmundlippe (Spemann-Organisator) organisiert die gesamte weitere Entwicklung des Embryos.

Im Laufe der weiteren Entwicklung kommt es dann zur Wanderung von Zellen, die ihre Form ändern. Durch diese morphogenetischen Bewegungen gelangen die Zellen in andere embryonale Bereiche, in denen sie mit weiteren Zellen durch die Freisetzung von Signalmolekülen kommunizieren und weitere embryonale Entwicklungsvorgänge induzieren. So werden zunächst der Kopf und dann der Rumpfbereich gebildet und schließlich organisieren die letzten eingewanderten Zellen die Schwanzstrukturen.

Als Auslöser der Organisationaktivität ist das Signalprotein β-Catenin von zentraler Bedeutung. Es wirkt als Transkriptionsfaktor zur Aktivierung verschiedener Entwicklungsgene (*Goosecoid*, *Siamois*). Ähnlich vergleichbare Organisationszentren gibt es auch bei den übrigen Wirbeltieren, so z. B. der Primitivknoten bei den Ameisen oder der dorsale Schild bei den Zebrafischen.

6.2 Neurulation

Während der Entwicklung des Wirbeltierkeims wird durch den Einfluss des Urdarmdachs im Ektoderm des Keims die Bildung der Neuralplatte induziert. Dies ist ein früher Vorgang der Organogenese, der schon im Stadium der Gastrula stattfindet (Abb. 7.2). Zur Entwicklung des Nervensystems senkt sich dann die Neuralplatte ein und bildet eine Falte, die Neuralrinne. Diese schließt sich vollständig zum Neuralrohr, das sich vom Ektoderm ablöst und darunter dorsal entlang des Embryos die Grundstruktur des Nervensystems bildet. Diese komplizierten morphologischen Vorgänge werden durch Zellwanderung und Zellverformungen unter Mitwirkung des Cytoskeletts durchgeführt und als Neurulation bezeichnet. Im vorderen Bereich des Embryos wird das Neuralrohr besonders breit angelegt und ist in fünf Blasen differenziert, aus denen die einzelnen Abschnitte des Wirbeltiergehirns entstehen. Der ursprüngliche Hohlraum des Neuralrohrs bleibt im Gehirn als Ventrikel und im Rückenmark als Zentralkanal erhalten und ist mit Gehirnflüssigkeit (Liquor) gefüllt. Bei allen Wirbeltieren ist das Gehirn nach diesem Grundbauplan in fünf Abschnitte gegliedert. Je nach Wirbeltierstamm und Spezialisierung entwickeln sich die einzelnen Gehirnabschnitte unterschiedlich stark. In weiteren Entwicklungsschritten werden beim Wirbeltierembryo im Kopfbereich die verschiedenen Teile des Wirbeltierauges (Linse, Hornhaut, Netzhaut) gebildet. Dabei handelt es sich um zwei zusätzliche Ausstülpungen des vorderen Neuralrohrs (Abb. 6.3).

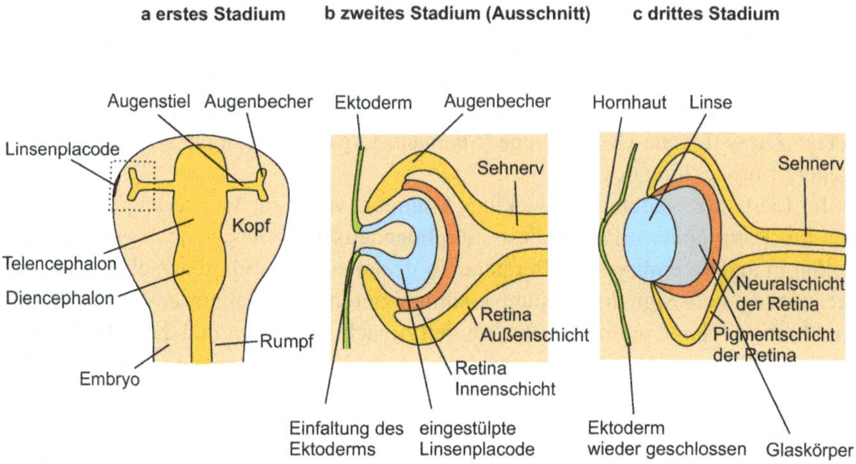

Abb. 6.3 Entwicklung des Auges

6.3 Larvalentwicklung und Metamorphose

Bei vielen Tieren entstehen im Laufe der Entwicklung zunächst frei lebende Embryonalstadien, die man als Larven bezeichnet. Sie dienen vorwiegend der Nahrungsaufnahme und dem Wachstum, bis sich schließlich so viel Körpersubstanz entwickelt hat, dass ein adulter Organismus gebildet werden kann. Im Larvenstadium ist auch eine weite Verbreitung möglich, so z. B. bei Parasiten. Die Larvenstadien sind allerdings meist nicht fortpflanzungsfähig.

Als Metamorphose wird dann die weitere Entwicklung bezeichnet, die vom Larvenstadium zum adulten Tier führt. Sie wird vielfach durch Hormone gesteuert. Bei Amphibien löst z. B. Thyroxin die Metamorphose von der Larve (Kaulquappe) zum Frosch aus (Abb. 6.4), während Prolactin diese Entwicklung hemmt. Bei Insekten gibt es unterschiedliche Metamorphosen. So kommt es bei den hemimetabolen Tieren zur stufenweisen, allmählichen Umwandlung von der Larve über die Nymphe zur Imago, wobei sich alle Entwicklungsstadien ähneln. Dies wird auch als unvollständige Metamorphose bezeichnet. Dagegen kommt es bei den holometabolen Tieren zu einer vollständigen Metamorphose, in der sich die oft raupenförmige Larve über ein Ruhestadium (Puppe) zur Imago entwickeln, die dann weiterwächst und sich mehrmals häutet, bevor sie ausgewachsen ist.

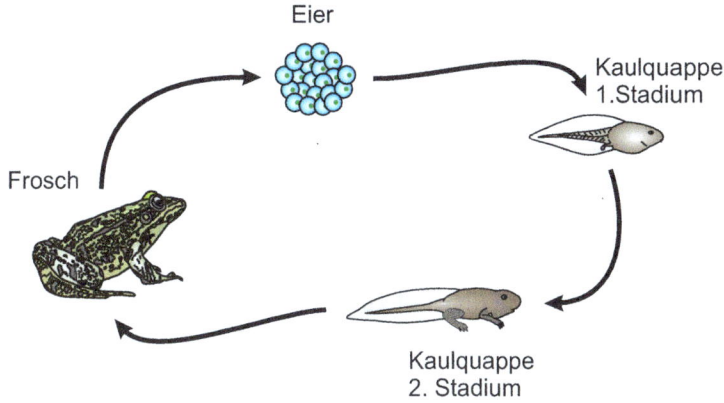

Abb. 6.4 Metamorphose beim Frosch

6.4 Stammzellen

Körperzellen, die sich in verschiedene Zelltypen oder Gewebe ausdifferenzieren können, werden als Stammzellen bezeichnet. Im embryonalen Stadium haben sie das Potenzial, sich in jegliches Gewebe zu differenzieren. Im adulten Stadium können sie sich nur in bestimmte festgelegte Gewebetypen entwickeln (adulte Stammzellen). Der Mechanismus der Ausdifferenzierung von Stammzellen ist noch nicht vollständig aufgeklärt, entscheidend sind aber ihr ontogenetisches Alter und das biologische Umgebungsmilieu.

Das größte Differenzierungspotenzial haben die ontogenetisch frühesten, pluripotenten embryonalen Stammzellen (ES-Zellen), aus denen später die Keimstammzellen und die somatischen Vorläuferzellen (Progenitorzellen) gebildet werden. ES-Zellen werden nach der Befruchtung in der inneren Zellmasse der Blastocyste gebildet und können sich in alle drei Keimblätter ausdifferenzieren. Durch ihre hohe Aktivität des Enzyms Telomerase können sie experimentell vermehrt werden. Sie können im Experiment auch zu den verschiedensten Zelltypen, z. B. Nervenzellen, ausdifferenziert werden. Insofern haben sie das Potenzial, in der Medizin eines Tages vielleicht als maßgeschneiderte T-Zellen für schwerkranke Patienten verwendet zu werden. Die augenblicklich bestehenden gesetzlichen Regelungen sind länderspezifisch unterschiedlich und beschränken bzw. untersagen in Deutschland diesbezüglich die Verwendung von menschlichen Embryonen als Quelle für ES-Zellen. Importierte Stammzellen, die vor dem 1. Mai 2007 gewonnen wurden, sind für Forschungszwecke zugelassen.

Postembryonale Stammzellen kommen nach Abschluss der Embryonalentwicklung im Organismus vor und werden in frühe neonatale und adulte Stammzellen eingeteilt. Im Gegensatz zu ES-Zellen ist ihr Differenzierungspotenzial beschränkt, weshalb sie nicht als pluripotent, sondern als multipotent bezeichnet werden.

6.5 Entwicklungsgenetik

Die Polaritätsachsen des Embryos und damit seine Grundarchitektur werden bei den meisten Tieren schon zu Beginn der Furchung ausgebildet. Dabei werden das Kopf- und das Schwanzende (anterior-posteriore Körperachse) durch maternale Morphogene (Signalmoleküle) festgelegt. Diese Proteine diffundieren im Cytoplasma der befruchteten Eizelle zu gegenüberliegenden Polen und bildet damit ein Konzentrationsgefälle. Dies zeigt Abb. 6.5 am Beispiel der Morphogene im Embryo von *Drosophila*. Zu sehen sind die Gradienten der anterioren Morphogene Bicoid und Hunchback und der posterioren Morphogenese Caudal und Nanos. In der weiteren embryonalen Entwicklung wirken diese Konzentrationsunterschiede in den einzelnen Blastomeren weiter und steuern deren entsprechende Entwicklung.

Im Anschluss induzieren Maternaleffektgene drei Klassen von Segmentierungsgenen. Die Lückengene bewirken breite Banden längs der Körperachse, die Paarregelgene unterteilen den Embryo in Bereiche von jeweils zwei Segmenten und die Segmentpolaritätsgene bestimmen die Grenzen der jeweiligen Segmente und deren Organisation. In Folge bewirken diese drei Klassen von Segmentierungsgenen immer detailliertere Segmentierungsmuster (Abb. 6.6).

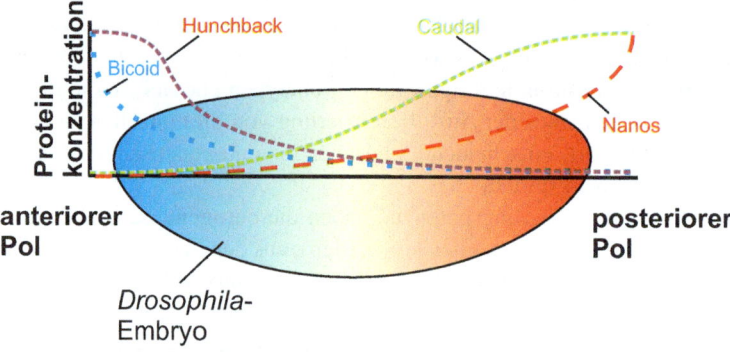

Abb. 6.5 Morphogene im Embryo von *Drosophila*

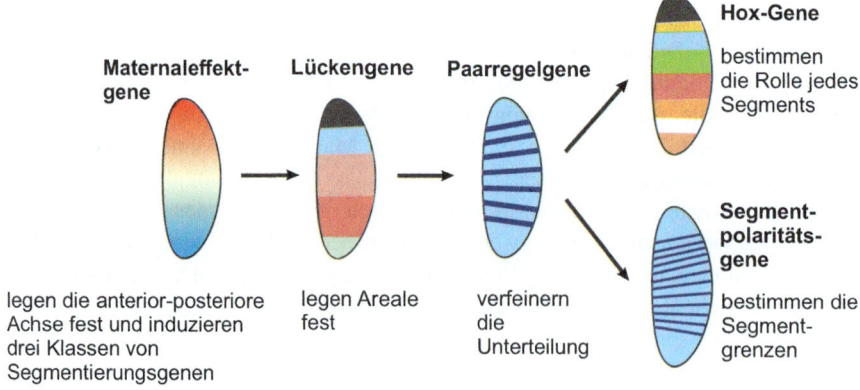

Abb. 6.6 Segmentierungsmuster bei der Embryogenese

6.5 Entwicklungsgenetik

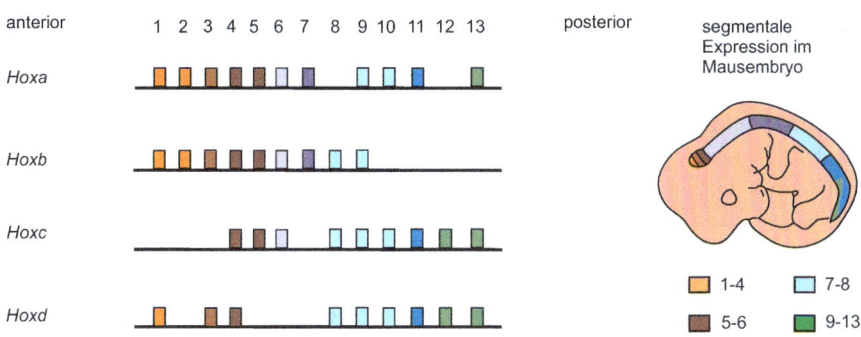

Abb. 6.7 Hox-Gene und die Entwicklung von Säugetieren

Eine andere Abfolge erfolgt in der Embryonalentwicklung der Säugetiere. Dort wird die Polaritätsachse erst nach der Furchung gebildet. Anschließend kontrollieren homöotische Gene die Körpersegmentierung und ihre weitere Entwicklung. Diese sogenannten Hox-Gene sind schon früh in der Evolution entstanden und finden sich bei Säugetieren in vier paralogen Clustern (a–d), die jeweils bis zu 13 Gene aufweisen (Abb. 6.7). Sie sind auf vier Chromosomen verteilt, beim Menschen auf den Chromosomen 2 (*Hoxd*), 7 (*Hoxa*), 12 (*Hoxc*) und 17 (*Hoxb*). Die Expression dieser Gene erfolgt dabei zeitlich und räumlich genau in der Reihenfolge ihrer linearen Anordnung auf den Chromosomen, und zwar so, dass die Gene, die am 3′-Ende der Gencluster liegen, zuerst im vorderen Bereich exprimiert werden und erst danach im hinteren Bereich. Auf diese Weise produzieren die Hox-Gene nacheinander segmentspezifische Genprodukte, die als Transkriptionsfaktoren wirken und die Differenzierung der Zellen entlang der anterior-posterioren Körperachse steuern. Diese differenzielle Genexpression erfolgt modular in funktionellen Einheiten, die aus Genen und verschiedenen Signalwegen bestehen und die man als Entwicklungsmodule bezeichnet.

Die dorsoventrale Differenzierung wird dann durch weitere Genprodukte gesteuert. Dazu gehören SHH (*Sonic hedgehog*), ein von der Neuralleiste sezerniertes Signalprotein, das BMP (*bone morphogenetic protein*) und sein Inhibitorprotein Noggin sowie der Wnt-Signalweg. So differenzieren sich in den einzelnen Segmenten (Somiten) die dorsalen Zellen zu Haut- und Muskelzellen, während die ventralen Zellen zu Knorpel- und Knochenzellen werden.

Innerhalb der Homöoboxgenfamilie gibt es auch die Pax-Gene (*paired-box genes*), von denen es vier Gruppen mit insgesamt neun Genen gibt. Sie spielen ebenfalls eine wichtige Rolle bei der Entwicklung der Somiten und des Nervensystems. Sie codieren eine Reihe von gewebespezifischen Transkriptionsfaktoren und sind nicht nur für die embryonale Entwicklung wichtig, sondern auch für die epimorphe Regeneration von Körperteilen bei Tieren, die zur Regeneration in der Lage sind, z. B. Amphibien. Erst wenn sich die Körpersegmentierung völlig entwickelt hat, folgt im nächsten Schritt die Bildung und Ausdifferenzierung von Organen und Organsystemen.

6.6 Transdetermination und Transdifferenzierung

Unter Transdetermination versteht man den Vorgang, wenn sich eine Stammzelle oder Progenitorzelle nicht in die vorgesehene Ziellinie und den Zelltyp entwickelt, sondern in einen nah verwandten Zelltyp. Das ist z. B. in der Embryonalentwicklung von *Drosophila* bekannt, wo sich durch mechanische Verletzung bestimmter Segmente und anschließende Regeneration aus ursprünglich als Beinpaare vorgesehenen Zellen plötzlich Zellen als Flügel entwickeln.

Unter Transdifferenzierung versteht man dagegen die Veränderung einer bereits ausdifferenzierten Zelle ohne Zwischenstadium in einen anderen Zelltyp. Am Beispiel von Leber und Bauchspeicheldrüse ist das nachvollziehbar, da beide Organe sich aus dem Entoderm entwickeln. Dies kann experimentell durch Gabe von gewebespezifischen Transkriptionsfaktoren ausgelöst werden und hat großes therapeutisches Potenzial in der modernen Medizin.

6.7 Regeneration

Der Ersatz und die Heilung von geschädigtem Gewebe werden als Regeneration bezeichnet. Bei Organismen, deren Körperzellen determiniert sind (z. B. Nemathelminthes), ist die nicht möglich. Dagegen ist die Regeneration bei Amphibia, Porifera, Plathelminthes und Cnidaria stark ausgeprägt. Es gibt zwei Formen der Regeneration. Bei der physiologischen Regeneration werden Gewebe erneuert, wenn sie beschädigt wurden (Haut) oder altern. So schilfern z. B. die Darmepithelzellen ca. alle sieben Tage ab und werden durch neue Zellen ersetzt. Auch Blutzellen altern, werden aussortiert und ständig gegen neu gebildete Zellen ausgetauscht. Dagegen können terminal ausdifferenzierte Zellen wie Muskel- oder Nervenzellen sich nicht oder nur bedingt regenerieren. Bei einigen Tiergruppen ist die Fähigkeit zur Regeneration stark ausgeprägt. Sie können bei Verletzungen oder bei Amputationen ganze Körperteile oder Extremitäten vollständig regenerieren. So können Amphibien bei ihrer Flucht z. B. den Schwanz abwerfen, um zu entkommen, und diesen später wieder vollständig regenerieren. Auch Seesterne und Nesseltiere können abgetrennte Arme ersetzen und die abgetrennten Teile wachsen oft zu vollständig neuen Individuen heran.

Alterungsprozesse können bei Organismen bereits in verschiedenen Altersstufen einsetzen, so z. B. beim Absterben der Oogonien in den Eierstöcken. Dabei kann das Absterben von Zellen funktionelle Ursachen haben, z. B. bei Entzündungen von Geweben (Nekrosen). Es kann sich aber auch um einen programmierten Zelltod (Apoptose) handeln. Bei der Nekrose werden Zellen z. B. vom Immunsystem angegriffen, schwellen an, platzen und verlieren Zellinhalt. Dagegen ist die Apoptose ein genetisch gesteuerter Prozess, durch den die Zelle in kleine, von einer Membran umgebene Strukturen (*apoptotic bodies*) zerfällt. Diese werden dann von Makrophagen phagocytiert. Dabei entsteht keine Entzündung. Apoptose kann auch bei natürlichen Entwicklungsvorgängen eine Rolle spielen, durch sie werden Gestaltungs- und Formungsprozesse, z. B. bei der Bildung von Extremitäten, möglich.

6.7 Regeneration

Der Tod eines Organismus tritt ein, nachdem alle Zell- und Organfunktionen irreversibel erloschen sind. Dieser Vorgang wird als biologischer Tod bezeichnet. Die Zellen eines Körpers sterben dabei unterschiedlich schnell ab: Zuerst, gleich nach dem Aussetzen der Sauerstoffversorgung, fangen die Nervenzellen des Gehirns an abzusterben. Nach weiteren 10–20 min. sterben die Zellen des Herzgewebes und danach die Zellen der Leber und der Lunge. Erst ein bis zwei Stunden später sterben auch die Zellen der Niere ab.

Organsysteme 7

Flashcards

Als Käufer dieses Buches können Sie kostenlos unsere Flashcard-App „SN Flashcards" mit Fragen zur Wissensüberprüfung und zum Lernen von Buchinhalten nutzen. Für die Nutzung folgen Sie bitte den folgenden Anweisungen:

1. Gehen Sie auf https://flashcards.springernature.com/login
2. Erstellen Sie ein Benutzerkonto, indem Sie Ihre Mailadresse angeben und ein Passwort vergeben.
3. Verwenden Sie den folgenden Link, um Zugang zu Ihrem SN Flashcards Set zu erhalten: ▶ www.sn.pub/kt4cim.

Sollte der Link fehlen oder nicht funktionieren, senden Sie uns bitte eine E-Mail mit dem Betreff „SN Flashcards" und dem Buchtitel an customerservice@springernature.com.

7.1 Integument und Haut

Die äußere Körperhülle aller Gewebetiere wird als Integument bezeichnet. Es stellt den Kontakt des Organismus zu seiner Umwelt dar und schützt ihn vor schädlichen Einflüssen. Es beinhaltet alle in der Haut gebildeten Strukturen wie Haare, Federn, Stacheln, Nägel, Kalkpanzer usw.

Pigmente des Integuments schützen vor UV-Strahlung. Verhornte Strukturen (Schuppen) oder Knochenpanzer schützen vor Verletzungen. Federn und Haare bilden eine thermische Isolierung. Schweißdrüsen verdunsten Körperflüssigkeit und dienen zur Thermoregulation. Amphibien und einige Knochenfische atmen Sauer-

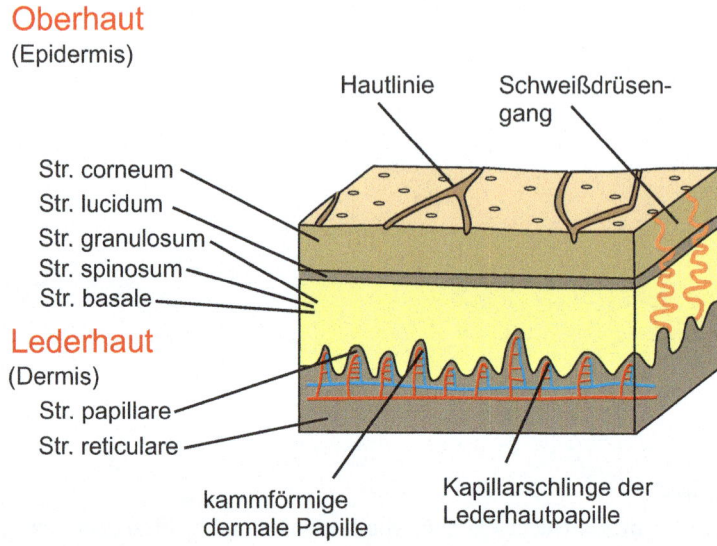

Abb. 7.1 Querschnitt der menschlichen Haut und ihrer Schichten

stoff über die Haut. Nervenendigungen perzipieren mechanische, chemische und thermische Reize. Farbmuster der Pigmentierung dienen zur Erkennung der Art und der Individuen.

Bei den Chordata (Ausnahme *Branchiostoma*) ist die Haut immer mehrschichtig. Außen liegt die Oberhaut (Epidermis) und darunter die Lederhaut (Dermis), die auch als Corium bezeichnet wird. Epidermis und Dermis werden auch als Cutis zusammengefasst. Die Oberhaut besteht aus Keratinocyten, die ein mehrschichtiges, verhorntes Plattenepithel bilden. Es enthält keine Blutgefäße und ordnet sich in fünf übereinanderliegenden Schichten an (Abb. 7.1). Die Zellen der Basalschicht sind teilungsfähig und sorgen für eine ständige Erneuerung durch Zellwanderung nach oben. Dabei bilden sich Strukturporteine (Keratin) zur Verhornung.

Bei einigen Wirbeltieren bildet die verhornte äußere Hautschicht (Stratum corneum) besondere Strukturen, so z. B. die Reptilienschuppen (Abb. 7.2) oder Federn, Krallen, Haare, Hufe und Nägel. Diese bezeichnet man als Hautanhangsgebilde. Dazu gehören auch die Hautdrüsen. Reptilienschuppen und Federn sind homologe Strukturen mit gleichem Bauprinzip. Dabei wölbt eine stark proliferierende Papille die Epidermis nach außen. Bei Reptilienschuppen verhornt diese zu rigiden Strukturen. Dagegen senkt sich diese Anlage bei der Federentwicklung zu einem tiefen Follikel in die Dermis. Dieser bildet nach außen eine ständig wachsende Epidermisröhre mit bindegewebigen Septen, aus denen sich die Federäste (Rami) entwickeln (Abb. 7.3). Die zunächst geschlossene Epidermisröhre bricht dann seitlich auf und die Federfahne entfaltet sich.

Haare bestehen aus mehreren Schichten (äußere Haut, Rinde und Mark). In den Hohlräumen des Marks wird das Haarpigment produziert. Die Haaranlage ist nicht homolog zu den Federn. Sie senkt sich tief in die Dermis ein und den Haarbalg um-

7.1 Integument und Haut

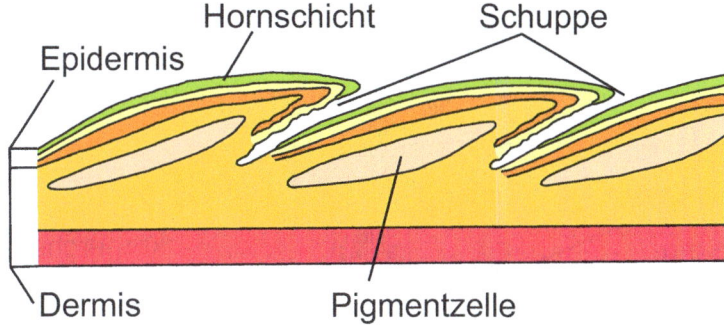

Abb. 7.2 Querschnitt einer Reptilienhaut

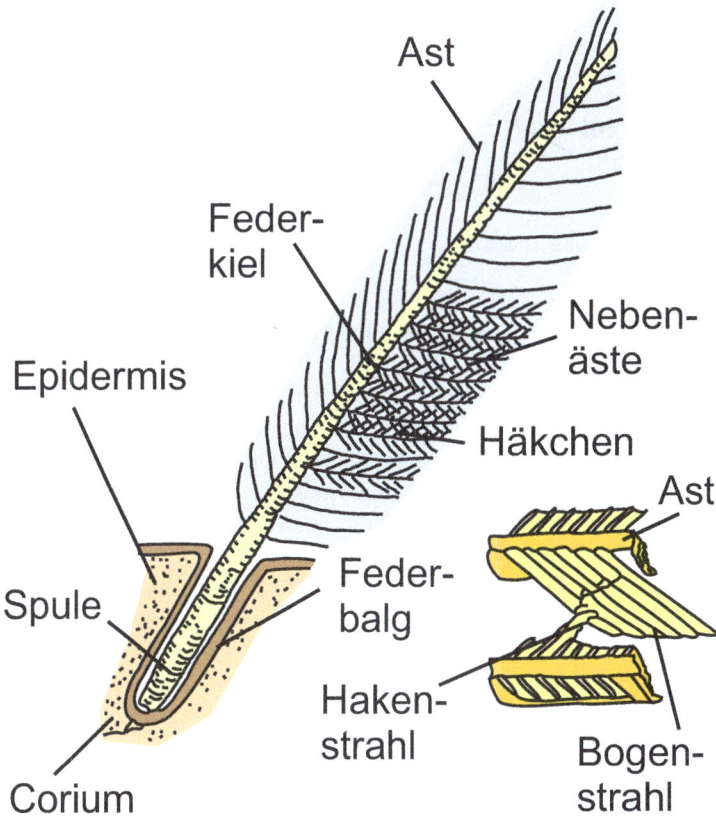

Abb. 7.3 Schema einer Feder mit ihrem Aufbau

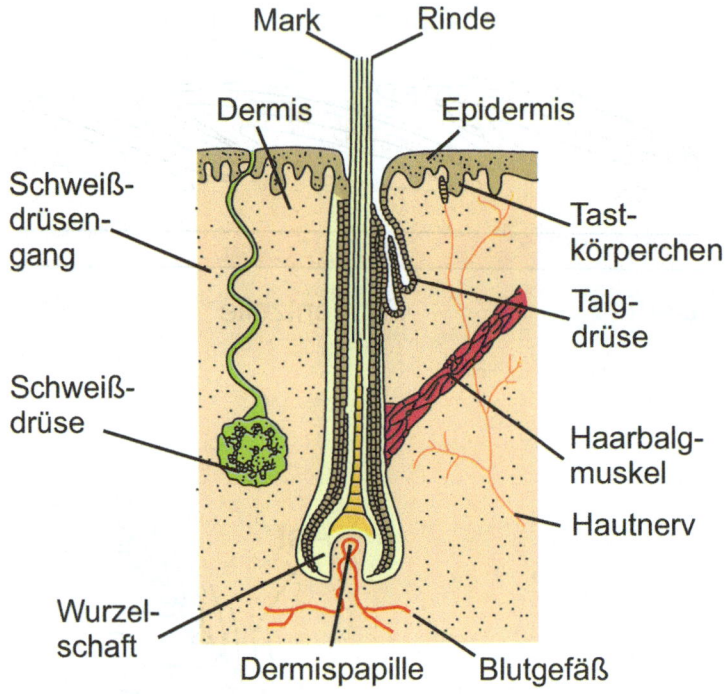

Abb. 7.4 Querschnitt eines Haarbalgs

geben zwei Wurzelscheiden, an denen glatte Muskulatur ansetzt. Hier münden auch Talgdrüsen (Abb. 7.4).

Wirbeltiere besitzen vier unterschiedliche Drüsentypen. Bei holokrinen Drüsen (Haarbalgdrüsen) wird der gesamte Zellinhalt aus der dann zerfallenden Zelle als Sekret abgegeben. Dagegen bleibt bei merokrinen Drüsen die Zelle nach der Sekretabgabe intakt. Aprokrine Drüsen (z. B. Milchdrüsen) sezernieren große Sekrettropfen, die Abgabe eines wässrigen Sekrets aus vielen kleinen Tropfen bezeichnet man als ekkrine Sekretion (z. B. Schweißdrüsen).

Milchdrüsen sind bei den Plazentatieren paarig vorhanden und spezifisch angelegt – bei Huftieren in der Leistengegend, bei Raubtieren am Rumpf, bei Primaten an der Brust. Vögel besitzen keine Schweißdrüsen, sondern eine paarige, holokrine Bürzeldrüse, deren öliges Sekret zur Federpflege dient. Reptilien besitzen kaum Hautdrüsen, während Amphibien holokrine Giftdrüsen und merokrine Schleimdrüsen besitzen. Beide Drüsentypen sind einfach gebaut und haben nur einen Ausführungsgang. Dagegen sind die Drüsen der höheren Wirbeltiere kompliziert verzweigt mit blind endenden Acini. Fische haben ebenfalls Hautdrüsen (Leydig-Zellen).

Frühe Entwicklungsformen der Wirbeltiere hatten Hautknochenpanzer. Rezente Formen bilden nur noch abgewandelte Hautzähne in Form von Placoidschuppen bei Rochen und Haien. Sie haben einen inneren Kegel aus Dentin mit einer äußeren knochenähnlichen Schmelzschicht und ähneln deshalb den Wirbeltierzähnen.

Knochenfische besitzen Ctenoid- und Cycloidschuppen (dermale Knochenplättchen), die ohne Schmelzschicht nur von der Epidermis bedeckt sind. Ganoidschuppen mit Schmelzüberzug (Ganoin) kommen nur bei den urtümlichen Knochenfischen (Chondrostei) vor.

Zähne werden in der Entwicklungszone der Zahnleiste durch proliferierende Osteoblasten gebildet, die sich um die blutgefäßreiche Pulpa gruppieren. Der äußere Zahnschmelz wird von den epidermalen Amantoblasten gebildet Bei Säugetierzähnen liegt auch noch Knochengewebe (Zahnzement) um die Zahnwurzel. Die eigentliche Kaufläche wird durch den harten Zahnschmelz gebildet, dagegen ist der Zahnzement weich und nutzt sich bei Beanspruchung schnell ab. Dies geschieht bei den Zähnen der Nagetiere, die beim Kauen eine reliefähnliche Struktur auf der Zahnkrone bilden.

Ein homodontes Gebiss besteht aus vielen gleichartigen Zähnen, ein heterodontes Gebiss ist arttypisch mit verschiedenen Zahnformen angelegt und kann durch eine Zahnformel charakterisiert werden. So besteht das Säugetiergebiss aus den vorne gelegenen Schneidezähnen (Incisivi), den Eckzähnen (Canini), den vorderen Backenzähnen (Prämolaren) und den hinteren Backenzähnen (Molaren). Ihre Zahl und Anordnung richtet sich nach der Nahrungsspezifität. So sind die Eckzähne bei Wiederkäuern völlig rückgebildet. Bei Raubtieren sind dagegen die letzten Prämolaren und der erste Molar als Reißzähne ausgebildet.

Ein vollständiges Säugetiergebiss besteht aus 44 Zähnen, die sich nach der Zahnformel P = ICPM = 3143/3143 aufreihen, das heißt oben und unten je drei Incisivi, ein Caninus, vier Prämolaren und drei Molaren. Der Mensch hat die Zahnformel 2123/2123. Vögel und Schildkröten sind in ihrer Entwicklung sekundär wieder zahnlos geworden, haben dafür aber hornartige Schnäbel oder Kauleisten ausgebildet. Säugetiere haben im Laufe ihres Lebens einen Zahnwechsel, die adulten Zähne ersetzten die Milchzähne (diphyodontes Gebiss). Bei Fischen, Amphibien und Reptilien erfolgt dagegen ein ständiger Zahnwechsel (polyphyodontes Gebiss). Nagetiere haben dagegen oft ein monophyodontes Gebiss ohne Zahnwechsel.

7.2 Skelett und Bewegungsapparat

Mehrzellige Organismen haben verschiedene Bindegewebearten mit unterschiedlichen Eigenschaften. Dadurch können sie verschiedene Stütz- und Stabilisierungsfunktionen übernehmen. Bindegewebezellen (Fibroblasten) enthalten eine Matrix aus fibrillenartigen Proteinen (Kollagen und Skleroprotein). Wirbeltiere besitzen besonders feste Stützgewebe (Knorpel und Knochen). Knorpelzellen enthalten elastische Mucopolysaccharide, die von allen aus Chondroitinschwefelsäure bestehen. Ihre gallertige Substanz wird ständig auf- und abgebaut. Knorpelgewebe hat keine Blutgefäßversorgung und wird durch Diffusion versorgt. Knochengewebe wird aus Osteoblasten gebildet, in deren Matrix sich Calcium ablagert und das Gewebe durch Biomineralisierung verfestigt. So entstehen die sternförmigen Osteocyten, die das Knochengewebe bilden. Röhrenknochen haben eine Wachstumsfuge, in der sich Knorpelzellen zu Knochenzellen umbilden (Abb. 7.5). Feinste Blutgefäße

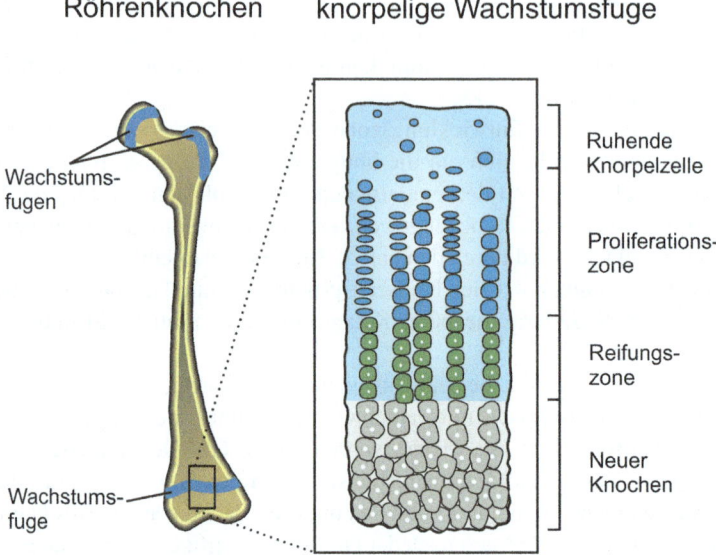

Abb. 7.5 Aufbau und Wachstum des Knochens

versorgen den Knochenstoffwechsel unter hormoneller Regulation durch Parathormon. Der Knochenabbau erfolgt durch die Osteoklasten. Sie lösen die mineralisierte Knochenstruktur auf und resorbieren die Abfallprodukte. Es gibt zwei Arten der Knochenbildung. Bei der chondralen Ossifikation wird in der Ontogenese zunächst Knorpelgewebe angelagert, das dann im Verlauf der Entwicklung verknöchert. Die so gebildeten Knochen nennt man Ersatzknochen. Bei der desmalen Ossifikation erfolgt die Knochenbildung unmittelbar aus dem Bindegewebe. Dabei werden die sogenannten Deckknochen gebildet. Dies erfolgt bei den meisten Wirbeltieren. Nur die Cyclostomata und die Knorpelfische haben ein knorpeliges Skelett mit Ersatzknochen.

7.2.1 Achsenskelett

Das Grundelement des Achsenskeletts ist die Chorda dorsalis. Sie besteht aus einem ungegliederten, flexiblen Stab, der bei den Chordata die Funktion eines einfachen Längsskeletts hat. Ihre Substanz besteht aus großen, flüssigkeitsgefüllten Zellen, die von einem rigiden Bindegewebe umgeben sind. Die Chorda dient als elastisches Widerlager zur Verankerung der Myomeren, die segmental gegliederte Abschnitte der Längsmuskulatur darstellen. Zwischen Chorda und Integument liegen bindegewebige Querwände, die Myosepten.

Nur bei wenigen primitiven Vertebraten bleibt die Chorda bis ins adulte Stadium erhalten. Bei fast allen Wirbeltieren wird die Chorda im Laufe der Individualentwicklung durch eine gegliederte Wirbelsäule ersetzt, sodass erwachsene Tiere nur

7.2 Skelett und Bewegungsapparat

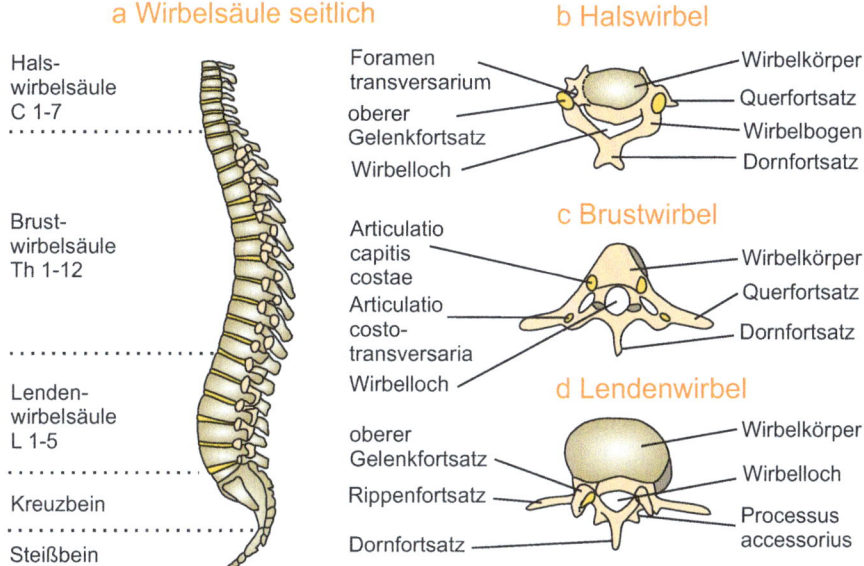

Abb. 7.6 Wirbelsäule des Menschen

noch über Überreste der Chorda, die beim Menschen als gallertiges Material (Nucleus pulposus) in den Bandscheiben bleibt, verfügen. Durch die knöcherne Verfestigung des Achsenskeletts und den direkten Ansatz der Muskulatur wird schon bei niederen, im Wasser lebenden Wirbeltieren (Fische) eine schlängelnde Fortbewegung ermöglicht. Der Übergang zum Landleben wird dann erst durch die weitere Entwicklung der Flossen zu Tetrapodenextremitäten möglich, die dann neben der Fortbewegung auch Greifen und Beutefang ermöglichen.

Die Wirbelsäule (Abb. 7.6) besteht aus einzelnen, gelenkig verbundenen Wirbeln, zwischen denen knorpelige Zwischenwirbelscheiben liegen. Die Bildung der Wirbel verläuft segmental aus den einzelnen Ursegmenten (Somiten). Dazu wandern Skleroblasten aus dem mesodermalen Sklerotom der Ursegmente aus, umlagern die Chorda und bilden so den Wirbelkörper (Centra). Ventral und dorsal bilden die Skleroblasten die Wirbelbögen (Arcualia), pro Ursegment werden jeweils zwei hintereinanderliegende Wirbelkörperpaare gebildet.

Durch Verschmelzung des hinteren Paars mit dem vorderen Paar des nächsten Ursegments wird der eigentliche Wirbel gebildet, der somit zum Muskelsegment halb verschoben ist. Durch diese alternierende Anlage von Wirbel- und Muskelsegmenten wird ein besonders effektiver Ansatz der Muskeln an der Wirbelsäule ermöglicht. Während die ventralen Wirbelbögen offen bleiben und die Ansatzstellen für die Rippen bilden, schließen sich die dorsalen Wirbelbögen zu Neuralbögen, welche das Rückenmark umschließen. Spezielle Flächen der Wirbel entwickeln sich zu den Zwischenwirbelgelenken, andere zu Ansatzpunkten für Muskeln und Bänder. Solche Ansatzpunkte werden speziell an den Gelenkfortsätzen ausgebildet, so z. B. als dorsaler Gelenkfortsatz (Processus spinosus) oder als lateraler Gelenkfortsatz (Processus transversus). Zwischen den Wirbeln liegen die Bandscheiben als bindegewebige Struktur mit der eingeschlossenen Gallertmasse (Nucleus pulposus). Die Länge der Wirbelsäule und damit die Anzahl der Wirbel sind je nach Wirbeltierstamm und Klasse sehr unterschiedlich. Schlangen können bis zu 400 Wirbel haben, während bei Vögeln verschiedene Wirbel zu einem festen Knochen verwachsen sind (Synsacrum). Säugetiere haben meist sieben Halswirbel (Cervikalwirbel), 13 Brustwirbel (Thorakalwirbel), sechs bis sieben Lendenwirbel (Lumbalwirbel) und zwei bis drei Kreuzwirbel (Sakralwirbel). Bei Primaten sind Letztere zum Steißbein (Os coccygis) verschmolzen. Die ersten beiden Halswirbel (Atlas und Epistropheus) bilden ein besonderes Gelenk, das nickende und drehende Kopfbewegungen ermöglicht. Die Rippen (Costae) entstehen durch Verknöcherungen der bindegewebigen Septen der Rumpfmuskulatur. Sie bilden den Brustkorb (Thorax) und sind vorne durch das Brustbein (Sternum) verbunden. Über Gelenke setzen sie beweglich an der Wirbelsäule an. Zusätzlich zu den Rippen besitzen manche Knochenfische Gräten, d. h. verknöcherte Strukturen des Bindegewebes in den Muskeln. Diese haben jedoch keine Verbindung zu der Wirbelsäule.

Extremitätengürtel und Extremitäten
Ab den urzeitlichen Fischen besitzen die Wirbeltiere vielstrahlige, paarige Extremitäten, bei den im Wasser lebenden Fischen als Brust- und Bauchflossen, bei den an Land lebenden Wirbeltieren als fünfstrahlige (pentadactyle) Tetrapodenextremitäten. Die Entwicklung der Extremitäten verläuft nach einem gemeinsamen Bauprinzip (Homologie) und lässt sich voneinander ableiten, auch wenn bei den hoch spezialisierten Säugetieren einzelne Komponenten der Extremitäten wieder um- oder rückgebildet worden sind. Die Vorder- und Hinterextremitäten sind über Gelenke und einen Extremitätengürtel mit dem Axialskelett (Wirbelsäule) verbunden. Der vordere Extremitätengürtel wird bei den Tetrapoden als Schultergürtel bezeichnet. Er besteht genauso wie der hintere Beckengürtel aus drei Knochenpaaren. Beim Schultergürtel sind dies das Rabenschnabelbein (Coracoid), das Schlüsselbein (Clavicula) und das Schulterblatt (Scapula). Einen vollständigen Schultergürtel aus allen drei Knochenpaaren besitzen Amphibien, Reptilien, Vögel und Monotremata. Die übrigen Säugetiere haben das Coracoid vollständig rückgebildet. Die Scapula ist dagegen bei allen Säugetieren ausgebildet. Die Ausbildung der Clavicula hängt von der Bewegungsart der jeweiligen Art ab. Tiere, die nur vor- und zurückgreifende Bewegungen durchführen, also z. B. Huftiere und Raubtiere, haben die Clavicula rückgebildet. Bei kletternden und greifenden Säugetieren (Primaten) bleibt die Clavicula dagegen erhalten. Der hintere Extremitätengürtel (Beckengürtel) besteht aus dem Darmbein (Ileum), dem Schambein (Pubis) und dem Sitzbein (Ischium). Diese sind bei allen Wirbeltieren vorhanden.

Die Tetrapodenextremitäten entwickeln sich aus den Flossenstahlen (Radien) der Fische. Da die Flossen nicht als Stütz- sondern vorwiegend als Ruderorgan dienen, ist bei ihnen eine mechanisch stabilisierte Fläche durch zahlreiche Radien wichtig. Bei den Tetrapodenextremitäten wird die Anzahl der Strahlen auf fünf reduziert, die zu starken Hebelwerkzeugen mit Gelenken für die Fortbewegung umgebildet werden. Dabei ist die Homologie der Extremitäten bei allen luftatmenden Wirbeltieren vollständig erhalten. Selbst bei der extremen Umdifferenzierung der Vorderextremi-

7.2 Skelett und Bewegungsapparat

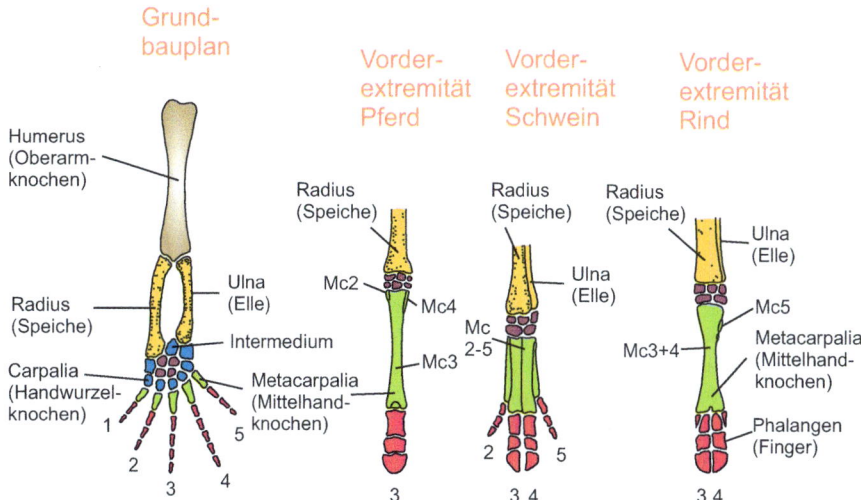

Abb. 7.7 Extremitäten verschiedener Säugetiere, ausgehend vom Grundbauplan der Tetrapodenextremität

täten bei den Vögeln in Flugextremitäten ist die Homologie eindeutig für jedes Teil nachvollziehbar. Die Laufextremitäten haben sich vielseitig an die Spezialfunktionen angepasst und umdifferenziert. So gibt es Schwimm-, Kletter- und Grabextremitäten. Bei der Spezialisierung der Wirbeltierextremitäten kommt es zu vielgestaltigen Umbildungen, die eine Verlängerung der einzelnen Elemente und eine Reduktion der ursprünglichen pentadactylen Strahlen durch Verschmelzung einzelner Elemente beinhalten kann. Extrem ist diese Entwicklung bei den Blindwühlen (Amphibien) und Schlangen (Reptilien), bei denen die Extremitäten völlig reduziert sind. Eine teilweise Reduktion erfolgt bei den Walen, die noch Rudimente des Beckengürtels haben. Die Vorderextremitäten der Wale sind wieder zu flossenartigen Strukturen reduziert. Besonders eindrucksvoll ist die Reduktion der pentadactylen Strahlen bei den Huftieren (Abb. 7.7), bei denen sich der Sohlengang der ursprünglichen Säugetiere (Insectivora), der auch bei Primaten erhalten ist, über den Zehengang (Katzen, Hunde) bis zum Zehenspitzengang (Pferde) umstellt. Bei Huftieren wird der Bodenkontakt des Fußes entweder über die dritten und vierten Strahlen hergestellt (Artiodactyla = Paarhufer wie Rind, Schwein und Kamel) oder über einen einzigen Strahl, den verlängerten mittleren (dritten) Strahl (Perissodactyla = Zehengänger wie das Pferd). Beim Pferd berührt nur der dritte Strahl den Boden. Bei anderen Zehengängern sind auch die anderen Strahlen noch vorhanden (Rhinozeros und Tapir). Bei Vögeln bleiben nur die ersten drei Strahlen erhalten, bei Fledermäusen sind die Finger (Phalangen) stark verlängert. Zwischen ihnen und dem Rumpf sind die Flughäute aufgespannt.

Schädel
Alle Wirbeltiere sind Cranioten, d. h., sie entwickeln am vorderen Pol der Wirbelsäule ein Cranium (Kopf). Es unterscheidet sich in Neurocranium und Viscerocra-

nium. Das Neurocranium wird als schützende Kapsel für die Sinnesorgane (paarige Augen, Nase, Labyrinth und Gehirn) entwickelt. Das Viscerocranium differenziert sich aus den hintereinanderliegenden Kiemenbögen und umfasst die vorderen Atemwege und die Nahrungsaufnahmeorgane. Neurocranium und Viscerocranium werden auch als Endocranium bezeichnet. Es entsteht durch chondrale Ossifikation. Das Dermatocranium, eine subepidermale Struktur aus Deckknochen, entsteht dagegen durch desmale Ossifikation. Bei den niederen Wirbeltieren sind Neurocranium, Viscerocranium und Dermatocranium noch weitgehend getrennt. Bei den Tetrapoden kommt es im Verlauf der Schädelentwicklung zu Rückbildung, Verlagerung und zum Verschmelzen einzelner Schädelknochen, sodass eine neue Struktur entsteht, die man als Syncranium bezeichnet.

In der frühen Schädelbildung der Wirbeltiere entsteht der Kieferapparat, indem sich ein vorderer Kiemenbogen zum Kieferbogen umdifferenziert. Das ventrale Teil (Mandibulare) bildet zusammen mit dem dorsalen Teil (Palatoquadratum) das primäre Kiefergelenk. Der nächste Kiemenbogen wird zum Hyoidbogen, der das Zungenbein bildet. Die ursprünglich zwischen diesen beiden Kiemenbögen liegende Kiemenspalte bleibt bei den Knorpelfischen (Haie und Rochen) offen und bildet das Spritzloch. Bei den höheren Wirbeltieren wird dieser Gang zum Mittelohr und zur Eustachischen Röhre umdifferenziert. Insgesamt werden im Verlauf der Schädelentwicklung in vielfältiger Weise Ersatzknochen und Deckknochen verschmolzen und umdifferenziert. Aus diesen Knochen wird beim Säugetier das Mosaik des Schädels gebildet, das beim Menschen nur noch 27 Einzelknochen umfasst. Für den Säugetierschädel ist das sekundäre Kiefergelenk charakteristisch, das das ursprüngliche primäre Kiefergelenk ablöst. Da ursprüngliche Knochen (Quadratum und Articulare) aus dem Kieferapparat herausgerückt sind und in die Paukenhöhle als Hammer und Amboss aufgenommen werden, wird das sekundäre Kiefergelenk zwischen den Deckknochen Dentale und Squamosum gebildet. Abb. 7.8 zeigt ein Schema des Säugetierschädels mit den wichtigsten Einzel-

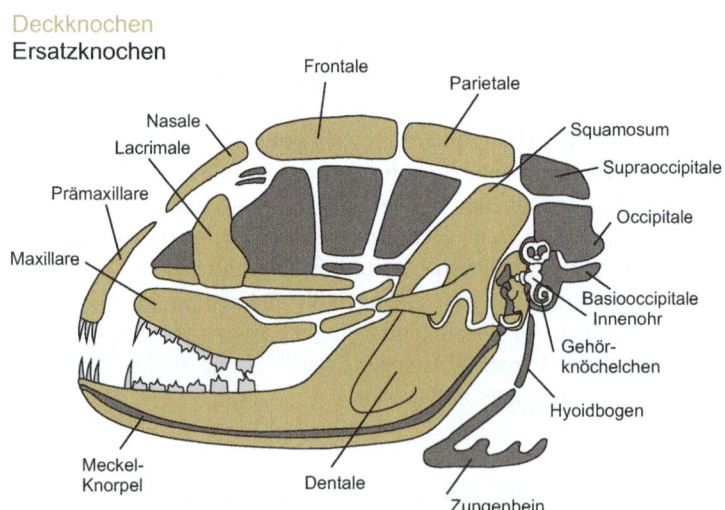

Abb. 7.8 Schema des Säugetierschädels mit den Deckknochen und Ersatzknochen

knochen. Die Schädelentwicklung wird hier nur allgemein und stark verkürzt dargestellt. Auf eingehende, vielfach bebilderte Darstellungen in einschlägigen Lehrbüchern wird deshalb verwiesen.

7.3 Gehirn und Nervensystem

Im Gastrulastadium der Wirbeltierentwicklung wird durch den Einfluss des Urdarmdachs im Ektoderm des Keims eine Neuralplatte induziert. Zur Entwicklung des Nervensystems senkt sich die Neuralplatte ein und bildet eine Falte, die Neuralrinne. Diese schließt sich vollständig zum Neuralrohr, das sich vom Ektoderm ablöst und darunter dorsal entlang des Embryos die Grundstruktur des Nervensystems bildet. Diese komplizierten morphologischen Gestaltungsbewegungen werden durch Zellwanderung und Zellverformung unter Mitwirkung des Cytoskeletts durchgeführt und als Neurulation bezeichnet (Abb. 7.9). Im vorderen Bereich des Embryos wird das Neuralrohr besonders breit angelegt und in fünf Blasen differenziert, aus denen dann die einzelnen Abschnitte des Wirbeltiergehirns entstehen (Abb. 7.11). Der ursprüngliche Hohlraum des Neuralrohrs bleibt im Gehirn als Ventrikel und im Rückenmark als Zentralkanal erhalten und ist mit Gehirnflüssigkeit (Liquor) gefüllt. Bei allen Wirbeltieren ist das Gehirn nach diesem Grundbauplan in fünf Abschnitte gegliedert. Je nach Wirbeltierstamm und Spezialisierung entwickeln sich die einzelnen Gehirnabschnitte aber unterschiedlich stark. So sind z. B. bei den Vögeln mit ihren dreidimensionalen Bewegungsmustern besonders die Kleinhirnbereiche stark entwickelt. Beim Menschen hat sich besonders die Großhirnrinde durch enorme Oberflächenvergrößerung entwickelt und ermöglicht die höheren kognitiven Leistungen.

Zum zentralen Nervensystem gehören Gehirn, Rückenmark und die vom Gehirn ausgehenden Gehirnnerven (Tab. 7.1). Beim Säugetier und Mensch sind dies zwölf, von denen die allermeisten den Kopfbereich motorisch und sensorisch versorgen. Wenige Gehirnnerven wie der N. vagus und der N. accessorius ziehen in den Körper und versorgen auch innere Organe wie z. B. das Herz. Die vom Rückenmark ausgehenden Nerven werden als peripheres Nervensystem bezeichnet. Unter den Chordata haben die Acrania das einfachste Nervensystem. Es besteht nur aus dem Rückenmark, das einen dorsal nicht völlig geschlossenen Zentralkanal hat. Am Vorderende befindet sich der blasenartig erweiterte Ventrikel, dessen Wand aus Flimmerepithelzellen besteht. Am Ventrikelboden liegt das ebenfalls aus Flimmer-

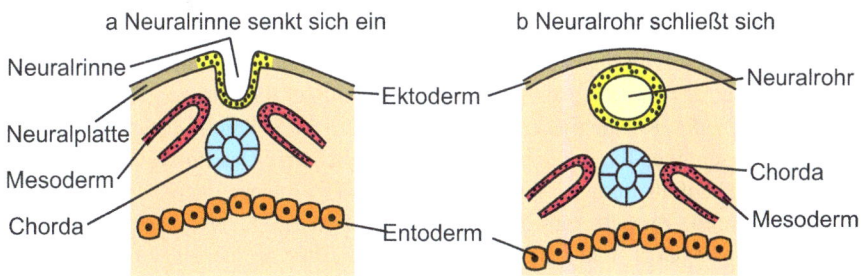

Abb. 7.9 Bildung des Neuralrohrs durch Einsenkung des Ektoderms (Neurulation)

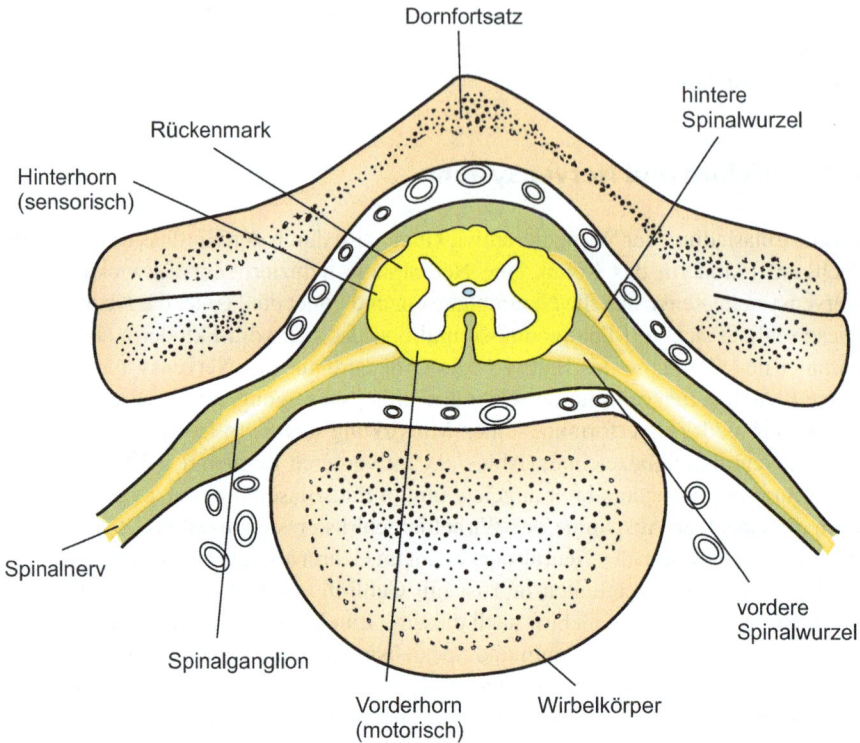

Abb. 7.10 Querschnitt durch das Rückenmark mit Vorder- und Hinterwurzel

epithel bestehende Infundibularorgan. Entlang des Rückenmarks sind pro Körpersegment je ein paar dorsale und ein paar ventrale Nervenwurzeln angelegt, wobei die dorsalen Fasern überwiegend sensorisch sind, die ventralen Fasern dagegen motorisch. Eine markhaltige, weiße Substanz ist im Rückenmark von Acrania noch nicht vorhanden. Obwohl es dem Rückenmark der Wirbeltiere homolog ist. Bei den Hemicraniota und Craniota (Abb. 7.10) werden in den dorsalen Wurzeln zusätzlich die Spinalganglien angelegt. Dabei bildet sich das vegetative (autonome) Nervensystem mit Sympathikus und Parasympathikus.

Die weitere Entwicklung des Gehirns und die Differenzierung in mehrere Abschnitte beginnt bei den Hemicraniota und setzt sich bei den Craniota immer mehr im Detail fort. Die drei großen Sinnesorgane Auge, Nase, Ohr bilden dabei ein induktives Kausalmoment, da für sie eigene Nervenverbindungen und Nervenzentren notwendig werden. Abb. 7.11 zeigt die verschiedenen Gehirnabschnitte. Es bilden sich zunächst zwei Bereiche: das vordere Prosencephalon und dahinter das längliche Rhombencephalon, das in das Rückenmark übergeht. Aus ihm bilden sich später zwei übergeordnete Abschnitte: Tectum und Kleinhirn (Cerebellum). Das Prosencephalon entwickelt sich ebenfalls in zwei Abschnitte: das vordere Telencephalon (Endhirn) und das anschließende Zwischenhirn (Diencephalon). Das Telencephalon wird zunächst als Riechhirn angelegt, aus ihm entwickeln sich später die beiden Großhirnhemi-

7.3 Gehirn und Nervensystem

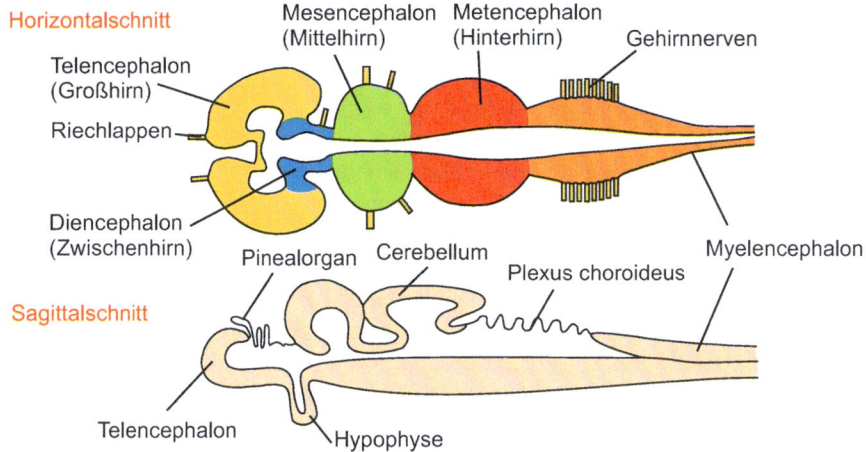

Abb. 7.11 Schema der Abschnitte des Säugetiergehirns

Tab. 7.1 Verlauf und Funktion der zwölf Gehirnnerven

Nr.	Bezeichnung	Funktion	Ort
I	N. olfactorius	sensibel, vom Riechepithel kommend	Telencephalon
II	N. opticus	sensibel, von der Retina kommend	Diencephalon
III	N. oculomotorius	motorisch, zur Augenmuskulatur	Mesencephalon
IV	N. trochlearis	motorisch, Augenmuskulatur	Mesencephalon
V	N. trigeminus	motorisch und sensibel, aus der Gesichtsregion	Medulla oblongata
VI	N. abducens	motorisch, Augenmuskulatur	Medulla oblongata
VII	N. facialis	motorisch und sensibel, zur Gesichtsmuskulatur	Medulla oblongata
VIII	N. vestibulocochlearis	sensibel, Gleichgewichts- und Hörnerv	Medulla oblongata
IX	N. glossopharyngeus	motorisch und sensibel, Zungen- und Geschmacksnerv	Medulla oblongata
X	N. vagus	motorisch und sensibel, Schlund und innere Organe	Medulla oblongata
XI	N. accessorius	motorisch, Hals-, Rücken-, Schlundmuskulatur	Medulla oblongata
XII	N. hypoglossus	motorisch, Zungenmuskelnerv	Medulla oblongata

sphären. Aus dem Dach des Zwischenhirns entwickeln sich das lichtempfindliche Parietalauge und die Epiphyse. Ventral entsteht die Neurohypophyse und seitlich die beiden Augenblasen. Aus dem Rhombencephalon entwickeln sich Mittelhirn (Mesencephalon) und Hinterhirn (Metencephalon), das auch das Kleinhirn beinhaltet. Der hinterste Abschnitt des Rhombencephalons entwickelt sich zum Myelencephalon (Nachhirn), das auch als verlängertes Mark (Medulla oblongata) bezeichnet wird. Zusätzlich entstehen in den verschiedenen Gehirnbereichen Querverbindungen (Kommissuren) und die ursprünglichen Hohlräume der Gehirnblasen differenzieren sich zu vier Gehirnventrikeln, die mit Liquor gefüllt sind, der vom Plexus choroideus ständig gebildet und von anderen Epithelbereichen resorbiert und somit ständig erneuert wird. Bei allen Wirbeltieren erfährt die ursprünglich gestreckte Gehirnanlage zwei Krümmungen, die Kopfbeuge und die Nackenbeuge, wodurch die fünf Gehirnabschnitte in der Längsachse gekrümmt auf engerem Raum angelegt werden, sodass sie besser in der Schädelanlage untergebracht werden können.

Bei den Wirbeltieren sind die fünf Hirnabschnitte in den einzelnen Klassen und Ordnungen unterschiedlich hoch differenziert und anatomisch ausgeprägt. Das Telencephalon (Großhirn) erfährt vor allem durch die enorme Vergrößerung der Rindengebiete eine Vervielfachung der ursprünglichen Neuronen. Bei den Primaten überdeckt es alle anderen Gehirnteile und ist der Sitz des Bewusstseins, der Intelligenz und des Gedächtnisses. Jede Hemisphäre ist an der vorderen Basis zu einem Riechlappen (Bulbus olfactorius) ausgestülpt, dessen primäre Nervenzellen ohne Zwischensynapsen direkt bis ins Riechepithel der Nase ziehen. Am Boden jeder Hemisphäre findet sich ein Basalganglion (Corpus striatum). Die bei niederen Wirbeltieren ursprünglich angelegte Rindenschicht (Archipallium) hat noch überwiegend die Funktion eines Riechhirns, während es ab den Amphibien zunehmend von einer weiter entwickelten Rindenschicht, dem Neopallium, abgelöst wird, das verschiedene Verarbeitungszentren bildet und so höhere Gehirnfunktionen ermöglicht. Das Zwischenhirn (Diencephalon) fungiert als wichtige Umschaltstation und Regulationszentrum für Körperfunktionen. In ihm liegt der Thalamus, durch den sämtliche aufsteigenden sensorischen Bahnen gehen. Er ist auch Sitz der inneren Uhr und Umschaltstation für das Kurz- und Langzeitgedächtnis. Ventral davon liegt der Hypothalamus, dessen Kerne und Neurohormone unter anderem Blutdruck, Wasserhaushalt und Körpertemperatur steuern. Von ihm ziehen neurosekretorische Axone direkt in die darunterliegende Hypophyse. Das Mittelhirn (Mesencephalon) besteht im Wesentlichen aus dem Dach (Tectum), in dessen Zwei-Hügel-Region bei niederen Wirbeltieren das optische Zentrum liegt. Bei den höheren Wirbeltieren (Säugetieren) gibt es zusätzlich zwei weitere Hügel, sodass eine Vier-Hügel-Region entsteht, die außer für Augenreflexe auch für den akustischen Sinn zuständig ist. Bei Säugetieren wird die ursprüngliche Funktion der beiden vorderen Hügel in das primäre Sehzentrum im Zwischenhirn verlagert. Das Kleinhirn (Cerebellum) ist für die Bewegungskoordination, das Gleichgewicht und den Muskeltonus verantwortlich. Es ist bei Tieren mit komplizierten Körperbewegungen (Fische, Vögel und Säugetiere) besonders groß entwickelt. Das Nachhirn (Myelencephalon), auch verlängertes Mark (Medulla oblongata) genannt, ist für alle Wirbeltiere ein absolut lebenswichtiger Gehirnteil, da hier fast alle Gehirnnerven entspringen. Außerdem liegen hier wichtige Automatiezentren für Körperfunktionen wie Blutdruck und Atmung.

Mit der enormen Entwicklung des Gehirns geht auch eine Zunahme der Intelligenz und des Hirngewichts einher, das beim Menschen im Vergleich zu den Menschenaffen fast verdreifacht wird. Wie das Rückenmark ist auch das Gehirn von bindegewebigen Häuten (Meningen) umgeben: der äußeren harten Hirnhaut (Dura mater) und der inneren weichen Gehirnhaut, die in zwei Schichten ausgebildet ist, der Spinnwebenhaut (Arachnoidea) und der dem Gehirn direkt aufliegenden Pia mater. Das vegetative (autonome) Nervensystem ist nicht unmittelbar dem Willen

7.4 Herz und Kreislaufsystem

unterworfen und steuert die unbewussten Körperfunktionen. Die drei übergeordneten Zentren dieses Nervensystems liegen in besonderen Kerngebieten des Hirnstamms und des Rückenmarks. Der Sympathikus entspringt hauptsächlich in den Ganglien des Grenzstrangs, der seitlich links und rechts parallel zum Rückenmark liegt. Der Parasympathikus entspringt dem verlängerten Mark (z. B. Vagus) und dem beckennah gelegenen Sakralmark. Seine Ganglien befinden sich hauptsächlich in den Erfolgsorganen.

7.4 Herz und Kreislaufsystem

Die Entwicklung eines Blutgefäßsystems dient bei vielen Metazoa zum Transport von Atemgasen und Nährstoffen und daneben zum Wärmetransport und zu Reinigungs- und Pufferfunktionen des inneren Milieus. Auch werden Immunabwehrfunktionen des Organismus durchgeführt. Während sich bei einigen Invertebraten über verzweigte Gastrovaskularsysteme schließlich offene Blutgefäßsysteme (Abb. 7.12) entwickeln, haben Wirbeltiere durchweg geschlossene Blutgefäßsysteme mit spezialisierten Teilkreisläufen entwickelt.

Zusätzlich entwickelten sich Pumpen zum Transport der Blutflüssigkeit, die bei Invertebraten zunächst als Gefäßherzen, Kiemenherzen und schließlich bei Vertebraten als zentrales Herz mit verschiedenen Kammern angelegt werden. Bei Wirbeltieren entsteht das Herz ontogenetisch aus dem Entoderm. Es wird zunächst eine röhrenförmige Anlage gebildet, um die der Herzbeutel (Perikard) liegt. Die Perikardhöhle ist ein mit Flüssigkeit gefüllter Raum, der durch seine Druckverhältnisse zusammen mit der stark entwickelten Muskulatur der Herzwand für den Saug-Druck-Pumpen-Effekt sorgt. Die ursprüngliche Herzanlage gliedert sich in vier Abschnitte, die bereits bei den Fischen in einer s-förmigen Schlinge angeordnet sind. Das Blut strömt aus dem venösen Teil des Blutgefäßsystems über den Sinus veno-

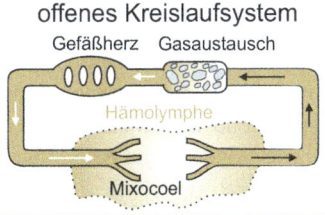
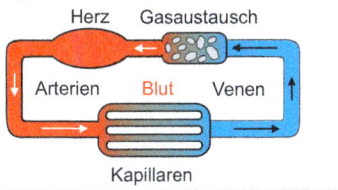

- keine Trennung von Kompartimenten
- Niederdrucksystem
- großes Volumen (bis 80 % des Gesamtkörperwassers)
- großer Pumpaufwand

- Trennung von Kompartimenten
- Hochdrucksystem
- kleines Volumen (bis 10 % des Gesmtkörperwassers)
- geringerer Pumpaufwand

Abb. 7.12 Offenes und geschlossenes Blutgefäßsystem

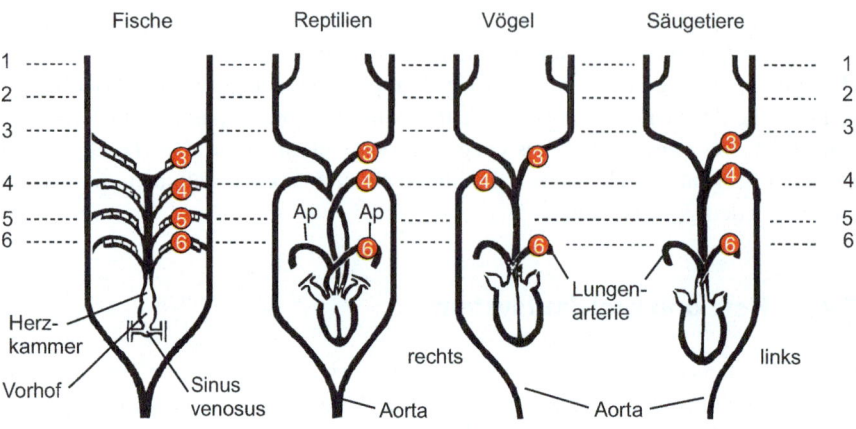

Abb. 7.13 Entwicklung des Kreislaufsystems bei Wirbeltieren

sus in die Vorkammer (Atrium) und dann in die muskulöse Hauptkammer (Ventrikel). Durch einen dickwandigen Auslass (Bulbus arteriosus) wird das Blut in die Aorta ausgetrieben. Bei Fischen sind die Kapillargebiete der Kiemen und des Körpers hintereinandergeschaltet, sodass durch das Herz stets sauerstoffarmes Blut fließt. Ab den Amphibien kommt es zur Bildung der Lunge und eines eigenen Lungenkreislaufs mit einer eigenen Vorkammer (Abb. 7.13). Die Hauptkammer ist bei den Amphibien aber noch nicht durch ein Septum getrennt, sodass sich sauerstoffreiches und sauerstoffarmes Blut teilweise vermischen. Ab den Reptilien hat auch die Hauptkammer zwei Hälften, sodass sich zwei vollständig getrennte Kreisläufe entwickeln: der Lungenkreislauf und der Körperkreislauf.

Das Blutgefäßsystem ist im vorderen Teil branchiomer angelegt, d. h., es folgt der Gliederung des Kiemendarms der einfachen Chordata. So ist der Grundbauplan des Blutgefäßsystems bereits in der Familie der Lanzettfischchen (Branchiostomatidae) angelegt. Im Verlauf der Wirbeltierentwicklung wird dieser Grundbauplan durch Rückbildung einzelner Äste (Kiemenbogenarterien) verändert und in der Zahl reduziert, embryonal werden sie jedoch bei allen Wirbeltieren noch angelegt. Bei den Cyclostomata finden sich noch 15 Kiemenbogenarterien, während bei den Fischen vier bis sieben angelegt werden, entsprechend der Anzahl der Kiemenbögen (Abb. 7.13). Bei Tetrapoden werden der erste Bogen (Mandibularbogen) und der zweite Bogen (Hyoidbogen) völlig reduziert. Auch der fünfte Kiemenbogen wird nur noch bei einigen Schwanzlurchen (Urodela) ausgebildet. Der dritte Kiemenarterienbogen bildet in der weiteren Entwicklung die Kopfarterien (Carotiden), der vierte Bogen die Aortenwurzeln. Diese werden zunächst paarig angelegt und vereinigen sich dann zur Aorta descendens, durch die das Blut in den Körper strömt. Der sechste Bogen wird schließlich zu den Lungenarterien. Zwischen Aortenwurzeln und Lungenarterien gibt es bei Amphibien eine Verbindung, den Ductus Botalli. Er ist bei den Säugetieren nur im embryonalen Stadium offen und erlaubt zusammen mit einer Öffnung im Septum, dem Foramen ovale, eine Umgehung des noch nicht funktionsfähigen Lungenkreislaufs. Mit der Geburt beginnt

7.5 Atmungsorgane und Gasaustausch

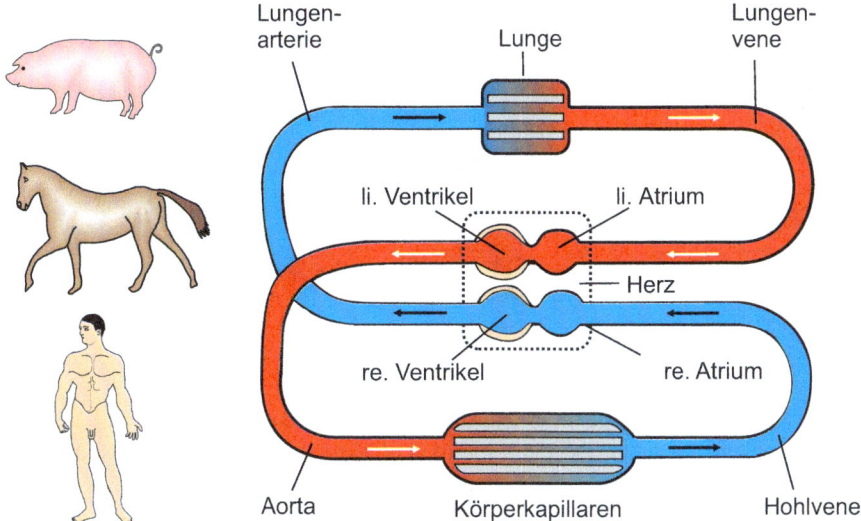

Abb. 7.14 Kreislausystem bei Säugetieren

die Lungenatmung und Ductus Botalli und Foramen ovale schließen sich. Ab den Reptilien beginnen sich die ursprünglich symmetrischen Bögen asymmetrisch zu entwickeln (Abb. 7.13). Die Aortenwurzeln überkreuzen sich und bei Vögeln ist nur noch der rechte Aortenbogen ausgeprägt, während Säugetiere nur noch über einen linken Aortenbogen verfügen. Säugetiere verfügen über einen Lungen- und einen Körperkreislauf, die hintereinandergeschaltet sind, aber durch synchrone Kontraktionen der Herzhälften parallel bewegt werden (Abb. 7.14).

Das Venensystem entwickelt sich im Verlauf der Wirbeltierevolution wesentlich einfacher. Prinzipiell gibt es zwei Körpervenen, die vordere und die hintere, aus denen das Blut in das Herz strömt. Bei Fischen werden sie Kardinalvenen genannt. Bei Tetrapoden entwickeln sie sich weiter zu den Hohlvenen (Vena cava), von denen es eine untere (Vena cava inferior) und eine obere (Vena cava superior) gibt. In verschiedenen Organen gibt es spezielle Kapillargebiete und Blutgefäßversorgungen, so z. B. das Rete mirabile im basalen Gehirn über dem Rachenraum zur Gegenstromkühlung des Gehirns und das venöse Pfortadersystem zwischen Darm und Leber zur direkten Entgiftung des aus der Darmwand kommenden Bluts.

7.5 Atmungsorgane und Gasaustausch

Bei im Wasser lebenden Tieren erfolgt die Atmung über Kiemen (Abb. 7.15a), die als Ausstülpungen von spezialisiertem Epithel- und Endothelgewebe an verschiedenen Stellen der Körperwand lokalisiert sind. Kiemen sind Derivate des Vorderdarms, der bei Fischen deshalb als Kiemendarm bezeichnet wird. Während bei Knorpelfischen während der Vorwärtsbewegung ständig Wasser durch die geöffnete Mundhöhle und die Kiemenspalten strömt, haben Knochenfische einen Saug-

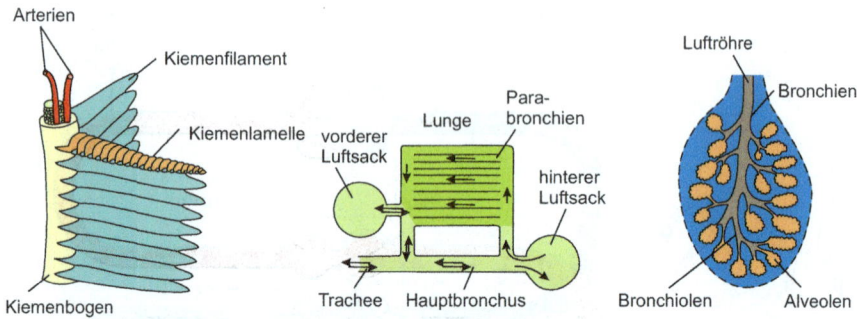

Abb. 7.15 Atmungsorgane bei Fischen, Vögeln und Säugetieren

Druck-Mechanismus ausgebildet und dazu einen Kiemendeckel entwickelt, der die Kiemenspalten von außen abdeckt. Er wird über Muskeln bewegt, sodass er sich ständig öffnet und schließt und dadurch einen Sog erzeugt, durch den das Wasser in die geöffnete Mundhöhle strömt. Wird der Mund geschlossen und der Mundhöhlenboden nach oben bewegt, wird Wasser durch die Kiemenspalten nach außen gepresst. Die stark durchbluteten Kiemenepithelien funktionieren nach dem Gegenstromprinzip, d. h., die Flussrichtungen des Wassers und des Kapillarbluts sind entgegengesetzt. Dies ermöglicht eine hohe Sauerstoffaufnahmekapazität des Bluts. Bis zu 90 % des im Wasser gelösten Sauerstoffs kann so aufgenommen werden, wogegen die Alveolen der Säugerlunge nur ca. 25 % Sauerstoffaufnahmekapazität haben.

Die Schwimmblase der Fische dient nur noch den Lungenfischen als akzessorisches Atemorgan. Bei den meisten Fischen dient sie zur Regulation des Auftriebs im Wasser. Sie ist über den Ductus pneumaticus mit dem Darm verbunden. Bei manchen Fischen, z. B. Karpfen, bleibt dieser Gang immer offen, sodass sie durch Abschlucken von Luft das Volumen der Schwimmblase und den Auftrieb regulieren können (Physostomen). Bei Physoklisten wie Kabeljau und Barsch schließt sich der Gang bald nach der Geburt und die Regulation des Gasvolumens in der Schwimmblase erfolgt durch eine spezielle Gasdrüse.

Auch die Lungen der Tetrapoden entstehen aus ventralen Aussackungen des Darms und sind in ihrer Entwicklung homolog zur Schwimmblase. Bei den höheren Wirbeltieren wird die Lunge durch Unterteilung (Septen) und Bildung von kleinen Bläschen (Alveolen) in ihrer respiratorischen Fläche immer mehr vergrößert und damit der Gasaustausch optimiert (Abb. 7.15c). Lungen werden durch eine muskuläre Brustkorberweiterung und durch Absenkung des Zwerchfells zur Einatmung aktiv gedehnt, während die Ausatmung passiv erfolgt. Die Atmungsregulation erfolgt über das Atemzentrum in der Medulla oblongata. Die Luft strömt über Kehlkopf (Larynx) und Luftröhre (Trachea) in die Lunge. Knorpelspangen der Trachea verhindern ein Kollabieren. Mundhöhle, Kehlkopf und Trachea beteiligen sich nicht am Gasaustausch und werden als Totraum bezeichnet. Sein Volumen ist limitiert, damit noch genügend Luft zum Gasaustausch in den blind endenden Alveolarraum gelangt. Deshalb kann der Totraum durch einen Schnorchel nicht unbegrenzt verlängert werden. Dieses Problem besteht nicht bei der Vogellunge (Abb. 7.15b), die zusätzlichen Luftsäcke entwickelt hat. Durch einen blasebalgartiges Hin- und Herpumpen wird so die eingeatmete Luft durch Lungenpfeifen zirkuliert, sodass ein ständiger Gasaustausch gewährleistet ist. Die Luftsäcke werden durch eine schaukelartige Bewegung des Sternums und durch die Flugmuskulatur bewegt, da die Lungenpfeifen im Volumen nicht verändert werden. An der Mündungsstelle der Trachea im Larynx sitzt die Stimmritze, die zwischen zwei aufgespannten Stimmbändern zur Stimmerzeugung dient. Vögel besitzen zur Stimmerzeugung eine Syrinx an der Gabelungsstelle der Trachea.

7.6 Exkretion und Osmoregulation

Wirbeltiere haben meist ein Urogenitalsystem mit enger räumlicher Verbindung zu den Fortpflanzungsorganen. Diese ergibt sich aus der gemeinsamen Entwicklung. Dagegen sind bei Invertebraten Fortpflanzung und Exkretion häufig voneinander getrennt.

Die ursprünglichen Wirbeltiere hatten segmental angelegte Exkretionsorgane. Jedes Rumpfsegment besitzt ein Exkretionselement (Nephron). Diese ursprünglichste Organisation wird als Holonephros bezeichnet. Hierbei führt ein Exkretionskanal (Nephrostom) in jedem Segment in das gemeinsame Coelom. Diese Anlage ist nur noch bei wenigen ursprünglichen Wirbeltieren, z. B. den Schleimfischen, erhalten. Die weitere Entwicklung geht über die Vorniere (Pronephros) zur Rumpfniere (Opisthonephros). Beim Pronephros entwickelt sich der vordere Abschnitt des Holonephros zu einem Exkretionsorgan aus segmentalen Kapillarknäueln (Glomerula) und gegenüberliegenden, offenen Nephrostomen. Die vom Glomerulum ins Coelom filtrierten Exkrete werden vom Flimmerkranz des Nephrostoms eingestrudelt und über Nierenkanälchen (Tubuli) in den primären Harnleiter (Wolff-Gang) und die Kloake abgegeben. Bei allen Wirbeltieren wird in der Embryonalphase ein Pronephros angelegt, adult ist er nur noch bei einigen Knochenfischen und Amphibien erhalten. Die meisten Wirbeltiere besitzen als Exkretionsorgan einen Opisthonephros, der sich weiter caudal entwickelt (Abb. 7.16). Er enthält keine offenen Nephrostomtrichter mehr, sondern Malpighi-Körperchen mit Glomerulum und Bowman-Kapsel. Die ursprünglich segmentale Organisation wird zugunsten einer Zentralisation der Nephrostome rund um das Nierenbecken aufgegeben. Zur Ableitung des Harns entwickelt sich neu ein sekundärer Harnleiter (Ureter), der in die Harnblase mündet. Die Abgabe der Eier aus dem Eierstock erfolgt über den neu entwickelten Müller-Gang.

Die Nieren sind meist paarig angelegt, nur Vögel haben eine Niere. Bereits bei Einzellern und Invertebraten gibt es spezielle osmoregulatorische Mechanismen und Organe in Form von pulsierenden Vakuolen oder der Mitwirkung des Gastralraums bei Coelenteraten. Plattwürmer besitzen bereits Protonephridien, die aus einer geschlossenen Terminalzelle und einem beweglichen Cilienbündel und einem Ausführungsgang bestehen. Im Laufe der Evolution entwickeln sich diese zu Metanephridien mit einem offenen Wimperntrichter. Insekten haben zusätzlich ein weiteres Exkretionssystem, die Malpighi-Gefäße entwickelt. Sie bestehen aus blind endenden Schläuchen, die im Bereich des Enddarms münden.

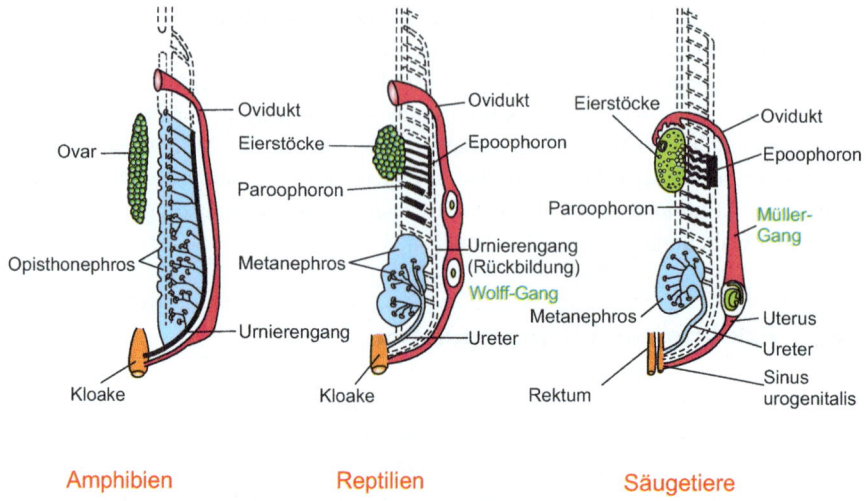

Abb. 7.16 Entwicklung der Niere bei Wirbeltieren

Nur ein wässriges Milieu bietet die grundlegenden Voraussetzungen für alle intra- und extrazellulären Prozesse. Dazu haben die Zellen und Organe membranständige Transportmechanismen entwickelt, mit dem sie das innere Milieu der Zellen und Organismen den äußeren Umweltbedingungen anpassen bzw. konstant halten (Homöostase). Dabei gibt es Tierarten, die ihr inneres Milieu der Außenwelt anpassen (Osmokonformer) oder dies konstant regulieren (Osmoregulierer).

7.7 Fortpflanzungsorgane

Die Keimzellen (Gameten) der Wirbeltiere werden in Gonaden gebildet, deren ursprüngliche Anlage an der dorsalen Wand der Körperhöhle liegt. Dabei ist sowohl die Entwicklung von Samen- und Eizellen als auch deren Weiterleitung im männlichen und weiblichen Geschlechtsapparat völlig verschieden. Keimzellen bilden sich aus Urkeimzellen, die in die ursprünglich bisexuell angelegten Gonaden einwandern. Zellen aus der Rindenschicht (Cortex) entwickeln sich später zum Eierstock (Ovar), während Zellen des Markbereichs sich zum Hoden (Testis) entwickeln können. Dabei entscheidet die genetische Anlage des Organismus (X- und Y-Chromosom), ob sich die Gonadenentwicklung weiter in die weibliche oder in die männliche Richtung vollzieht (Abb. 7.17). Auch die Ausführungsgänge sind zunächst bisexuell angelegt und differenzieren sich im Verlauf der Embryogenese zum Eileiter oder werden im männlichen Organismus rückgebildet, da hier der primäre Harnleiter (Wolff-Gang) auch als Samenleiter benutzt wird. Im weiblichen Organismus differenziert sich der parallel zum Harnleiter angelegte embryonale Eileiter zum primären Eileiter (Müller-Gang). Bei Amnioten entwickeln sich die einzelnen Abschnitte zu Eileiter (Ovidukt), Gebärmutter (Uterus) und Scheide (Vagina). Bei den niederen Wirbeltieren (Selachier und Amphibien) sind Niere und Hoden noch

7.7 Fortpflanzungsorgane

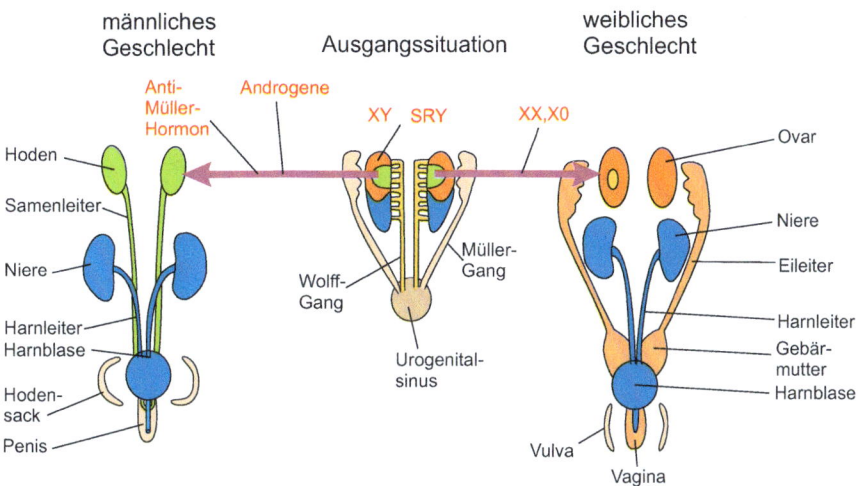

Abb. 7.17 Entwicklung der Fortpflanzungsorgane bei Säugetieren

verbunden. Die Spermien werden aus dem Hoden über einen Teil des Opisthonephros in den Wolff-Gang geleitet. So können noch bis zu zwei Drittel des Opisthonephros Verbindung zum Hoden haben. Bei Knochenfischen (Teleostier) ist diese Verbindung nicht mehr vorhanden, der Samen wird durch einen getrennten sekundären Samenleiter geführt. Bei den Amnioten wird der craniale Teil des Opisthonephros zum Nebenhoden umgebildet, der zur Samenspeicherung dient. Die Samen werden über den Wolff-Gang ausgeleitet, der als Samenleiter (Ductus deferens) bezeichnet wird, der sekundäre Harnleiter wird als Ureter bezeichnet. Nebenhoden und Hoden werden bei den meisten Säugetieren von der dorsalen Leibeshöhle ventral in einen Hodensack (Skrotum) verlagert. Dieser Hodenabstieg ist zur Ausbildung der Fertilität zwingend, da zur Entwicklung und Reifung der Spermien eine im Vergleich zur Körpertemperatur etwas niedrigere Hodentemperatur notwendig ist.

Die weiblichen Gonaden (Ovar) sind während der Embryonalentwicklung niemals mit dem Opisthonephros verbunden. Die Eizellen werden aus dem Ovar in die Leibeshöhle abgegeben und vom Flimmertrichter des Eileiters aufgenommen. Während des Transports durch den Eileiter (Oviduct) können bei Amphibien, Reptilien und Vögeln besondere Drüsen das Ei durch ihre Sekrete ernähren und schützen, da diese Eier abgelegt werden (Oviparie) und sich dann weiterentwickeln. Bei Säugetieren liegt eine Viviparie vor, d. h., die Eier werden befruchtet und nisten sich in dem dafür entwickelten Uterus zur weiteren Reifung und Embryogenese ein. Ursprünglich sind die weiblichen Geschlechtsorgane paarig angelegt, sie werden aber im Laufe der Säugetierentwicklung umdifferenziert und einzelne Abschnitte verschmelzen (Abb. 7.18). Bei den Monotremata (Kloakentiere) und den Marsupialia (Beuteltiere) bleiben die beiden Müller-Gänge getrennt und es haben sich auch zwei Uteri und zwei Vaginae entwickelt. Diese Tiere werden deshalb auch zweischeidige Tiere (Didelphia) genannt. Bei den Placentalia verschmelzen die unteren Abschnitte der Müller-Gänge zu einer einheitlichen Vagina, während die Uteri völlig getrennt

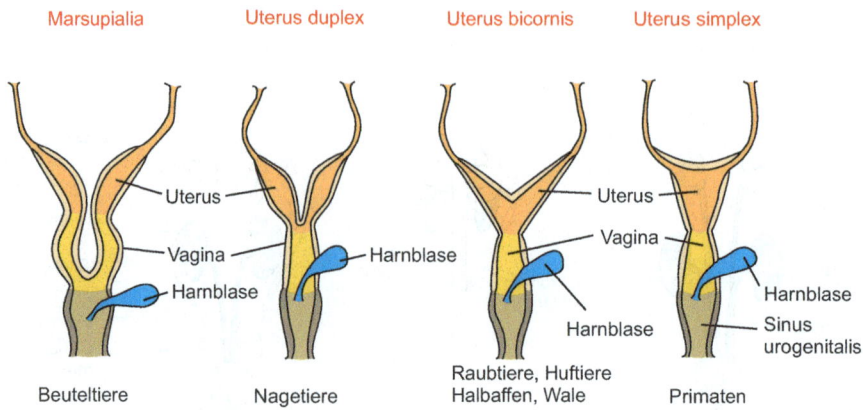

Abb. 7.18 Uterustypen

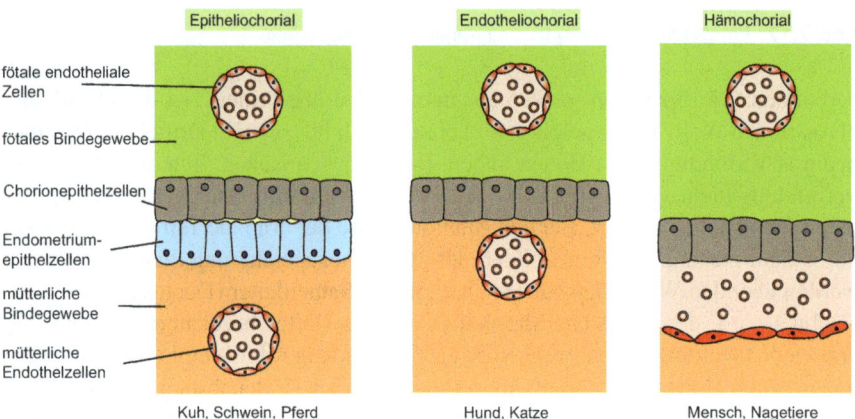

Abb. 7.19 Plazentatypen

bleiben (Uterus duplex) oder auch verschmelzen. Dabei können nur die unteren Uterusteile (Uterus bicornis) oder die ganzen Uteri verschmelzen (Uterus simplex) wie beim Menschen. Die Oviparie, d. h. die Entwicklung des Eies und sein Aufbau wird in Kapitel 9.32 beschrieben.

Bei den ursprünglichen Wirbeltieren münden Harn- und Geschlechtsorgane in eine gemeinsame Kloake, in die auch der Enddarm mündet. Bei den meisten Säugetieren, außer den Monotremata, werden die Ausführungsöffnungen durch den Damm (Perineum) getrennt. In den ventralen Sinus urogenitalis münden Harn- und Geschlechtsorgane, während der Darm in den dorsalen After mündet.

Während der viviparen Entwicklung wird zwischen Fötus und Mutter ein spezialisiertes Austauschorgan, die Plazenta, gebildet. Dabei bildet das embryonale Chorionepithel Zotten zur Oberflächenvergrößerung (Trophoblast). Zur Einnistung des Embryos in die Schleimhaut (Endometrium) des Uterus werden hormongesteuerte Schleimhautveränderungen ausgelöst (Abb. 7.19). Es bildet sich eine unterschiedlich enge Verbindung zwischen Embryo und Uterus aus. Bleiben beide Epithelien erhalten, so spricht man von einer epitheliochorialen Plazenta (bei Pferden, Schweinen). Wird das Uterusepithel aufgelöst, bildet sich eine syndesmochoriale Plazenta. Wird auch die Bindegewebeschicht des Uterus rückgebildet und das Chorionepithel grenzt direkt an das mütterliche Blutgefäßsystem, so spricht man von der hämochorialen Plazenta. Sie ist die höchstentwickelte Plazentaform und kommt bei Nagetieren und Primaten vor. Die Anzahl und Verteilung der Chorionzotten ist bei verschiedenen Säugetierstämmen ebenfalls unterschiedlich und bestimmt, ob die Geburt blutig oder unblutig verläuft. Sind die Zotten meist klein und gleichmäßig über das gesamte Chorion verteilt, so bildet sich eine Placenta diffusa, die bei der Geburt keine Verletzung verursacht und deshalb eine unblutige Geburt zur Folge hat. Sind die Zotten gürtelförmig über das Chorion verteilt, so bildet sich eine Placenta zonaria, die eine feste Verbindung zum Uterusepithel hat und deshalb eine blutige Geburt mit Nachgeburt verursacht. Dieser Plazentatyp ist bei Hunden und Katzen vorhanden. Bei einer Placenta multiplex bilden sich Zottenfelder, die sogenannten Kotyledonen, aus. Sie vereinigen sich mit Uteruskarunkeln zu Plazentomen. Auch bei diesem Plazentatyp gibt es eine unblutige Geburt. Bei Nagetieren und Primaten wird eine Placenta discoidalis ausgebildet. Hier entwickeln sich die Chorionzotten nur auf einigen scheibenförmigen Flächen, aber mit einer engen Verbindung, sodass es bei diesem Plazentatyp immer zu einer blutigen Geburt kommt.

Evolution 8

Flashcards
Als Käufer dieses Buches können Sie kostenlos unsere Flashcard-App „SN Flashcards" mit Fragen zur Wissensüberprüfung und zum Lernen von Buchinhalten nutzen. Für die Nutzung folgen Sie bitte den folgenden Anweisungen:

1. Gehen Sie auf https://flashcards.springernature.com/login
2. Erstellen Sie ein Benutzerkonto, indem Sie Ihre Mailadresse angeben und ein Passwort vergeben.
3. Verwenden Sie den folgenden Link, um Zugang zu Ihrem SN Flashcards Set zu erhalten: ▶ www.sn.pub/kt4cim.

Sollte der Link fehlen oder nicht funktionieren, senden Sie uns bitte eine E-Mail mit dem Betreff „SN Flashcards" und dem Buchtitel an customerservice@springernature.com.

8.1 Biodiversität

Durch die Evolution ist die Vielzahl der Organismen (Biodiversität) entstanden. Dabei haben sich manche Tierarten über Millionen Jahre entwickelt. Für die jeweilige Artbildung war entscheidend, welche biologischen Baumaterialien und genetischen Programme zum gegebenen Zeitpunkt jeweils zur Verfügung standen.

Schon im Altertum wurden biologische Arten als umwandelbare Einheiten im Sinne einer typischen Klassifizierung betrachtet. Carl von Linné klassifizierte 1735 als erster 4235 Tierarten in seinem Werk *Systema naturae*, aber frühe Evolutionsforscher vertraten teils sehr widersprüchliche Ansichten. Lamarck z. B. erklärte in

Spechtfink	Kaktusfink
(Stocherer)	(Stocherer u. Beißer)

Großer Grundfink	Kreuzschnabel
(Körnerfresser)	(Körnerfresser)

Abb. 8.1 Schnabelformen bei Darwin-Finken

seiner Abstammungslehre die biologische Entwicklung durch die Vererbung erworbener Eigenschaften, strittig war stets, wie der Mensch in das Tierreich (Regnum animale) einzuordnen sei. Religiöse und naturwissenschaftliche Deutungen waren im harten Konflikt. Erst 1859 kam mit Charles Darwin der Durchbruch in der Evolutionsforschung. Mit seinem Werk *On the origin of species by means of natural selection* zeigte er erstmals eine umfassende Darstellung, die zwar anschließend höchst kontrovers diskutiert wurde, sich aber letztendlich allgemein durchsetzte.

Darwin klassifizierte auf seiner langen Forschungsreise rund um Südamerika die Arten durch genaue Beobachtung und Vergleiche. Berühmt sind seine Studien zur Evolution der Finken aus den Galapagosinseln. Er erkannte, dass dort die Finken zwar eng verwandt waren, sich aber deutlich inseltypisch in ihrer Schnabelform und ihrer Nahrungsspezialisierung unterschieden (Abb. 8.1). Darwin überlegte, ob diese verschiedenen, einander aber ähnlichen Arten aus einer gemeinsamen Stammform hervorgegangen sein könnten. Heute ist klar, dass diese Biodiversität der 14 Finkenarten durch das inselspezifische Nahrungsangebot entstanden ist. Dieser Vorgang wird heute als adaptive Radiation bezeichnet und hat als nahrungsbedingte Selektion der Artentwicklung entscheidend zu Darwins Selektionstheorie beigetragen. Sie besagt, dass alle Organismen mehr Nachkommen erzeugen, als bei natürlich vorkommenden Ressourcen überleben können (ökologische Konkurrenz). Dabei unterscheiden sich die Nachkommen untereinander und von den Eltern durch fitnessbeeinflussende erbliche Merkmale (genetische Vielfalt). Darwin zog daraus die Schlussfolgerung, dass im *struggle for life* durch natürliche Auslese nur die jeweils bestangepassten Individuen überleben (*survival of the fittest*).

8.2 Biogeografie

Ökologisch gleichartige Lebensräume werden oft von völlig unterschiedlichen Tierarten besiedelt. So leben in der Arktis Polarsäugetiere wie Eisbären, Polarfüchse und Robben, während es in der Antarktis zwar andere Robbenarten gibt, aber keine Eisbären, dafür aber Pinguine. Offensichtlich stellen also Umweltbedingungen nicht die einzig entscheidenden Entwicklungsfaktoren für die Evolution dar, sondern es kommen geografische Verbreitungsschranken wie Meere dazu, wie es auch schon bei der Evolution der Galapagosfinken der Fall war. Bei der Beurteilung dieser Biogeografie muss man deshalb die Erdentwicklung und die Verschiebung und Trennung der Kontinente berücksichtigen. Diese haben dazu geführt, dass Tierarten über Landbrücken in andere Kontinente wanderten und sich dort neue Gattungen und Arten entwickelten. Heutzutage leben auf weit voneinander getrennten Kontinenten wie Südamerika, Afrika und Australien auch Tierarten, die sehr nahe verwandt sind, z. B. die sechs rezenten Arten der Lungenfische. Sie entstammen offensichtlich einer gemeinsamen Evolutionslinie innerhalb einer Periode der Erdgeschichte, als diese Kontinente noch zusammen einen großen Urkontinent bildeten.

8.3 Genetische Selektion und Populationsentwicklung

Die natürliche Selektion in einem Lebensraum stellt sicher, dass nur die bestangepassten Arten ihre Gene an die nächste Generation weitergeben. Auf diese Weise erfolgt die Evolution immer in zeitlicher Nachfolge der Generationen in einer Population. Damit ist klar, dass sich Evolution nicht in Individuen vollzieht, sondern stets in einer Population, deren großer Genpool eine Variationsbreite der Entwicklungen ermöglicht.

Die im Genpool ständig auftretenden Veränderungen, z. B. durch Mutation oder Gentransfer, schaffen genetische Polymorphismen, die sich dann in der Population durch Fortpflanzung und Rekombination weit verbreiten können. So können sich abhängig von Reproduktionsrate und Generationszeit bei manchen Parasiten schon innerhalb weniger Generationen bedeutende evolutionäre Anpassungen einstellen. Beispiele dafür sind die Anpassung der Malariaerreger an die gebräuchlichen Pharmaka oder die Resistenzentwicklung von Bakterien gegenüber Antibiotika.

Die durch diese Mechanismen entstandenen genetischen Variationen erfahren durch die natürliche Selektion (nach Darwin) eine evolutive Ausrichtung. Dabei hängt diese Selektion von den erreichten Vorteilen für die Fortpflanzung ab und entwickelt sich nicht vorbestimmt durch radikalen Umbau, sondern je nach momentanem Erfolg in kleinen Schritten. So führt der aktuelle Selektionsvorteil gegenüber Mitkonkurrenten bevorzugt zum reproduktiven Erfolg. Evolution vollzieht sich also stets in Populationen, da so die genetische Variabilität größer ist. Dabei bilden die Allele einer Population einen Genpool. Die Untersuchung von Allelfrequenzen und Genotyphäufigkeit sind Gegenstand der Populationsgenetik. Diese Parameter sind normalerweise über viele Generationen in einem genetischen Gleichgewicht, werden aber ständig durch Mutationen, Rekombination sowie durch Zu- und Abwanderung von Individuen verändert. So können bei kleinen Populationen zufällig einzelne Allele eliminiert oder zugeführt werden (Gendrift).

Während Mutationen auf der genetischen Ebene wirken, bewertet die Selektion die Leistungsfähigkeit eines Phänotyps. So wird der Erfolg oder Misserfolg von Generation zu Generation sichtbar. Im Laufe der Zeit reichert der Selektionsdruck positive Gene in der Population an und unterdrückt negative Gene. Deshalb hängt die Evolution auch stark von der Generationsdauer ab.

Oft begünstigt die natürliche Selektion heterozygote Allele (Heterosis), so bleiben Allele, die in der homozygoten Form zu einer letalen Erbkrankheit führen, in der heterozygoten Form oft erhalten und werden weitervererbt. Dies führt zu einer genetischen Last der Population und zu einem fein ausbalancierten Polymorphismus. So leiden bei der Sichelzellanämie des Menschen, die durch ein verändertes Hämoglobinmolekül entsteht, die heterozygoten Träger zwar auch unter Anämie, sind aber gleichzeitig resistent gegen Malaria, was einen erheblichen Selektionsvorteil in tropischen Gebieten mit sich bringt.

Selbst heute bestehen noch erhebliche Meinungsverschiedenheiten über die evolutive Bedeutung von Mutation und Selektion. Selektionisten schreiben diesen Faktoren die hauptsächliche Triebkraft der Evolution zu. Neutralisten sind dagegen der Auffassung, dass Mutationen sich zunächst selektiv neutral auswirken, sich also nicht durch Selektionsdruck, sondern zufällig, z. B. über Gendrift, auf die Evolution auswirken. Eine Verbindung von den mikroevolutiven Veränderungen im Genom zu den makroevolutiven Veränderungen im Bauplan eines Organismus wird durch die Hox-Gene (s. Kap. 4) hergestellt. Da sie im Genom aller eukaryotischen Lebewesen vorhanden sind und Transkriptionsfaktoren codieren und verändern, spielen sie eine Schlüsselrolle in der Evolution. Die Forschungsrichtung auf diesem Gebiet wird deshalb als Evo-Devo bezeichnet.

8.4 Mechanismen der Artbildung

Arten sind Fortpflanzungsgemeinschaften, deren Individuen untereinander fertil kreuzbar sind, die aber von anderen Arten reproduktiv abgeschottet sind. Alle Individuen einer Art stimmen in den wesentlichen taxonomischen Merkmalen überein. Wenn Arten geografisch weiträumig verbreitet sind, können sich erhebliche Merkmalsunterschiede im Phänotyp zeigen. Solche lokalen Populationen bezeichnet man als Subspezies. Unterarten werden auch als Rassen bezeichnet. Dieser Begriff ist in der Tierzucht von großer Bedeutung, da die Reinrassigkeit oft den Wert eines Tiers bestimmt. Hier greift der Mensch in die natürlichen Selektionsmechanismen ein und definiert eigene Selektionsziele (Zuchtkriterien).

Die natürliche Artbildung erfolgt am häufigsten durch geografische Separation, die Genübertragungen verhindert. Diese allopatrische Artbildung wurde am Beispiel der Galapagosfinken gezeigt. Isolationsmechanismen verhindern dann bei einem erneuten Kontakt den Genaustausch und die Bildung von Zwischenformen (Bastarden). Progame Isolationsmechanismen wirken vor der Kopulation, also präzygotisch. Sie verhindern die fehlerhafte Verwendung von Keimzellen und damit die Bildung von Hybriden. Oft, z. B. bei Spinnen, funktionieren solche Mechanismen über genau zueinanderpassende männliche und weibliche Kopulationsorgane, sodass eine Paarung nur zwischen artgleichen Sexualpartnern möglich wird. Dabei dienen chemische, akustische oder optische Verhaltenssignale zur Erkennung des artgleichen Partners. Kommt es dennoch zu einer artfremden Paarung, so können die Keimzellen auch noch im Genitaltrakt des artfremden Weibchens inaktiviert werden.

Metagame Isolationsmechanismen wirken postzygotisch und induzieren eine Sterilität von Hybriden. So sind z. B. Maultiere und Maulesel nicht fortpflanzungsfähig und müssen immer wieder aus den Elternarten Pferd und Esel gezüchtet werden.

Neben der divergenten Artbildung durch Aufspaltungsmechanismen kann es auch zu einer allmählichen (phyletischen) Artbildung kommen. In dieser Frage unterscheiden sich die Anhänger Darwins, die von einem grundsätzlichen Wandel der Arten ausgehen, von den Anhängern der punktualistischen Artbildung. Letztere vertreten die Auffassung, dass die Arten relativ lange und konstant stabil sind (Stasis) und sich dann durch punktuelle, rasche Artbildungsprozesse weiterentwickeln.

Immer wieder ist es im langfristigen Verlauf der Evolution zu größeren Entwicklungsschritten gekommen, die evolutionäre Durchbrüche darstellen. Sie resultieren meist aus radikalen Änderungen der Umweltbedingungen, sodass den Organismen neue ökologische Lizenzen angeboten werden. Durch diese neuen Selektionsbedingungen wird es Organismen auch ermöglicht, sich völlig neue ökologische Lebensräume zu erschließen. Dadurch werden adaptive Radiationen im großen Ausmaß möglich. Solche Evolutionsschritte waren sicher der Übergang einiger im Wasser lebenden Tiere auf das Land. Dazu mussten diese Tiere erst Lungen und Extremitäten zur Fortbewegung entwickeln. Lungenfische und Quastenflosser sind Beispiele solcher Übergänge zum Landleben.

Geografische Brennpunkte der Evolution werden als Hotspots bezeichnet. Die Biodiversität der Organismen ist auf der Erde sehr unterschiedlich verteilt. In solchen Biodiversitätshotspots kommen besonders viele endemische Tier- und Pflanzenarten vor. Derzeit geht man global von 34 solcher Hotspots aus, zu denen auch die Galapagosinseln gehören. Diese Regionen bedecken ca. 2,3 % der Erdoberfläche und befinden sich überwiegend in den Regenwäldern der Tropen und der Subtropen.

8.5 Phylogenetische Systematik

Die Biodiversität der Tierwelt wird durch das Fachgebiet der systematischen Zoologie in einem hierarchischen System erfasst. Darin werden Arten definiert und ihre Entwicklung und Abstammung verglichen und entsprechend eingeordnet. Dies erfolgt mit einer vergleichenden Methode, der Taxonomie. Durch Vergleich von Merkmalen und Gensequenzen ist es möglich, einen Tierstamm (Taxon) zu definieren, der sich dann in das Gesamtsystem der hierarchisch organisierten Taxa einordnen lässt. Die Benennung der Taxa erfolgt nach einer verbindlich festgelegten Nomenklatur. In ihr wird berücksichtigt, dass die hierarchische Anordnung möglichst der aktuell gültigen Hypothese zur Stammesentwicklung entspricht. Man bezeichnet diese Klassifizierung dann als Phylogenese. Entsprechend den sich ständig

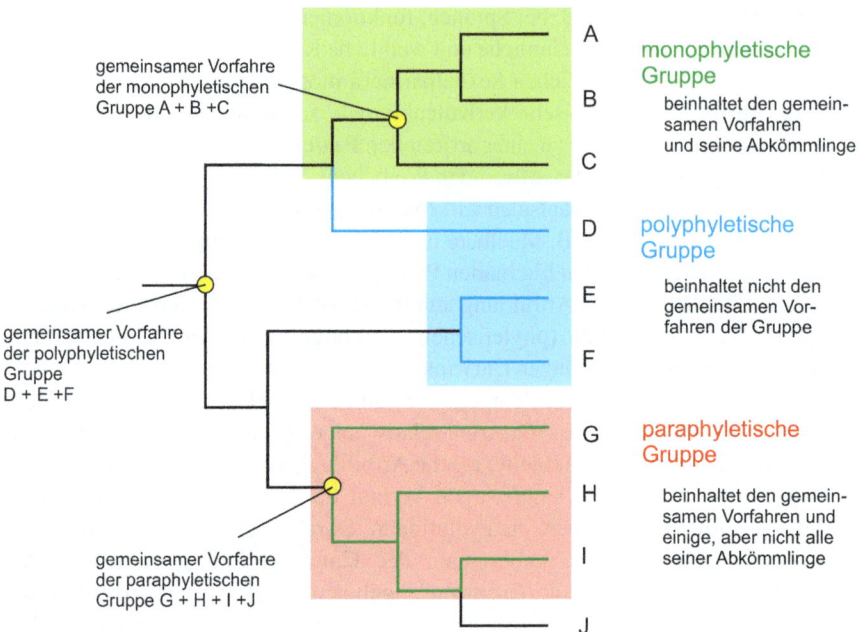

Abb. 8.2 Phylogenetische Systematik im Tierreich

erweiternden Erkenntnissen der zoologischen Forschung hat sich die Systematik der Tiere in den letzten Jahren immer wieder stark verändert. Konträre Auffassungen existieren und nicht alle Tiere konnten bisher zweifelsfrei eingeordnet werden.

Die Arten als kleinste taxonomische Grundeinheiten sind die Grundlage dieses Systems. Per Definition ist eine biologische Art eine Population, deren Mitglieder sich untereinander sexuell fortpflanzen können und fruchtbare Nachkommen erzeugen. Ein Taxon ist also nur dann natürlich, wenn es nur Arten enthält, die einen gemeinsamen Vorfahren haben. Damit ist ein Taxon monophyletisch (Abb. 8.2) und umfasst nur die Stammart und ihre Nachkommen. Solche Gruppierungen kommen im zoologischen System aber nicht immer vor. Wenn eine Gruppe zwar einen gemeinsamen Vorfahren und einige, aber nicht alle seine Nachfahren enthält, wird sie als paraphyletische Gruppe bezeichnet (Abb. 8.2). Schließlich gibt es im zoologischen System auch Gruppen, deren Mitglieder keinen gemeinsamen Vorfahren haben. Sie werden dann als polyphyletische Gruppe bezeichnet. Da diese Gruppe auf mehrere Stammarten zurückgeht, wird sie in der zoologischen Systematik kritisch gesehen und oft abgelehnt.

Molekulargenetische Analysen der wenigen vollständig sequenzierten Genome verschiedener Tiere lassen den Schluss zu, dass alle Tiere monophyletisch sind, also einen gemeinsamen Vorfahren haben. Diese Sichtweise wird auch unterstützt durch die genetische Analyse vieler einzelner Genabschnitte, die von Tieren gewonnen werden, deren gesamtes Genom noch nicht vollständig sequenziert wurde. Darauf deuten schon vorher gemeinsam abgeleitete Merkmale (Synaptomorphien) hin. Zu

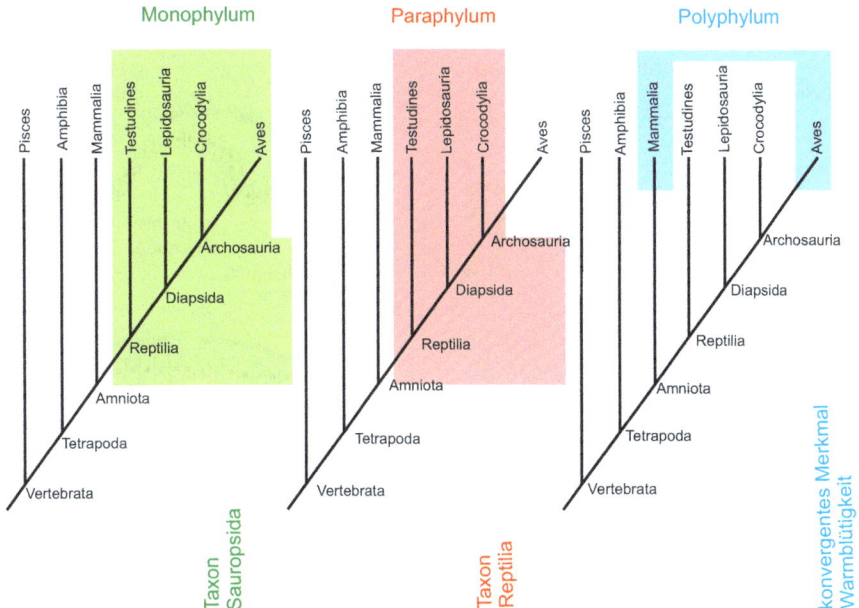

Abb. 8.3 Beispiel eines Kladogramms

diesen gehören die verschiedenen Zell-Zell-Verbindungen (Desmosomen, Gap Junctions und Tight Junctions), gemeinsame Makromoleküle (Proteoglykane, Kollagene) sowie die gemeinsame Entwicklung über eine Blastula und Gastrula. Ein weiterer Hinweis auf die Monophylie der Tiere sind das Alter und die Ähnlichkeiten in Struktur und Funktion der Hox-Gene (Kap. 4), die für den Körperaufbau und die Achsenbildung verantwortlich sind. Mit dieser Methode werden Kladogramme erstellt (Abb. 8.3), in denen die Eigenschaften der betrachteten Tiere (Morphologie, Stoffwechsel, Genetik) verglichen werden. In einem Kladogramm hat eine Verzweigung immer nur zwei Äste, ist nicht gewichtet und es gibt auch keine Zeitachse. Jeder Ast ist durch ein abgeleitetes Merkmal begründet. Außerdem enthält ein Kladogramm nur terminale Taxa. Eine rezente Art kann also nicht die Stammart einer anderen rezenten Art sein.

8.6 Evolution der Metazoa

Zur Entstehung der vielzelligen Tiere (Metazoa) werden aktuell mehrere phylogenetische Modelle diskutiert. Nach der Gastraea-Hypothese stammen alle Metazoa, die in ihrer Entwicklung ein Gastrulastadium durchlaufen, von einem hypothetischen Urdarmtier (Gastraea) ab. Ausgangsform ist eine flüssigkeitsgefüllte, einschichtige Blastula (Flagellatenkolonie), aus der sich durch Einstülpung und Differenzierung die zweischichtige Gastrula mit ihrem Gastrovaskularraum als primitivem Darm entwickelt (Abb. 8.4).

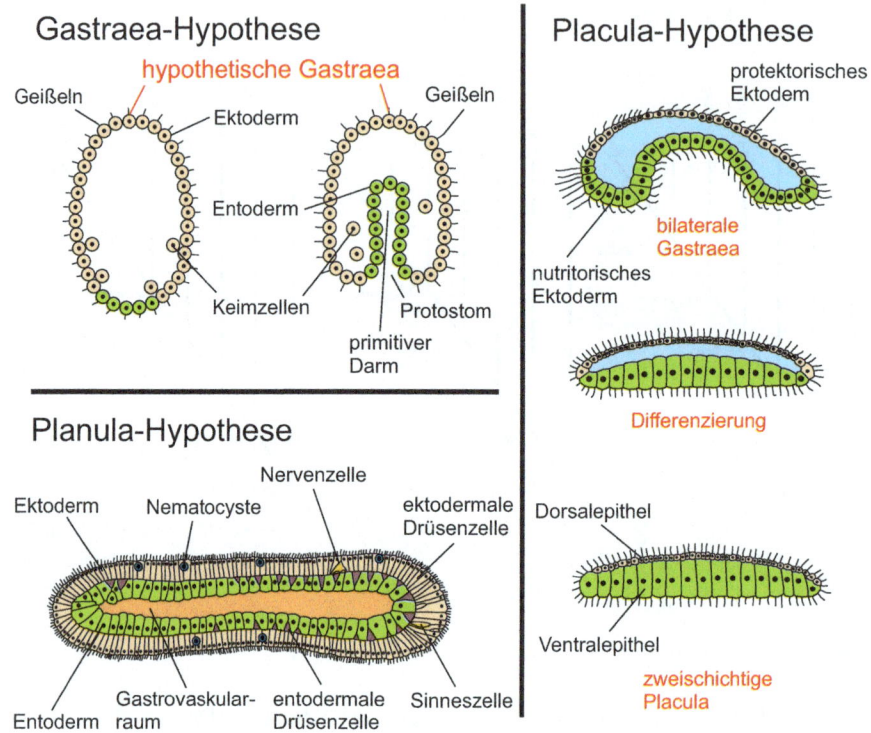

Abb. 8.4 Hypothesen zur Entstehung der Metazoa

Die Placula-Hypothese geht dagegen von einer Flagellatenkolonie aus, die sich durch Delaminierung zu einer zweischichtigen Platte (Placula) entwickelt. Sie kroch auf den Boden als Nahrungssubstrat und durch diesen Kontakt wurden ein ventrales Nährepithel und ein dorsales Schutzepithel differenziert. Diese Hypothese wurde durch die Wiederentdeckung von *Trichoplax adhaerens* wieder diskutiert.

Die Planula-Hypothese besagt, dass das Ektoderm phylogenetisch durch gleichzeitige Delaminierung einer Blastaea entstanden ist. Dieser Entwicklungsgang ist ontogenetisch bei den Hydrozoa und Scyphozoa vorhanden (Kap. 9) und führt zu einer Planula-Larve. Eine weitere Entstehungshypothese ist die Parenchymula-Theorie, die hier nicht behandelt wird.

Der vielzellige Körper der Metazoa besteht aus differenzierten und vielfältig spezialisierten Zellen. Haben diese einen gemeinsamen Differenzierungsweg, so bilden sich Gewebe, in denen die Zellen untereinander kommunizieren und sich gegenseitig unterstützen.

Die ersten Tiere entstanden vermutlich in der kambrischen Explosion vor etwa 540 Mio. Jahren und waren marine Bodenbewohner. Fossilien belegen, dass zu dieser Zeit viele der heute bekannten Baupläne fast synchron auftauchen. Präkambrische Fossilien sind zwar vorhanden, weisen aber große Unterschiede zur heutigen Fauna auf und sind ungeklärt. Deshalb geht die heutige Darstellung der Entstehung der Tiere und der Evolution ihrer Körperbaupläne von einem gemeinsamen Vorfahren aus, ist also monophyletisch. Diese Annahme wird auch durch die phylogenetische

8.6 Evolution der Metazoa

Analyse der Gensequenzen unterstützt. Bei dem Vergleich der Körperbaupläne sind die Anordnung der Organe, eine eventuelle Körperhöhle sowie Segmentierung und Symmetrie und außerdem die Anzahl der Keimblätter bei der Entwicklung wichtig. Diese Gemeinsamkeiten (Synapomorphien) unterstützen ebenfalls einen monophyletischen Stammbaum. Dabei sind die meisten Tiere bilateralsymmetrisch gebaut (Bilateria), unterteilen sich dann aber in die jeweils monophyletischen Gruppen der Protostomia (Urmünder) und Deuterostomia (Neumünder).

8.6.1 Protostomia (Urmünder)

Zu dieser Gruppe gehört die überwiegende Zahl aller Tierarten. Wie schon behandelt (Kap. 5), deutet die Bezeichnung auf die Entwicklung des Verdauungskanals hin. Der Urmund (Blastoporus) wird in der Entwicklung zum späteren Mund, während der Anus sekundär als neue Öffnung durchbricht. Alle Protostomia haben einen bilateralen Bauplan mit einem ventralen Nervensystem (Bauchmark). Das ursprünglich angelegte Coelom wird bei einigen Untergruppen durch sekundäre Entwicklungsschritte mehrfach abgewandelt. So fehlt bei Plattwürmern das Coelom ganz (Acoelomata), Nematoden haben ein Pseudocoel und Arthropoda ein Mixocoel, in dem sich Blut und Hämolymphe mischen.

Die Protostomia unterteilen sich in zwei monophyletische Untergruppen: die Lophotrochozoa und die Ecdysozoa (Abb. 8.5 und 8.6). Die Lophotrochozoa haben zwei hauptsächliche Merkmale: den Tentakelkranz (Lophophor) und die Entwicklung über eine bewimperte Trochophora-Larve. Einige Lophotrochozoa (Plathelminthes, Nemertini, Annelida und Mollusca) zeigen in ihrer Frühentwicklung eine Spiralfurchung. Für die Ecdysozoa (Häutungstiere) sind der hormongesteuerte Wechsel und die Erneuerung der Cuticula typisch. Sie fungiert auch als Exoskelett.

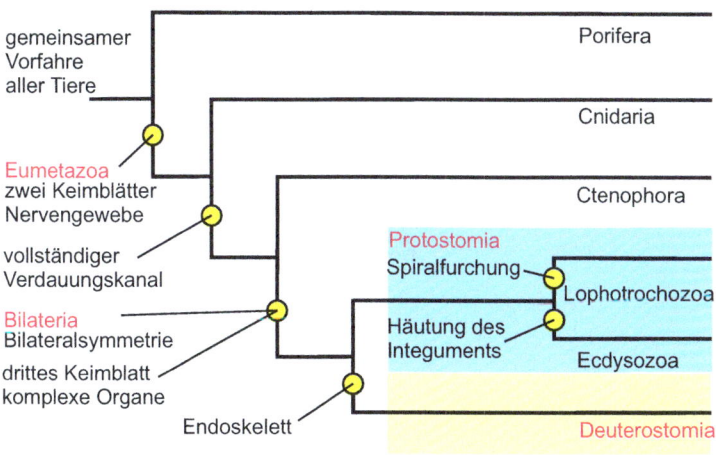

Abb. 8.5 Evolution der Protostomia und der Deuterostomia

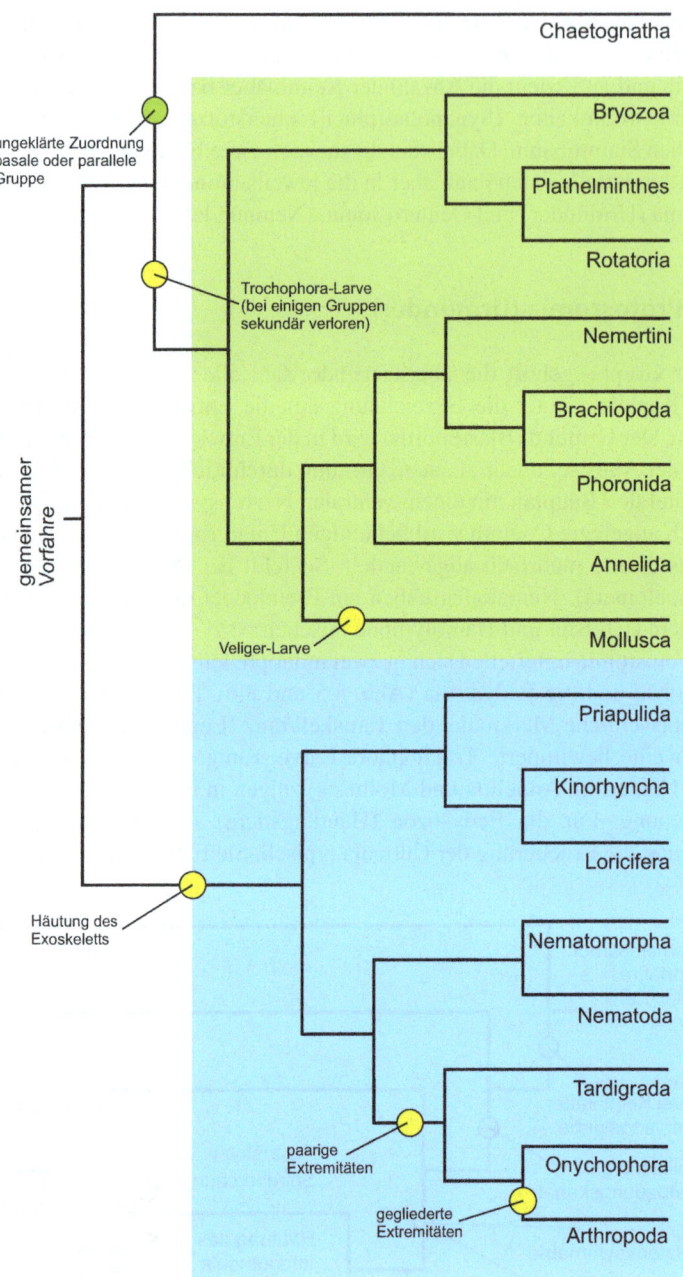

Abb. 8.6 Phylogenie der Protostomia

8.6.2 Deuterostomia

Die Deuterostomia (Neumünder) entwickelten sich aus einem Vorfahren, den sie nicht mit den Protostomia gemeinsam haben. Zu den typischen Entwicklungsschritten gehören die Radiärfurchung, die Ausbildung eines neuen Munds am entgegengesetzten Ende des Urdarms und die Entwicklung eines Coeloms aus den mesodermalen Aussackungen des Urdarms. Die Deuterostomia (Abb. 8.7) umfassen wesentlich weniger Tiergruppen als die Protostomia. Zu den rezenten Gruppen gehören die Echinodermata (Stachelhäuter), die Hemichordata (Kiemenlochtiere) und die Chordata (Chordatiere). Außer den radiärsymmetrischen Echinodermata sind alle anderen Deuterostomia bilateralsymmetrisch und segmentiert. Die zu den Chordata gehörenden Vertebrata (Wirbeltiere) haben eine gelenkige, dorsale Wirbelsäule, die die ursprüngliche Chorda dorsalis bis auf wenige Reste ersetzt. Folgende Merkmale sind typisch für alle Wirbeltiere: ein dorsal vom Darm gelegenes Endoskelett, ein Coelom mit den inneren Organen, ein zentrales Herz mit einem geschlossenen Blutgefäßsystem und eine Cephalisation mit einem innerhalb von Schädelknochen liegenden Gehirn. Mit der Entwicklung des amniotischen Eies war es einer monophyletischen Gruppe möglich, terrestrische Lebensräume zu erschließen und in trockenen Gebieten zu leben. Diese Amnioten können dadurch ihre ontogenetische Entwicklung in einer geschützten, wässrigen Umgebung vollziehen. Dagegen erfolgt die Embryonalentwicklung von Säugetieren in einem speziellen Organ des Weibchens, der Gebärmutter (Uterus). Säugetiere haben sich durch eine rasche adaptive Radiation vor ca. 270 Mio. Jahren entwickelt.

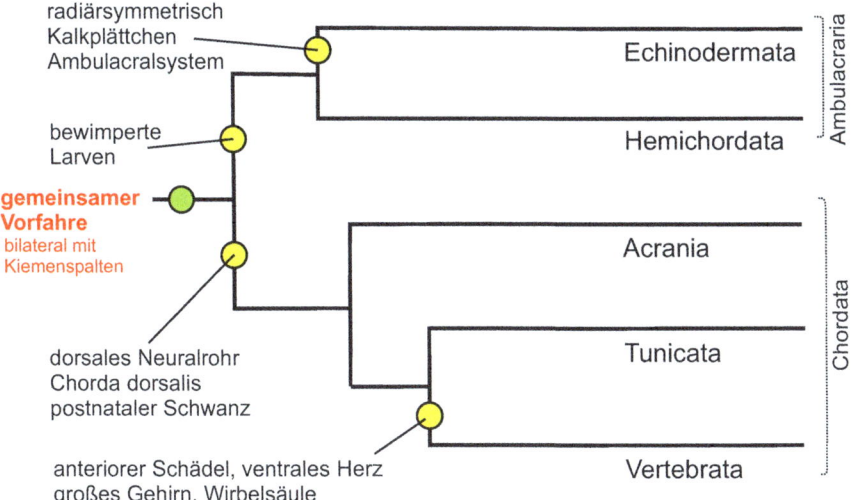

Abb. 8.7 Phylogenie der Deuterostomia

Tierstämme und Parasitologie

Flashcards

Als Käufer dieses Buches können Sie kostenlos unsere Flashcard-App „SN Flashcards" mit Fragen zur Wissensüberprüfung und zum Lernen von Buchinhalten nutzen. Für die Nutzung folgen Sie bitte den folgenden Anweisungen:

1. Gehen Sie auf https://flashcards.springernature.com/login
2. Erstellen Sie ein Benutzerkonto, indem Sie Ihre Mailadresse angeben und ein Passwort vergeben.
3. Verwenden Sie den folgenden Link, um Zugang zu Ihrem SN Flashcards Set zu erhalten: ▶ www.sn.pub/kt4cim.

Sollte der Link fehlen oder nicht funktionieren, senden Sie uns bitte eine E-Mail mit dem Betreff „SN Flashcards" und dem Buchtitel an customerservice@springernature.com.

9.1 Protozoa

Eigentlich ist die Bezeichnung Protozoa (Urtiere) veraltet, da diese heterotrophen, mobilen Organismen als eukaryotische Einzeller keine monophyletische Gruppe darstellen. Dennoch werden sie hier, wie auch in zahlreichen Lehrbüchern üblich, nach ihrer Lebensweise und ihren charakteristischen Bewegungseigenschaften unter dem Begriff Protozoa in dieser Gruppe zusammengefasst. Protozoa sind Einzeller mit einem oder mehreren Zellkernen und leben als Einzelzellen oder in kolonialen

Tab. 9.1 Einteilung der Protozoa

Unterreich	Klasse	Ordnung	Gattung/Art
Protozoa (Einzeller)	Flagellata (Geißeltiere)	„Phytoflagellata" Euglenida Dinoflagellata	*Euglena viridis* *Gymnodinium*
Sarcodina Apicomplexa Microspora Myxozoa Ciliophora		„Zooflagellata" Kinetoplastida	*Trypanosoma brucei* *Trypanosoma cruzi* *Leishmania tropica* *Leishmania donovani* *Leishmania infantum*
		Trichomonadida	*Trichomonas vaginalis* *Trichomonas gallinae* *Trichomonas foetus*
		Diplomonadida	*Giardia intestinalis* *Giardia canis*
	Rhizopoda (Wurzelfüßer)	Eumycetozoa (Schleimpilze)	
		Amöbina (Amöben)	*Entamoeba histolytica* *Naegleria*
		Foraminifera (Kammerlinge)	
		Heliozoa (Sonnentierchen)	
		Radiolaria (Strahlentiere)	
	Sporozoa (Sporentiere)	Gregarinida	
		Haemosporida	*Plasmodium* (Malariaerreger)
		Coccidia	*Toxoplasma, Eimeria, Cryptosporidium, Sarcocystis*
		Piroplasmida	*Theileria, Babesia*
	Microsporea	Microsporidia	*Nosema apis*
	Myxosporea	Myxobolida	*Myxobolus*
	Ciliata (Wimperntiere)	Holotricha	*Paramecium*
		Peritricha	*Vorticella*
		Spirotricha	*Stentor*, Pansenciliaten
		Suctoria	*Balantidium, Ichthyophthirius multifiliis*

Verbänden. Früher wurden sie zusammen mit anderen kernhaltigen Einzellern zum Reich der Protisten zusammengefasst, aber auch dieser Begriff wird in der heutigen Systematik nicht mehr verwendet (Tab. 9.1).

9.1.1 Flagellata (Geißeltiere)

Sie werden aufgrund ihrer Ernährungsweise in Phyto- und Zooflagellata unterteilt. Charakteristisch ist mindestens eine Geißel mit einem radiärsymmetrischen Aufbau (9+2-Formel) aus Mikrotubuli und Motorproteinen. Mit deren Hilfe können sie sich fortbewegen oder sich Nahrung zustrudeln. Geißeln können auch zu Cirren verschmelzen oder in einigen Entwicklungsstadien ganz fehlen.

Der Phytoflagellat *Euglena* (Abb. 9.1) besitzt lichtempfindliche Strukturen, die eine Phototaxis ermöglichen. Die Plastiden im Cytoplasma enthalten Chlorophyll zur autotrophen Ernährung. Dagegen ernähren sich Zooflagellaten heterotroph, z. B. durch parasitäre Aufnahme von Körperflüssigkeiten eines Wirts. Ein Beispiel sind die mehrgeißligen Trichomonaden (Abb. 9.1), die über formgebende Elemente des Cytoskeletts (Axostyl und Costa) verfügen, in Körperhöhlen (z. B. Vagina) leben und beim Geschlechtsverkehr übertragen werden.

Leishmanien (Abb. 9.1) besitzen einen DNA-haltigen Kinetoplasten und werden deshalb wie auch die Trypanosomen als Kinetoplastida bezeichnet. Ihre begeißelten und unbegeißelten Stadien vermehren sich in Wirtszellen, werden durch den Stich der Sandfliege (*Phlebotomus*) übertragen und verbreiten sich ausgehend von der Haut in innere Organe. Die von der Art *Leishmania tropica* ausgelöste Hautleishmaniose (Orientbeule) unterscheidet sich von der durch *Leishmania donovanii* ausgelösten viszeralen Leishmaniose (Kala-Azar, Dum-Dum-Fieber). Die im Darm parasitierenden Vertreter der Diplomonadida (z.B. *Giardia intestinalis*) sind stets begeißelt. Oft unterbleibt nach der Reproduktion die Teilung, sodass die Organellen doppelt vorhanden sind (Abb. 9.1). Die Übertragung auf andere Wirte erfolgt über Cysten im Kot.

Ebenfalls zu den Kinetoplastida gehören die Trypanosomen, von denen es verschiedene parasitäre Arten gibt. Ihre Entwicklungsstadien weisen begeißelte und unbegeißelte Formen auf (Polymorphismus) (Abb. 9.2). Die amastigote *Leishmania-*

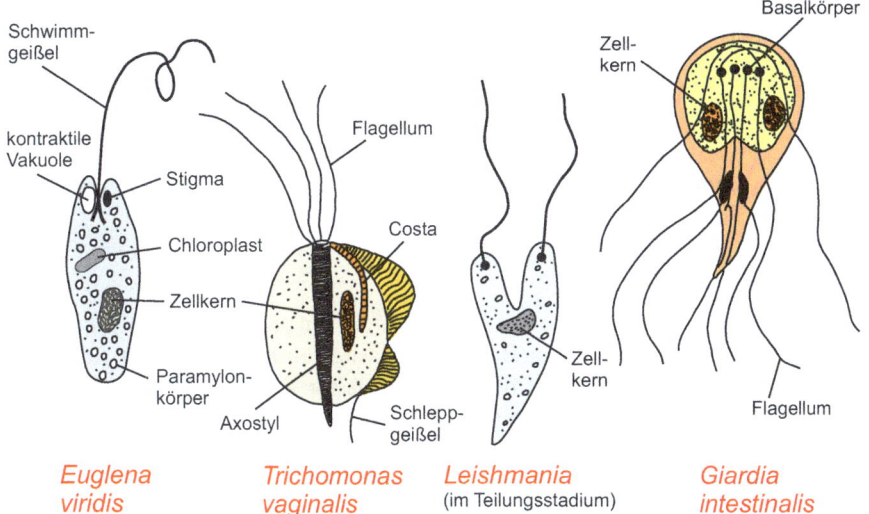

Abb. 9.1 Einteilung der Flagellata mit vier Beispielen

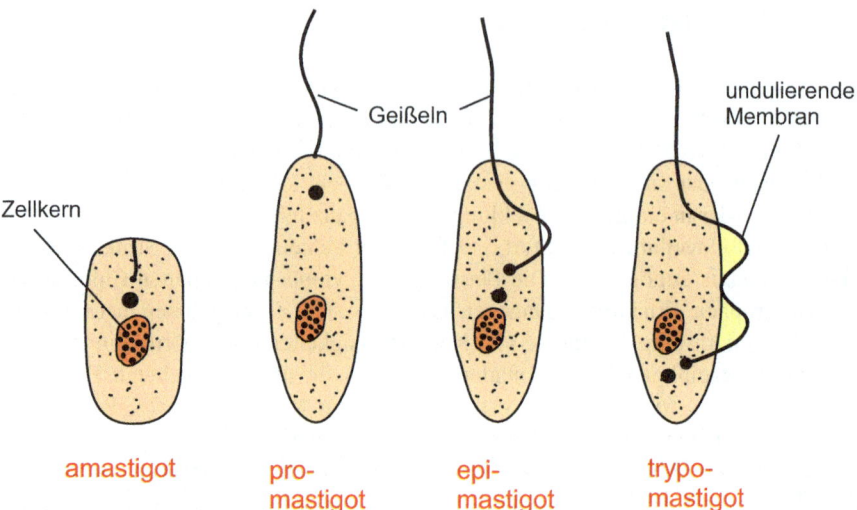

Abb. 9.2 Polymorphismus der Trypanosomen

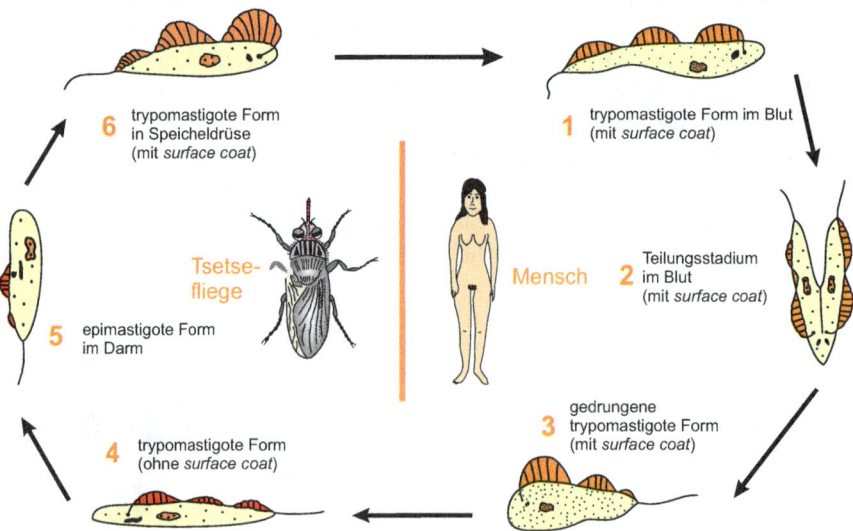

Abb. 9.3 Lebenszyklus von *Trypanosoma brucei*

Form hat keine Geißel, während diese bei der länglichen promastigoten *Leptomonas*-Form am Vorderende entspringt. Bei der epimastigoten *Crithidia*-Form entspringt die Geißel in der Zellmitte und bei der trypomastigoten *Trypanosoma*-Form am Hinterende. Der Erreger der Schlafkrankheit (Abb. 9.3) kommt als *Trypanosoma brucei gambiense* in Westafrika und als *Trypanosoma brucei rhodesiense* in Ostafrika vor, wird durch Tsetsefliegen (*Glossina*) übertragen und besiedelt das Blut und verschiedene Zellen des Wirts. Durch die Freisetzung von toxischen Substanzen

9.1 Protozoa

werden Fieber, Ödeme und Meningoenzephalitis hervorgerufen. Die Blutstadien besitzen eine variable Oberflächenschicht (*glycoprotein surface coat*), die ihre Antigeneigenschaften ständig ändert, sodass die Parasiten kein immunologisches Gedächtnis hervorrufen und eine vorbeugende Immunisierung nicht möglich ist.

Eine weitere *Trypanosoma*-Art ist *Trypanosoma cruzei*. Sie kommt in Südamerika vor und wird durch eine Raubwanze (*Triatoma*) übertragen (Abb. 9.4). Sie ist der Verursacher der Chagas-Krankheit und befällt eine Vielzahl von Säugetieren, einschließlich der Haustiere und des Menschen. Deshalb hat sie in Endemiegebieten (ländliche Gebiete in Süd und Mittelamerika) große medizinische Bedeutung.

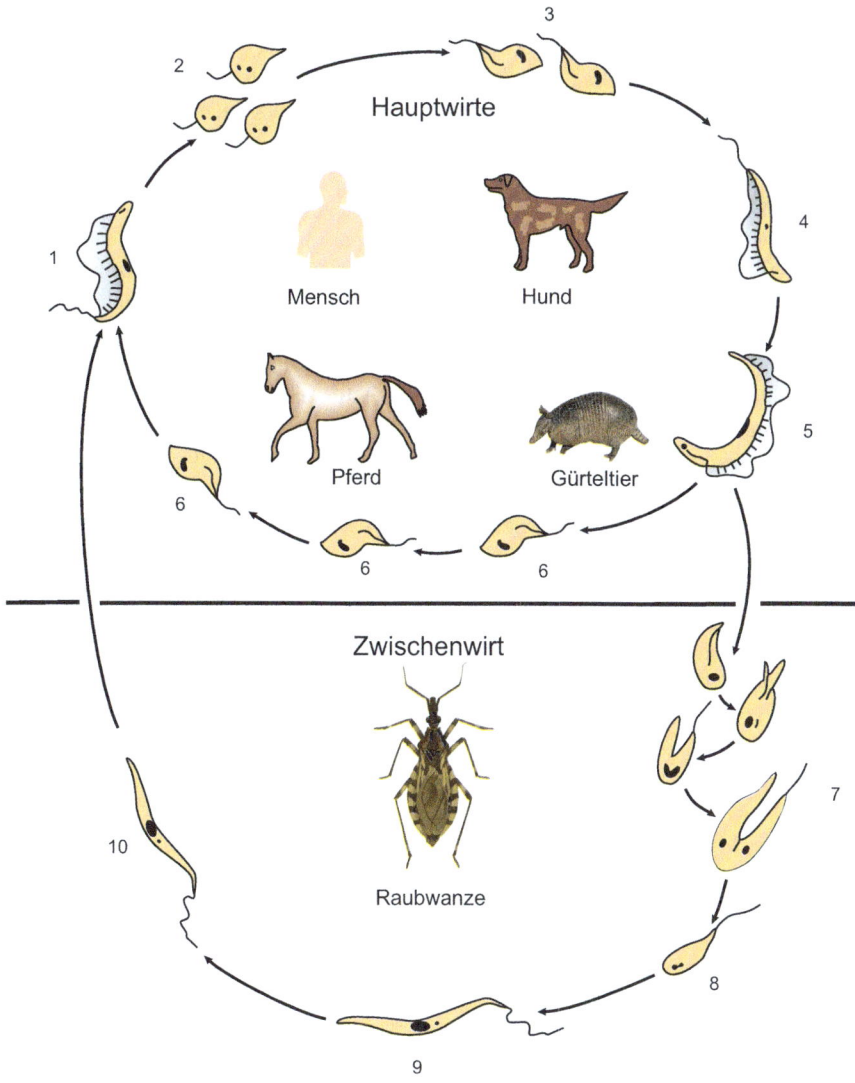

Abb. 9.4 Lebenszyklus von *Trypanosoma cruzei*

Von den Dinoflagellaten gibt es etwa 2500 rezente Arten. Sie weisen eine große Formenvielfalt (rund, zylindrisch, stab oder sternförmig) auf, sind oft mit Celluloseplatten gepanzert und leben meist phototroph. Ihre Chloroplasten enthalten neben Chlorophyll auch Carotine und Xanthophylle, denen sie ihre braunrote Färbung verdanken. Neben der Schleppgeißel verläuft eine zweite transversale Geißel in einer Äquatorialrinne (Cingulum). Große Invaginationen (Pusulen) haben vermutlich eine osmoregulatorische Funktion, Trichocysten schleudern zur Abwehr oder zum Beutefang einen klebrigen, giftigen Faden aus. Dinoflagellaten leben im Südwasser und im Meer und gehören zu den häufigsten Phytoplanktonorganismen. Einige Arten produzieren letale Gifte (Saxitoxin, Brevetoxin). Da sie am Anfang der Nahrungskette stehen, führt ihre häufig vorkommenden Massenvermehrungen (rote Tide) zur Kontamination von Fressfeinden (Muscheln, Crustacea) und dann schließlich auch zu Vergiftungen beim Menschen. Einige Arten bilden auch Dauercysten (Hypnozygoten) und können damit auch ungünstige Umweltbedingungen überdauern.

9.1.2 Rhizopoda (Wurzelfüßer)

Ursprünglich als eigenständiges Taxon charakterisiert, wird diese polyphyletische Gruppe heutzutage phylogenetisch nicht mehr definiert. Sie ist durch ihr bewegliches Protoplasma charakterisiert, das Ausstülpungen (Pseudopodien) bildet, die Fortbewegung und Nahrungsaufnahme ermöglichen. Zu den Rhizopoda gehören die Amoeba, Foraminifera, Radiolaria und die Heliozoa.

Die Amoeba werden auch als Wechseltierchen bezeichnet, da die große vielgestaltige Gruppe keine feste Körperform besitzt. Amöben sind eine Lebensform und keine Verwandtschaftsgruppe (Taxon). Die meisten Amöben sind nackt, es gibt aber auch beschalte Amöben (Thecamöben). Die Tiere sind überall zu finden, in feuchter Erde oder auch im Meer- und Süßwasser und einige auch als Parasiten auf Wirbeltieren. Fehlt die feuchte Umgebung, so bilden sie Dauerstadien (Cysten).

Amöben sind bis zu 1mm große, durchsichtige Zellen, die ihre Form durch Ausbildung von Pseudopodien ständig verändern (Abb. 9.5a). Die Nahrungsaufnahme erfolgt durch Phagocytose, d. h., die Beute wird zunächst umflossen und dann in Nahrungsvakuolen gespeichert. Einige Amöben sind pathogen und verursachen auch beim Menschen schwere Krankheiten. *Entamoeba histolytica*, deren Cysten im Kot ausgeschieden und mit verunreinigtem Wasser oral aufgenommen werden, besiedelt den Darm (Abb. 9.6). Die harmlosere Minuta-Form kann sich in die hochgefährliche Magna-Form umwandeln, welche die Darmwand auflöst und ins Blut übertritt. Neben blutigem Durchfall (Amöbenruhr) kann sich die Magna-Form in verschiedenen Organen, z. B. im Gehirn, festsetzten und Cysten bilden. Daraus können sich gefährliche Abszesse bilden. Eine andere Amöbe, *Naegleria fowleri*, kommt in warmen Süßwasserseen vor und führt beim Menschen zu einer meist tödlichen, eitrigen Entzündung des Gehirns. Die Amöbe wird dabei meist beim Schwimmen durch die Nasenschleimhaut aufgenommen, dringt über den Riechnerv ins Gehirn und löst dort eine eitrige primäre Amöbenmeningoenzephalitis (PAME) aus. Andere frei lebende Amöben, z. B. *Acanthamoeba*-Arten oder *Balamuthia*

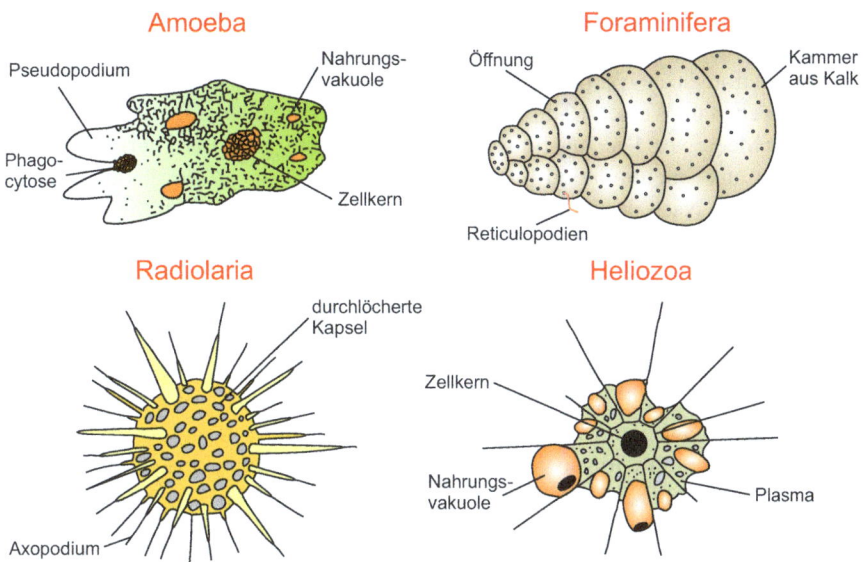

Abb. 9.5 Einteilung der Rhizopoda mit vier Beispielen

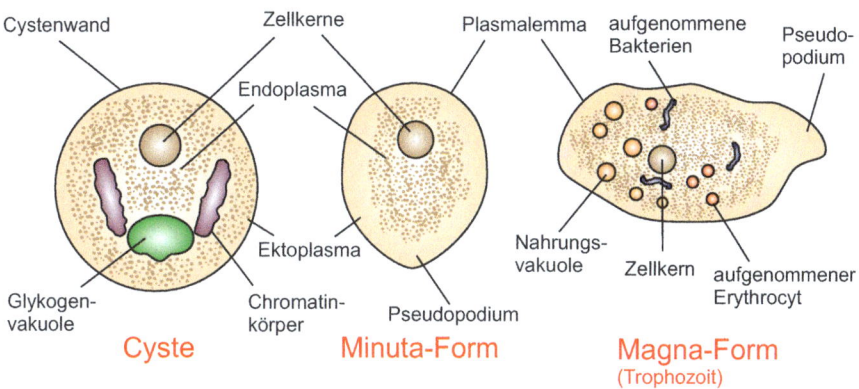

Abb. 9.6 Formen der *Entamoeba histolytica*

mandrillaris, lösen bei Menschen oder bei Tieren mit einem geschwächten Immunsystem eine granulomatöse Amöbenenzephalitis aus, die ebenfalls meist tödlich verläuft. Dabei dringen Amöben über Haut oder Lunge ein und gelangen über die Blutbahn ins Gehirn. Amöben, die eine granulomatöse Enzephalitis verursachen, leben weltweit im Wasser, in Erde oder Staub.

Foraminifera werden auch Kammerlinge genannt. Diese einzelligen Organismen besitzen in der Regel ein mehrkammeriges Gehäuse, durch dessen Öffnungen filamentöse Plasmafäden (Reticulopodien) austreten (Abb. 9.5b). Es gibt 10.000 rezente und 40.000 fossile Arten, die wenigsten sind Süßwasserformen, meist leben sie benthisch am Meeresboden. Die Tiere gelten als Leitfossilien ab der Kreidezeit.

Radiolarien werden auch als Strahlentierchen bezeichnet. Diese Einzeller leben in einer durchlöcherten Kapsel (Abb. 9.5c), aus der radial abstehende, starre Cytoplasmafortsätze (Axopodien) ragen. Diese dienen der Nahrungsaufnahme und dem Schweben im Wasser. Radiolarien kommen als Plankton im Oberflächenwasser wärmerer Meere vor. Die Kugeln werden bis zu 0,5 mm groß. Radiolarien besitzen ein Skelett aus Siliciumdioxid (Opalskelett). Fossile Formen sind aus dem Kambrium bekannt. Nach dem Absterben sinken die Radiolarien auf den Meeresboden, bilden unter Druck Mikroquarz (Kieselschiefer) und sind so an der Gesteinsbildung (Diagenese) beteiligt.

Heliozoa werden auch als Sonnentierchen bezeichnet. Die kugelförmigen Einzeller besitzen ebenfalls strahlenförmige Axopodien (Abb. 9.5d), die klebrig sind und dem Beutefang dienen. Dazu geben Extrusomen, die sich in einer Protoplasmaströmung der Axopodien bewegen, klebrige und toxische Substanzen ab. Die eingefangene Beute wird in Nahrungsvakuolen umschlossen und zur Verdauung axonal in die Zellmitte transportiert. Heliozoa ernähren sich hauptsächlich von anderen Einzellern. Sie sind überwiegend Süßwasserbewohner, einige leben auch marin. Da sie polyphyletisch sind, stellen sie im Gegensatz zu früheren Annahmen keine eigene natürliche Gruppe in der Systematik dar.

9.1.3 Sporozoa (Apicomplexa)

Die in der herkömmlichen Systematik gebräuchliche Bezeichnung Sporozoa (Sporenbildner) stand für eine Klasse der Einzeller, die als Endoparasiten einen charakteristischen dreiphasigen Generationswechsel mit geschlechtlicher und ungeschlechtlicher Vermehrung durchliefen. Inzwischen wurde dieses Taxon aufgelöst, wobei die systematische Stellung der ehemaligen Teilgruppen (Apicomplexa, Gregarinida, Haemosporidia, Coccidia, Piroplasmida, Myxozoa) zum Teil noch nicht abschließend geklärt ist.

Im Verlauf des Fortpflanzungszyklus bilden sich zunächst in einer ungeschlechtlichen Fortpflanzung die sichelförmigen Sporozoiten, die sich zu mehreren in dickschaligen Sporen (infektiöses Stadium) zusammenlagern. Diese Sporen werden auf einen Wirt übertragen und durchlaufen dort eine ungeschlechtliche Vielfachteilung (Schizogonie). Es bilden sich Schizonten und Merozoiten. Nach mehreren Schizogonien entstehen aus einigen Schizonten Gamonten und es erfolgt eine geschlechtliche Fortpflanzung (Gamogonie) mit anschließender Bildung von Sporen (Sporogonie). Dann beginnt der Zyklus von Neuem.

Gregarinida

Die Gregarinida sind Apicomplexa, die endoparasitär in Darm und Körperhöhlen leben. Sie sind veterinärmedizinisch nicht relevant und werden deshalb hier nicht näher behandelt.

Haemosporida

Sie sind Endoparasiten, die im Blut von Menschen und Primaten zirkulieren. Zu ihnen gehören auch die Plasmodien, die Malaria verursachen. Die Sporozoiten der

9.1 Protozoa

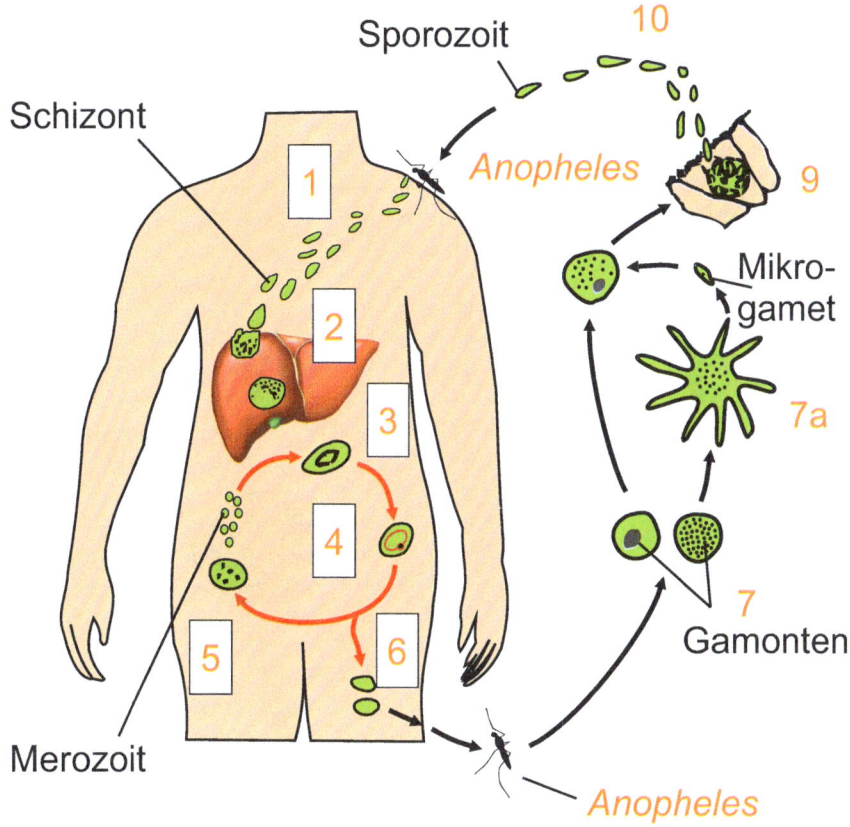

Abb. 9.7 Lebenszyklus von Plasmodium

Plasmodien (Abb. 9.7) werden von Stechmücken (*Anopheles*) auf den Wirt übertragen (1) und siedeln sich zunächst in der Leber an (2). Dort beginnt die Schizogonie. Die Merozoiten zirkulieren im Blut und befallen Erythrocyten (3). In diesen entwickeln sie sich (4) und teilen sich vielfach bis zum Platzen der Erythrocyten (5). Einige Merozoiten entwickeln sich in den Erythrocyten zu Geschlechtsformen, den Gametocyten (Gamonten), die beim Stich wieder von *Anopheles* aufgenommen werden (6). In der Mücke differenzieren sie sich zu Makro- (7) und Mikrogameten (7a), die sich befruchten und eine bewegliche Eizelle (Ookinet) bilden (8). Diese lagert sich in eine Zelle der Speicheldrüse ein (9) wo die Sporogonie beginnt.

Coccidia

Zu den Coccidia gehört *Toxoplasma gondii* (Abb. 9.8), ein im Menschen häufig anzutreffender Parasit. Er wird über Schmierinfektion mit Katzenkot oder über den Genuss von rohem Fleisch übertragen. Der Mensch ist dabei Fehlwirt. Bei ihm endet der Zyklus im Stadium der Gewebecysten. Vollständig läuft der Zyklus im echten Wirt, der Katze, ab. Ebenfalls zu den Coccidia gehören *Sarcocystis hominis* und *S. suihominis* (Abb. 9.9). Diese Parasiten werden zwischen Mensch und Rind

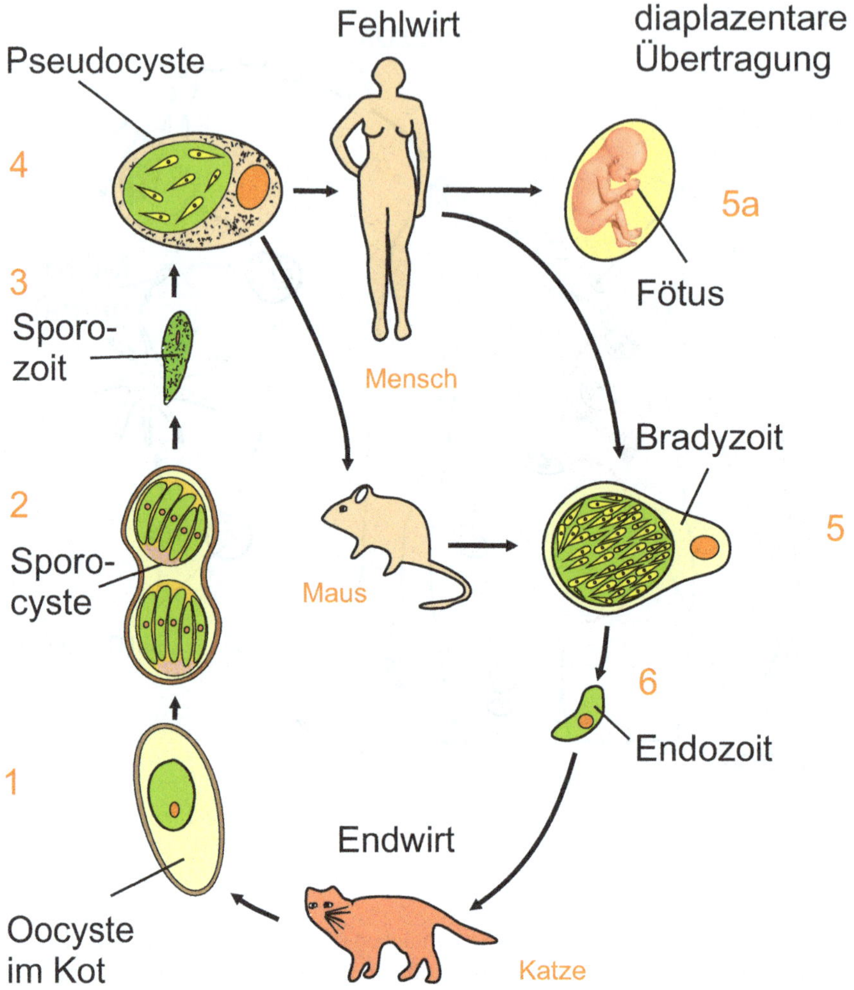

Abb. 9.8 Lebenszyklus von *Toxoplasma gondii*

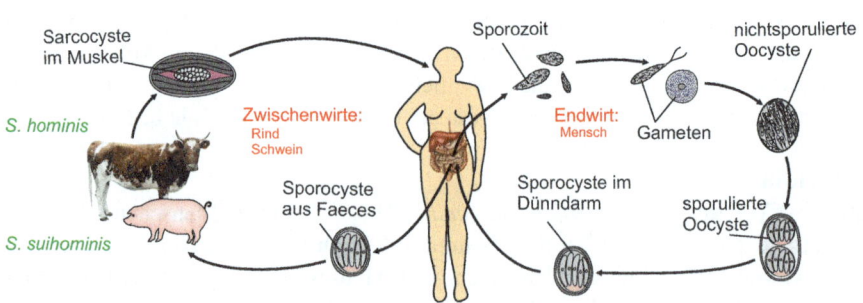

Abb. 9.9 Lebenszyklus von *Sarcocystis suihominis*

oder Mensch und Schwein übertragen. Die Menschen nehmen dabei die Sarcocysten durch den Verzehr von rohem Muskelfleisch auf. In ihrem Darm läuft der Zyklus vollständig ab und die Sporozoiten befallen ständig neue Darmzellen. Nach der Encystierung werden sie in Sporocysten über den Kot abgegeben. Das Krankheitsbild manifestiert sich in blutigen Diarrhöen.

Eimerien parasitieren im Darm von Wirbeltieren und sind sehr wirtsspezifisch. Sie haben einen monoxenen (einwirtigen) Entwicklungszyklus (Abb. 9.10). Aus den Oocysten mit je vier Sporocysten werden nach oraler Aufnahme je zwei Sporozoiten

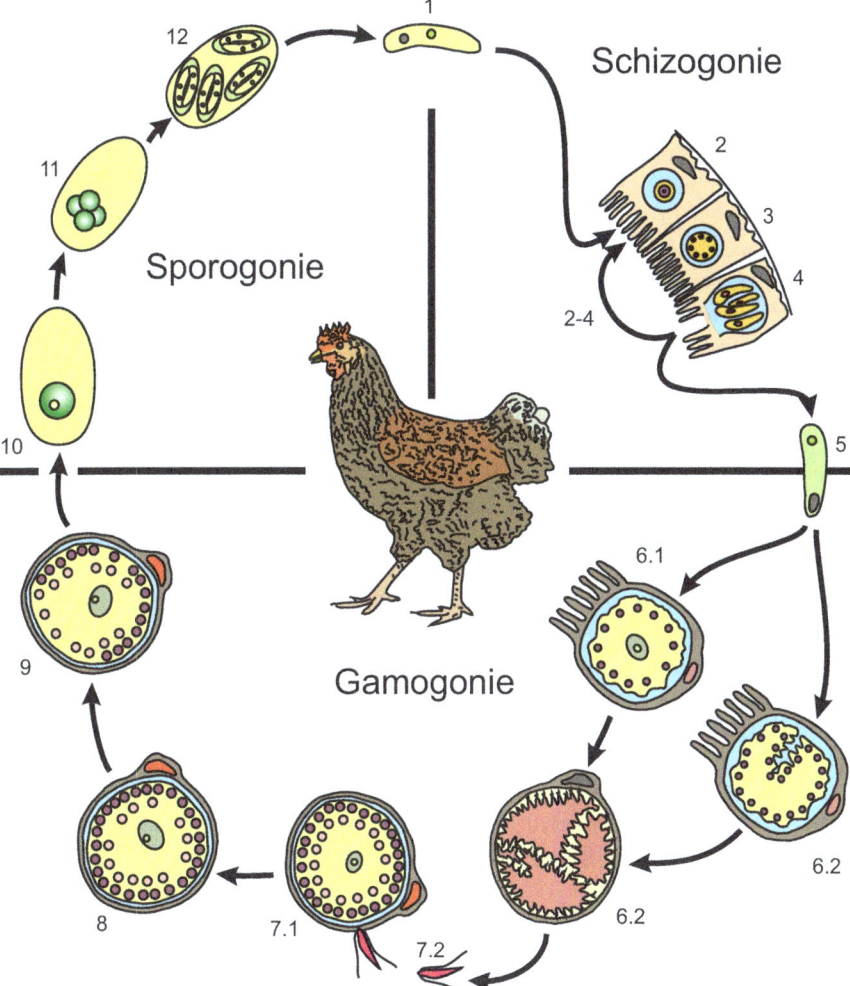

Abb. 9.10 Lebenszyklus von *Eimeria stiedae*. 1 Sporozoit (wird oral aufgenommen). 2–4 In den Darmepithelzellen werden bewegliche Merozoiten gebildet. 5 Merozoit wandelt sich in einen Gamonten um. 6.1 Makrogamont (weiblich). 6.2 Mikrogamont (männlich), bildet Mikrogameten. 7.1 Befruchtungsfähiger Makrogamont. 7.2 Fertiler Mikrogamont. 8 Zygote. 9 Bildung der Oocystenhülle. 10 Oocyste wird mit den Faeces abgesetzt. 11–12 Sporulation und Bildung von vier Sporocysten mit je zwei Sporozoiten

abgegeben, die sich in die Darmepithelzellen einnisten und in einer parasitophoren Vakuole persistieren und weiterentwickeln. Diese Schizogonie führt zu vielfachen Teilungen und zur Vermehrung der Parasiten, die schließlich als Merozoiten die aufplatzende Darmzelle verlassen. In diesem für den Wirt akuten Krankheitsstadium kommt es zu blutigen Durchfällen und Koliken. Die Merozoiten können wiederum andere Darmepithelzellen befallen oder sich zu männlichen und weiblichen Geschlechtszellen (Mikro- und Makrogamonten) ausdifferenzieren. Die aus den Mikrogamonten entstehenden Mikrogameten befruchten schließlich den Makrogameten, sodass eine Phase der geschlechtlichen Fortpflanzung (Gamogonie) durchlaufen wird. Aus der noch in der Epithelzelle befindlichen Zygote entsteht durch Encystierung, d. h. Bildung einer widerstandsfähigen Wand, eine Oocyste, die nach Aufplatzen der Zelle mit dem Kot abgegeben wird und so den Tierhaltungsbereich (Stall) kontaminieren kann. In diesem Stadium ist der Parasit gegen äußere Einflüsse geschützt und kann längere Zeit im Stall überdauern. Eine erneute orale Infektion startet den Zyklus erneut. Da Eimerien in vielen für Haus- und Nutztiere spezifischen Arten vorkommen, ist eine sorgfältige Hygiene bei der Tierhaltung besonders wichtig. Bedeutende Erreger und deren Wirte sind *Eimeria bovis* (Rind), *E. stiedae* (Kaninchen), *E. tenella* (Geflügel), *E. suis* (Schwein), *E. leukarti* (Pferd). Beim Menschen treten Coccidiosen nur selten, meistens bei immungeschwächten Patienten (HIV-Infektion) auf. Bei Tieren werden diese Erreger durch dem Futter beigemischte Coccidiostatika (antibiotikaähnliche Substanzen) behandelt.

Piroplasmida

Piroplasmen sind Blutparasiten, die in Leukocyten und Erythrocyten ihrer Wirtstiere vorkommen. Im Gegensatz zu Plasmodien, die nur bei Primaten, Reptilien und Vögeln zu finden sind, haben sich Piroplasmen auf alle Säugetiere und Vögel spezialisiert. Überträger sind Zecken, in denen die Gamogonie und die Sporogonie stattfinden. Mit dem Zeckenspeichel gelangen die Sporozoiten in den Wirt. Dort zerstören sie durch die Schizogonie die Blutzellen, wodurch es zur Hämaturie (Blutharn) kommt. In der klassischen Systematik werden Piroplasmen in die beiden Gattungen Babesia und Theileria unterteilt. Neuere molekulare Untersuchungen gehen jedoch von acht verschiedenen Gruppen aus. Wichtige Vertreter der Piroplasmen sind *Babesia canis* beim Hund (Abb. 9.11) und *Theileria parvis* und *T. annulata* bei Wiederkäuern (Abb. 9.12). Der Lebenszyklus läuft analog zu dem der den Haemosporida ab. Die beiden *Theileria*-Arten sind wichtige Blutparasiten bei Rindern und rufen das Ostküstenfieber und die tropische Theileriose hervor. Beim Menschen ruft *Theileria microti* die humane Theileriose hervor, die sich durch Fieber, Hämolyse und Hämaturie manifestiert.

9.1.4 Ciliophora (Wimperntierchen, Ciliata)

Mit etwa 7500 Arten sind die Ciliophora die am höchsten organisierten Einzeller. Ihre Oberfläche ist mit Wimpern (Cilien) bedeckt, die der Fortbewegung oder dem Herbeistrudeln von Nahrung dient. Typischerweise sind sie bis etwa 300 µm groß.

9.1 Protozoa

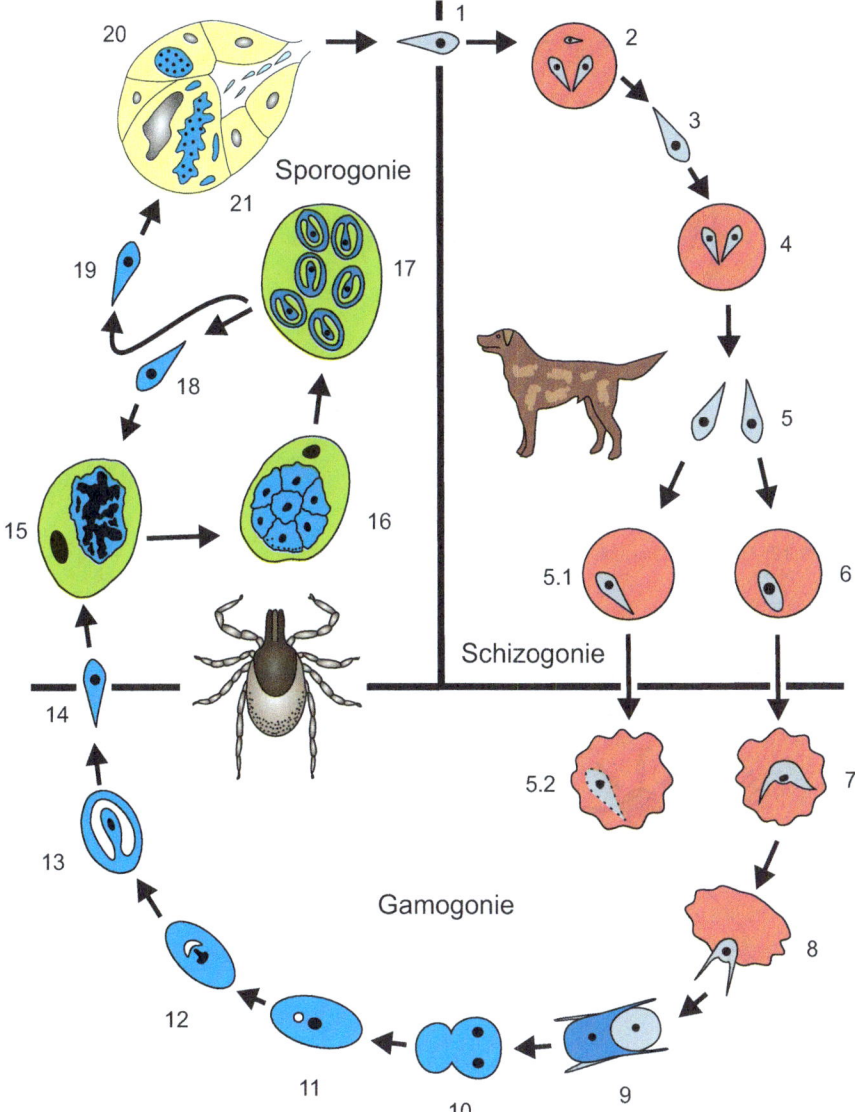

Abb. 9.11 Lebenszyklus von *Babesia canis*. 1 Sporozoit im Zeckenspeichel. 2–5 In Erythrocyten des Wirts erfolgt Zweiteilung in Merozoiten. 5.1 Merozoit in Erythrocyt. 5.2 Merozoiten sterben im Zeckendarm ab. 6 Gamont in Erythrocyt. 7–8 Strahlenartige Gamonten. 9 Verschmelzung der Isogameten. 10–14 Entstehung eines Kineten. 15–18 Eindringen der Kineten in Speicheldrüsenzellen und Bildung der Sporozoiten

Sie kommen als freischwimmende Formen in Meeren im Süßwasser und in feuchter Erde vor. Am Beispiel des Pantoffeltierchens (*Paramecium*) wird der generelle Aufbau dieser Einzeller beschrieben (Abb. 9.13). Ihre Nahrung (Bakterien, Einzeller,

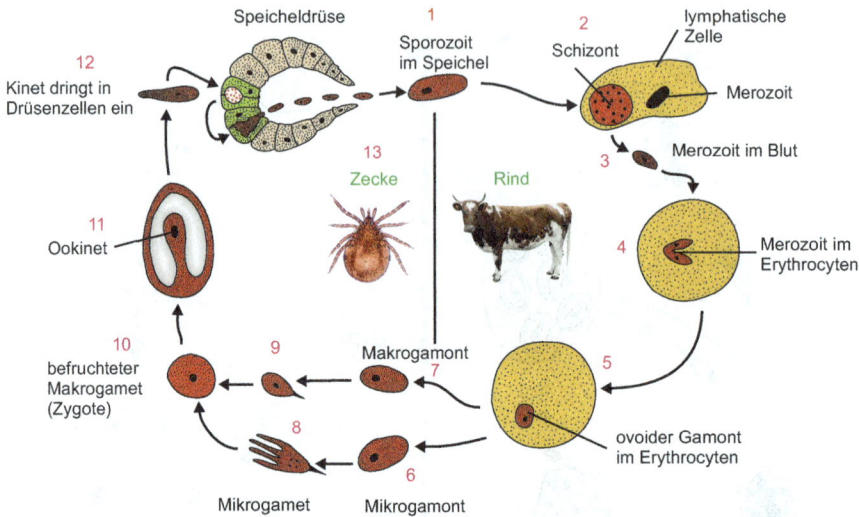

Abb. 9.12 Lebenszyklus von *Theileria annulata*

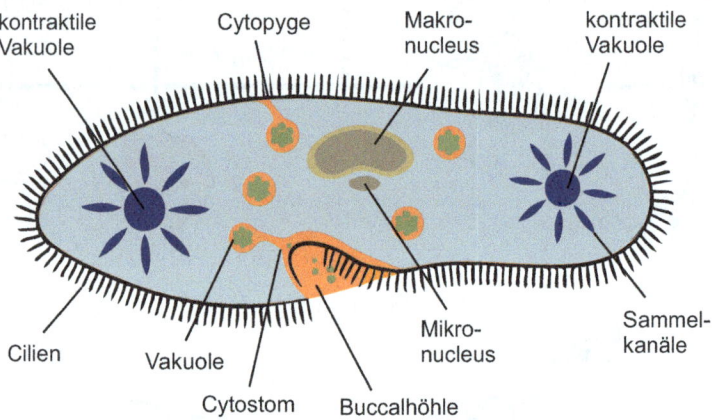

Abb. 9.13 Aufbau eines Ciliaten am Beispiel von *Paramecium*

Algen und Pilze) wird durch eine Einbuchtung in der Zellmembran (Buccalhöhle) zur mundähnlichen Öffnung in der Zellmembran (Cytostom) gebracht. Dort wird sie aufgenommen und in Nahrungsvakuolen verpackt. Während diese im Zellkörper zirkulieren, wird der Inhalt durch Verdauungsenzyme (saure Hydrolasen) abgebaut und verwertet. Abfallprodukte werden über den Zellafter (Cytopyge) ausgeschieden.

Zur Osmoregulation besitzen im Süßwasser lebende Ciliaten eine oder mehrere kontraktile Vakuolen. Dieses System sammelt die Zellflüssigkeit mithilfe von Sammelkanälchen in einer zentralen Vakuole, die sich unter pulsierenden Kontraktionen durch einen Exkretionsporus nach außen entleert. Die Kontraktionen werden durch Mikrotubulifilamente bewirkt.

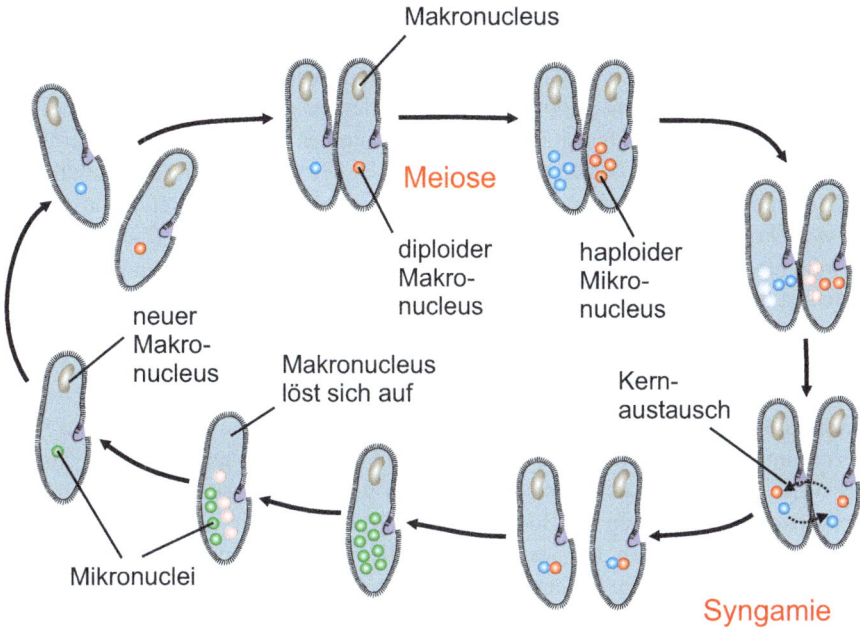

Abb. 9.14 Konjugation bei Ciliaten

Ciliaten besitzen mehrere Zellkerne. Ein großer Makronucleus ist für die vegetativen Funktionen zuständig. Ein oder mehrere Mikronuclei tragen die Erbinformationen. Ciliata können sich ungeschlechtlich durch Quer- oder Längsteilung fortpflanzen. Eine geschlechtliche Fortpflanzung erfolgt durch Konjugation (Abb. 9.14). Dieser Sexualvorgang dient nur dem Austausch von Genmaterial und führt nicht zur Vermehrung. Hierzu legen sich zwei Ciliaten eines Paarungstyps eng aneinander und bilden eine Plasmabrücke. Der Paarungstyp wird dabei durch die Glykoproteine der Oberfläche definiert. Während sich der Makronucleus allmählich auflöst, bilden sich aus dem Mikronucleus durch zwei meiotische Teilungsvorgänge in jedem Individuum vier haploide Tochterkerne. Jeweils drei lösen sich wieder auf und der verbleibende Mikronucleus teilt sich in einer Meiose in einen stationären Kern und einen Wanderkern. Letzterer wandert jeweils über die Plasmabrücke in das andere Individuum. In jeder Zelle verschmilzt der Wanderkern mit dem stationären Kern zu einem diploiden Synkaryon. Anschließend trennen sich die beiden Geschlechtspartner und das Synkaryon verdoppelt sich durch eine weitere Mitose. Aus einem der beiden Tochterkerne wird durch Polyploidisierung der neue Makronucleus gebildet, aus dem anderen Tochterkern bildet sich der neue Mikronucleus.

In der klassischen Systematik werden die Ciliaten in fünf Ordnungen aufgeteilt. Die Holotricha zeichnen sich durch eine vollständige Bewimperung des Körpers aus. Zu ihnen gehören *Paramecium*, *Tetrahymena* und *Balantidium coli* als parasitärer Ciliat. Er parasitiert im Kolon von Säugetieren und löst Diarrhöen aus. Die Spirotricha haben ein rechtsdrehendes Membranlamellenband vor dem Cytostom.

Zu ihnen gehören *Stylonychia*, die im Süßwasser vorkommt, und *Entodinium*, dessen Bewimperung stark reduziert ist und das als Symbiont im Pansen von Wiederkäuern vorkommt. Auch die Trompetentierchen (*Stentor*) gehören in diese Ordnung. Zu den Peritrichia gehört *Carchesium*, dessen glockenförmiger Körper an einem kontraktilen Stiel festsitzt und das auch Kolonien bilden kann. Zu dieser Ordnung gehört auch das Glockentierchen *Vorticella*. Die Chonotrichia sind sessil und haben einen unbewimperten Körper. Zu ihnen gehören *Chilodonella* und *Spirochona*. Die Suctoria leben ebenfalls sessil mit Saugtentakeln und finden sich als Symbionten im Pansen von Wiederkäuern. Der gefährlichste Parasit unter den Ciliaten ist der weltweit vorkommende *Ichthyophythirius multifiliis*. Dieser Ciliat bewegt sich als Schwärmer (Theront) durch rotierende Bewegungen im Wasser vorwärts und setzt sich auf Fischkiemen fest. In Fischzuchten ruft er die Weißpünktchenkrankheit hervor, die den Fischbestand letal bedroht und somit veterinärmedizinisch von großer Bedeutung ist. Die Theronten zerstören die Epidermis und bilden Trophozoiten, die in der Haut zu Pusteln wachsen und von außen als weiße Punkte gut zu erkennen sind (Abb. 9.15). Die Pusteln platzen auf, die Trophozoiten encystieren am Boden, teilen sich und bilden innerhalb einiger Stunden Tausende von neuen, kleinen Theronten, die wiederum andere Fischkiemen befallen. So sind sowohl zu Ernährungszwecken genutzte Fischzuchten als auch wertvolle Zuchtfische in Aquarien gefährdet. Die Diagnose ist durch die bewimperten Theronten eindeutig von anderen Fischkrankheiten abzugrenzen. Die Behandlung erfolgt durch mehrmalige Badebehandlung mit Chemotherapeutika.

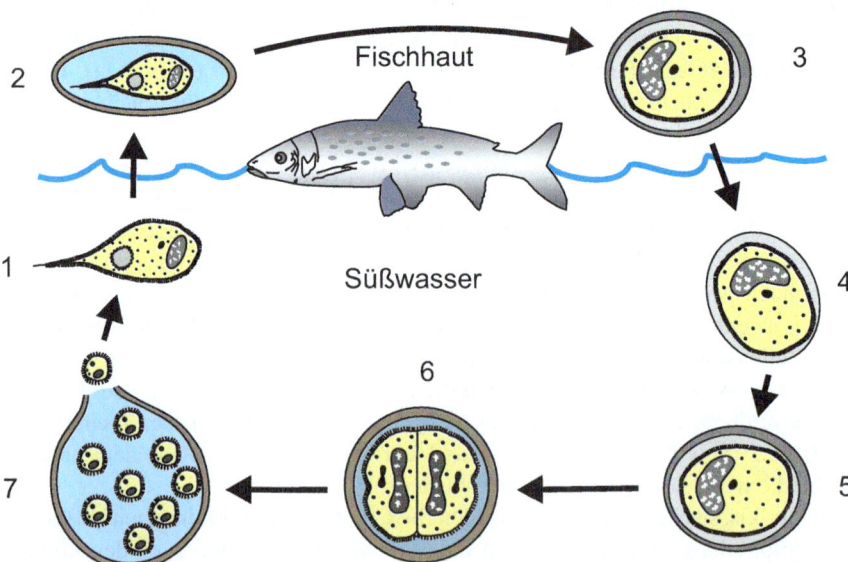

Abb. 9.15 Lebenszyklus von *Ichthyophythirius multifiliis*. 1 Schwärmer (Theront). 2 Theront in Hautzelle wird encystiert. 3 Wachstum zum Trophozoiten. 4 Trophozoit sinkt nach Platzen der Hautläsion zu Boden. 5–7 Trophozoit beginnt Zweiteilung und bildet Cyste mit Theronten

Andere parasitäre Ciliaten sind die *Trichodina*-Arten. Die charakteristische Körperform dieser Einzeller ist schüsselförmig mit einem Hakenkranz auf der Unterseite und Wimpern an der Außenseite. Sie ernähren sich eigentlich von Bakterien, die im Hautschleim der Fische enthalten sind, sowie von abgestorbenen Hautzellen und Detritus. Bei vermehrtem Befall schaben die Häkchen Teile der Fischhaut ab und es kommt zu kleinen Verletzungen und einer erhöhten Schleimproduktion als Abwehrreaktion. Dies beeinträchtigt die Atmung der Fische und es werden sekundäre bakterielle Infektionen hervorgerufen. Sie verursachen eine Weiß- oder Graufärbung der Fische, die apathisch werden und die Nahrungsaufnahme einstellen. Eine medikamentöse Behandlung ist möglich, dauerhaft ist aber ein Ersatz aller Filter und Rohrleitungen der Fischhaltung notwendig.

9.1.5 Microsporidia (Microspora)

Der Status der Microsporidia ist nicht eindeutig geklärt. Früher wurden sie nach der zoologischen Nomenklatur zu den Sporozoa gerechnet. Inzwischen werden sie seit 2007 den Pilzen zugeordnet. Es handelt sich um einzellige Parasiten, die eine Größe von 2–12 µm erreichen können. Sie parasitieren in den Zellen von Eukaryoten und die Übertragung erfolgt meist oral durch die Aufnahme von einzelligen Sporen. Sie entwickeln sich durch mehrfache Teilungsstadien (Merogonie-Schizogonie-Sporogonie) in den Wirtszellen. Es gibt mehrere wirtsspezifische Arten. Veterinärmedizinisch bedeutsam ist *Nosema apis*, welche die Bienenruhr verursacht. Durch den Befall der Königin kommt es zu einer parasitären Sterilisation und zum Aussterben ganzer Bienenvölker. Die Sporen werden mit den Faeces abgegeben und dann wieder oral aufgenommen. Sie enthalten einen Polfaden (Abb. 9.16), der sich ausstülpt und die Wirtszelle penetriert. Durch ihn gelangt das Sporoplasma in die Wirtszelle.

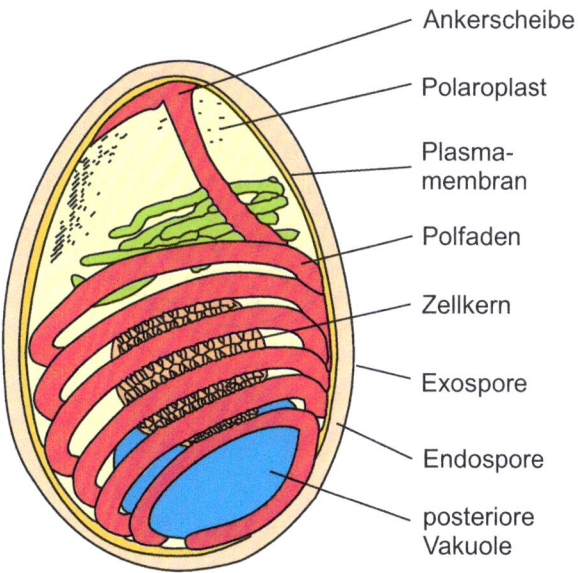

Abb. 9.16 Microsporidia

9.1.6 Myxozoa

Auch die Stellung der Myxozoa in der zoologischen Systematik galt lange Zeit als ungeklärt. Da sie ebenfalls einzellige Parasiten sind, wurden sie früher zu den Apicomplexa gestellt. Inzwischen sprechen histologische Befunde (Zell-Zell-Verbindungen) und molekulargenetische Analysen für eine Zugehörigkeit zu den Metazoa und es wird eine Einordnung bei den Cnidaria vermutet, da die Polschläuche als Nesselschläuche angesehen werden (Abb. 9.17). Myxozoa leben in Süß- und Salzwasser und parasitieren in Fischen, Amphibien und Reptilien. Die Infektion erfolgt über mehrschalige Sporen, die eine Polkapsel aufweisen. Im Darm der Wirte werden die Polfäden frei und dringen in die Wirtszellen ein und bilden Sporen. Bekannt und veterinärmedizinisch relevant ist der Fischparasit *Myxobolus cerebralis*. Viele Arten brauchen für ihre Entwicklung zwei Wirte. Befallen werden je nach Art Muskeln, Bindegewebe und innere Organe des Wirts. Im Zielorganismus leben die Tiere als Einzeller (Amoebula) oder auch als Syncytium mit vielen Zellkernen. Bei Karpfen wird vor allem die Schwimmblase befallen, bei Lachsen die Nieren. Dadurch können in Fischzuchten erhebliche wirtschaftliche Schäden entstehen.

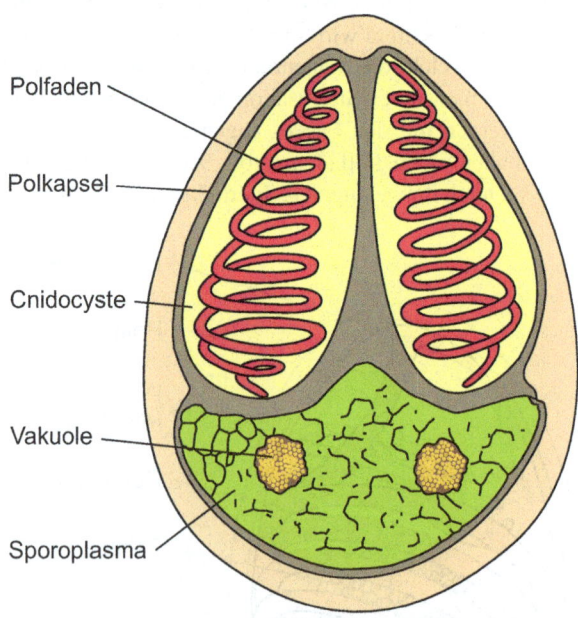

Abb. 9.17 Myxozoa

9.2 Porifera (Schwämme)

Bisher sind mehr als 9000 Arten beschrieben, die sich weltweit marin, einige Arten auch limnisch finden. Ursprünglich wurden sie den Metazoa als Parazoa (Nebentiere) vorangestellt, aber ihre Zugehörigkeit zu den Mehrzellern ist heute unbestritten. Nach ihren mineralischen Skelettelementen (Spicula) werden sie in der heutigen Systematik in vier Taxa eingeteilt (Tab. 9.2).

Hexactinellida (Glasschwämme) haben etwa 700 Arten, die fast ausschließlich in der Tiefsee vorkommen. Meist sind sie um 30 cm groß, aber einige Arten erreichen bis 1,3 mm. Oft sind sie mit einem Basalstiel am Meeresboden verankert. Ihre Silicatspicula entstehen intrazellulär in Sklerocyten und bilden ein syncytiales Gewebe, das als trabekuläres Reticulum bezeichnet wird. Nach der frühen Ontogenese bildet es sich durch sekundäre Verschmelzung. Glasschwämme besitzen kugelförmige Choanoblasten, die in Flagellenkammern angeordnet sind.

Adulte Schwämme sind sessil und saugen Wasser durch Poren (Ostien) über ein komplex verzweigtes Kanalsystem aus Subdermalräumen, Kanälen und Kragengeißelkammern in eine zentrale Kammer (Spongocoel). Von dort wird das Wasser durch eine große Öffnung (Osculum) wieder in die Umgebung abgegeben. Die Strömung wird durch begeißelte Zellen (Choanocyten) erzeugt. Entsprechend der Komplexität der Kanalsysteme werden die Schwämme als Ascon-, Sycon- und Leucontypen bezeichnet (Abb. 9.18). Der Ascontyp ist nur von zwei Kalkschwämmen

Tab. 9.2 Einteilung der Porifera (Schwämme)

Stamm	Klasse	Gattung/Art
Porifera (Schwämme)	Calcarea (Kalkschwämme)	*Sycon*, *Leucosolenia*
	Hexactinellida (Kieselschwämme)	*Euplectella* (Gießkannenschwamm)
	Demospongia (Hornschwämme)	*Spongia* (Badeschwamm)
		Spongilla (Süßwasserschwamm)
		Hippospongia (Pferdeschwamm)
	Homoscleromorpha	Plakinidae (Familie)

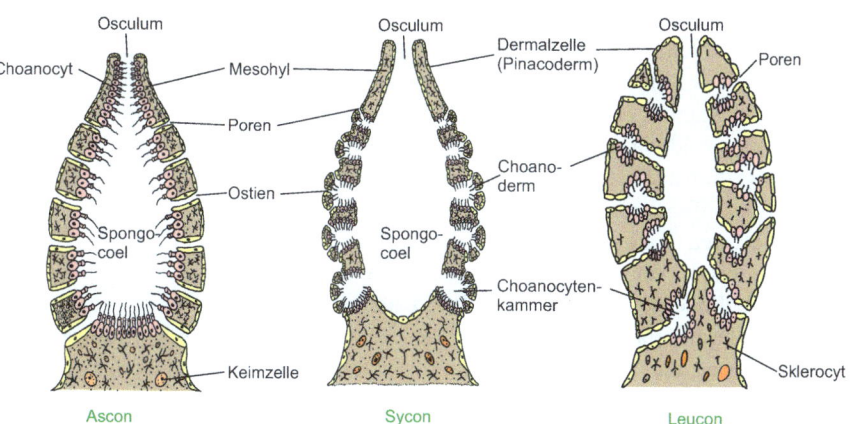

Abb. 9.18 Bautypen der Porifera

(*Leucosolenia*) und *Clathrina*) bekannt und wurde zunächst als ursprünglicher Bautyp angesehen. Tatsächlich ist er sekundär vereinfacht und besteht aus einem durch Poren durchbrochenen Schlauch mit Osculum. Beim Sycontyp hat das Spongocoel radiale Ausbuchtungen (Geißelkammern). Die meisten Arten der Schwämme sind nach dem Leucontyp aufgebaut. Hier münden die Geißelkammern über ein verzweigtes Kanalsystem in das Spongocoel. Das Außenepithel wird als Pinacoderm bezeichnet, das Innenepithel als Choanoderm. Dazwischen liegt das Mesohyl, eine extrazelluläre Matrix aus Kollagenen, in die verschiedenen Zelltypen eingelagert sind. Aus den Archaeocyten entstehen neue Zellen, die Spongocyten produzieren Kollagen, die Sklerocyten bilden die anorganischen Skelettnadeln (Spicula). Die Keimzellen werden als Spermatogonien bezeichnet. Letztere entstehen aus umgewandelten Choanocyten. Einige Arten enthalten symbiotische Bakterien in Bakteriocyten. Obwohl einige Schwammarten hermaphroditisch sind, zeigen Schwämme überwiegend eine sexuelle Fortpflanzung. Süßwasserschwämme sind meist getrenntgeschlechtlich. Die Keimzellen geben ihre Gameten nach außen ab, oft werden die Spermien synchron ausgestoßen, was als Rauchen bezeichnet wird. Die Befruchtung erfolgt entweder durch Aufnahme der Spermien durch ein anderes Individuum (innere Befruchtung) oder im Wasser (äußere Befruchtung). Bei der inneren Befruchtung verbleibt die Zygote im Elternkörper, wird mit Nährstoffen versorgt und schließlich nach der Oogenese als bewimperte Larve (Parenchymula) abgegeben (vivipar). Bei der äußeren Befruchtung bilden sich freischwimmende Larven, die sich meist am Grund absetzen und weiterentwickeln (ovipar).

Die Nahrungsaufnahme der Schwämme erfolgt über ihr komplexes System von Kanälen und Kragengeißelkammern (Abb. 9.19). Aus dem kontinuierlich eingestrudelten Wasserstrom filtrieren sie Nahrungspartikel mithilfe der Choanocyten und ihrem feinen Filterapparat aus Mikrovilli und Schleim, der die Partikel bindet. Anschließend werden sie phagocytiert. Obwohl Schwämme langsame Bewegungen durchführen können, besitzen sie keine Nervenzellen. Vermutlich breiten sich Signale von Zelle zu Zelle direkt aus.

Die Demospongia (Hornkieselschwämme) stellen mit über 7000 Arten die formenreichste Gruppe der Schwämme. Zu ihnen zählen auch die Süßwasserschwämme. Sie haben sich an viele Lebensräume (alle Weltmeere) und bis in die Tiefsee ausgebreitet. Ihr Skelett enthält das Protein Spongin und Spicula (Skelettnadeln), die aus Silikat bestehen (Kieselspicula). Zu ihnen gehört *Spongia officinalis* (Badeschwamm). Hornkieselschwämme werden im Hinblick auf ihr biotechnologisch oder medizinisch nutzbares Potenzial erforscht. Dazu gehören von ihnen produzierte Substanzen, die sich pharmazeutisch als Virostatika oder antimikrobielle Wirkstoffe nutzen lassen.

Die Calcarea (Kalkschwämme) leben im Meer und sind von vasen- oder röhrenförmiger Gestalt. Von ihnen sind ca. 600 Arten bekannt. Sie sind mit ca. 10–15 cm kleine und blinde, sessile Tiere, die oft in Unterwasserhöhlen leben.

Homoscleromorpha sind die vierte und kleinste Gruppe der Schwämme. Nur etwa 100 Arten sind bekannt. Sie leben marin unter beschatteten Überhängen oder in Höhlen. Sie haben eine becherförmige Form mit Kalkwänden. Viele der Formen sind nur durch Fossilien aus dem Kambrium erhalten.

9.3 Coelenterata (Hohltiere)

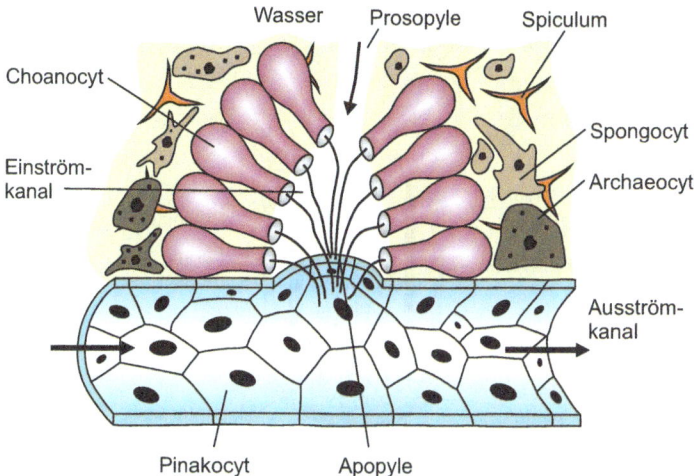

Abb. 9.19 Aufbau der Kragengeißelkammern

9.3 Coelenterata (Hohltiere)

Sie umfassen die im Wasser lebenden, radiärsymmetrisch aufgebauten Tierstämme der Nesseltiere (Cnidaria) und der Rippenquallen (Ctenophora). Neben der Körperform sind beiden ein diffuses Nervennetz und der Aufbau aus nur zwei Zellschichten, der Epidermis und der Gastrodermis, gemeinsam. Deshalb werden sie auch als diploblastische Tiere bezeichnet. Zwischen diesen beiden Zellschichten liegt eine gallertige Zone, die Mesogloea (Mesenchym).

9.3.1 Cnidaria (Nesseltiere)

Cnidaria leben weltweit, hauptsächlich marin, seltene Arten auch limnisch. Etwa 11.000 Arten sind bekannt. Sie kommen in zwei Generationsformen vor: als sessile Polypen und als schwebende Medusen. Polypen (Abb. 9.20) sind schlauchförmige Tiere, die mit einer Fußscheibe (aboraler Pol) einem Substrat anhaften. Der gegenüberliegende Pol mit dem Mund und den Tentakeln schwebt im Wasser und dient zum Beutefang. Bekannte Polypenformen sind *Hydra* (Süßwasserpolyp), die marinen Seeanemonen und Korallenpolypen, die in kleinen, einzelnen Höhlen eines Kalkskeletts sitzen (Korallenriff).

Medusen haben eine abgeflachte, schirmförmige Gestalt und sind im Gegensatz zu den Polypen mit dem Mund nach unten orientiert (Abb. 9.21). Ihre Mesogloea ist zu einer großvolumigen Gallertmasse entwickelt und ermöglicht durch ihren Auftrieb ein Schweben der Tiere im Wasser. Medusen treiben zwar passiv mit der Wasserströmung, können aber auch durch rhythmische Kontraktionen ihres Körpers

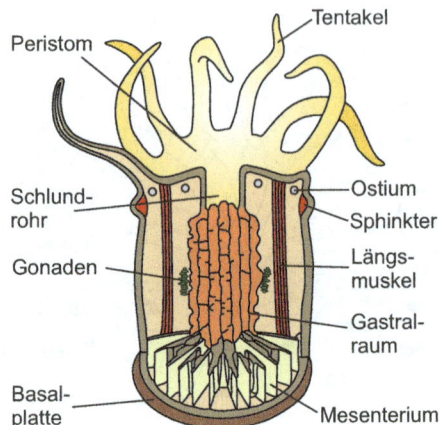

Abb. 9.20 Aufbau eines Polypen

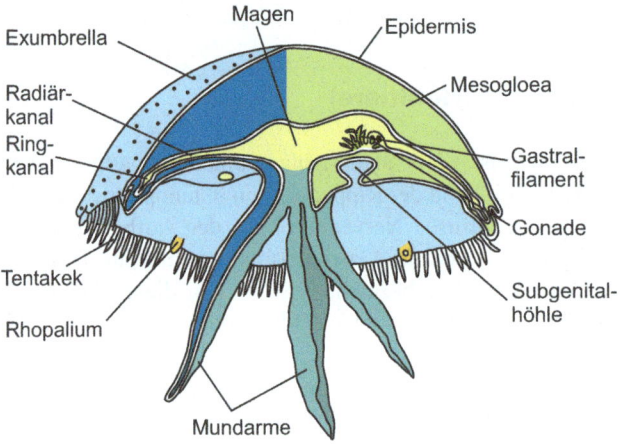

Abb. 9.21 Aufbau einer Meduse

(epitheliale Muskelzellen) die Wasserschichten wechseln und in Schwärmen auftreten. Der Rand ihres glockenförmigen Körpers ist mit Tentakeln besetzt und hat nach unten das Velum, einen kontraktilen Ektodermfilter, die sich mithilfe quer gestreifter Muskelzellen kontrahieren kann und so einen Rückstoß des Wassers erzeugt. Im Vergleich zu den Polypen ist der Gastralraum der Medusen stark zurückgebildet und besteht aus einem Ringkanal und Radiärkanälen, die über den Magen und durch einen Magenstiel (Manubrium) nach unten eine Verbindung zur Außenwelt haben. Die bekanntesten Medusen sind Quallen.

Durch diese zwei verschiedenen Lebensformen (Dimorphismus) haben sich die Cnidaria zwei verschiedene Lebensräume erschlossen: den Meeresboden durch die sessilen Polypen und die verschiedenen Wasserschichten durch die freischwebenden

9.3 Coelenterata (Hohltiere)

Medusen. Dieser Dimorphismus kann sich bei einigen Arten auch in einem Generationswechsel zeigen, sodass sich diese im Laufe ihrer Entwicklung von einem Polypen in eine Medusenform umwandeln. Andere Cnidaria zeigen eine noch größere morphologische Spezialisierung, indem sie sich zu Kolonien organisieren und entsprechend ihre Aufgaben organartig anpassen. Die Portugiesische Galeere (*Physalia physalis*) gehört zu diesen sogenannten Staatsquallen. Auch Polypen können Kolonien bilden, indem sie durch Knospung unzählige spezialisierte Einzelpolypen bilden, die zusammen als Polypenstock eine Lebensgemeinschaft bilden. Sie besitzen ein gemeinsames Gastrovaskularsystem, das alle Einzelpolypen mit Nahrung versorgt. Einige Polypen haben sich als Fresspolypen spezialisiert, andere als Abwehrspezialisten, indem sie viele Nesselkapseln ausgebildet haben. Wieder andere haben sowohl Mund als auch Tentakeln zurückgebildet und fungieren ausschließlich als Geschlechtspolypen mit Gonaden. Sie bilden haploide Gameten. Bei einer sexuellen Fortpflanzung entsteht aus dem befruchteten Ei die Planula-Larve oder die mit Tentakeln versehene Actinula-Larve, die sich festsetzen können und so einen neuen Polyp bilden. Medusen entstehen durch asexuelle Vermehrung der Polypen (Strobilation), Knospung oder Metamorphose des ganzen Polypen.

Auch wenn die Coelenteraten keine Organe bilden, weisen sie jedoch eine Vielzahl von spezialisierten Zellen auf. Am bekanntesten sind wohl die Nesselzellen (Nematocyten), die sich vor allem an den Tentakeln befindet und in sich komplizierte Nesselkapseln (Nematocysten) tragen (Abb. 9.22). Diese schleudern auf einen Berührungsreiz an einer sensorischen Cilie hin einen klebrigen, giftigen Faden aus, dessen pfeilbewehrte Spitze sich in die Beute bohrt und diese lähmt. Die Beute wird dann mit den Tentakeln in den Gastralraum gebracht, wo von spezialisierten Drüsenzellen Verdauungssekrete abgesondert werden. Die Abbauprodukte werden dann von den Epithelzellen des Gastralraums resorbiert.

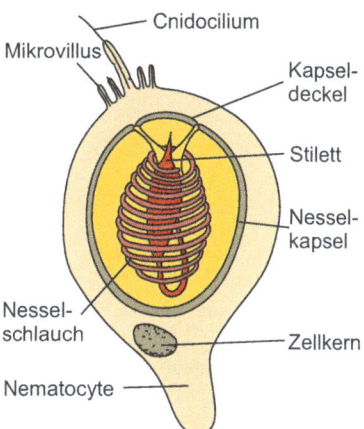

Abb. 9.22 Aufbau einer Nesselkapsel

An der Basis der äußeren und inneren Epithelien liegen kleine, interstitielle Zellen, die als multipotente Stammzellen der Differenzierung von Nessel-, Drüsen-, Sinnes-, Nerven- und Geschlechtszellen dienen. Sinneszellen können bei Polypen als einzelne Photo-, Mechano- oder Chemorezeptoren ausgebildet sein, während sie sich bei den Medusen zu einfachen Augen und Gleichgewichtsorganen (Statocysten) zusammengelagert haben. Funktionale neuronale Systeme sind bei den Cnidaria als einfache Netze von uni-, bi-, oder multipolaren Nervenzellen in Verbindung mit Sinneszellen und Epithelmuskelzellen organisiert. Diese besitzen zwar Actin als kontraktile Filamente, stellen aber kein echtes Muskelgewebe dar, das sich bei diesen zweikeimblättrigen Tieren durch das fehlende Mesoderm noch nicht entwickeln kann. Manche Quallen haben einfache neuronale Plexus entwickelt, mit denen sie schnelle Kontraktionsbewegungen der Tentakeln und des Velums steuern.

Nesseltiere wurden traditionell in vier Gruppen eingeteilt (Tab. 9.3): Hydrozoa, Scyphozoa, Anthozoa, und Cubozoa. Neuerdings wird aufgrund von molekulargenetischen Untersuchungen diskutiert, ob die Stauromedusen aus der Gruppe der Scyphozoa herausgenommen und den anderen Taxons als fünfte Gruppe (Staurozoa) gleichgestellt werden soll. Von den Hydrozoa gibt es etwa 3500 Arten, die zwischen Polypen- und Medusenform wechseln können. Wenige Gattungen wie der Süßwasserpolyp *Hydra* existieren nur als Polyp. Die charakteristische Form der Scyphozoa, von denen es etwa 200 Arten gibt, ist die Meduse (Qualle). Weit verbreitet sind die polypenartigen Anthozoa mit etwa 6000 Arten, zu denen die Korallen und Seeanemonen gehören. Sie können einzeln oder in Kolonien leben und scheiden harte Calciumcarbonatskelette aus, die zu großen Korallenriffen werden können. Diese sind von großer ökologischer Bedeutung für den marinen Bereich. Die wenigen Cubozoa (Würfelquallen) kommen mit ca. 50 Arten weltweit marin in tropischen Küstengewässern vor. Sie gehören zu den giftigsten Meeresorganismen und eine Berührung z. B. der Seewespe (*Chironex fleckeri*) kann für den Menschen innerhalb von Minuten tödlich enden.

Tab. 9.3 Einteilung der Coelenterata (Hohltiere)

Unterabteilung	Stamm	Klasse	Gattung/Art
Coelenterata (Hohltiere)	Cnidaria (Nesseltiere)	Hydrozoa	*Hydra* (Süßwasserpolypen) *Physalia physalis* (Staatsqualle)
		Scyphozoa	*Aurelia aurita* (Ohrenqualle)
		Anthozoa (Korallen)	*Actinia* (Seeanemonen) *Corallium rubrum* (Edelkoralle)
		Cubozoa (Würfelquallen)	*Chironex fleckeri* (Seewespe)
		Staurozoa (Stielquallen)	*Haliclystus octoradiatus* (Becherqualle)
	Ctenophora (Rippenquallen)	Tentaculata (6 Ordnungen)	*Pleurobrachia pileus* (Seestachelbeere)
		Nuda (1 Ordnung)	*Beroe gracilis* (Melonenqualle)

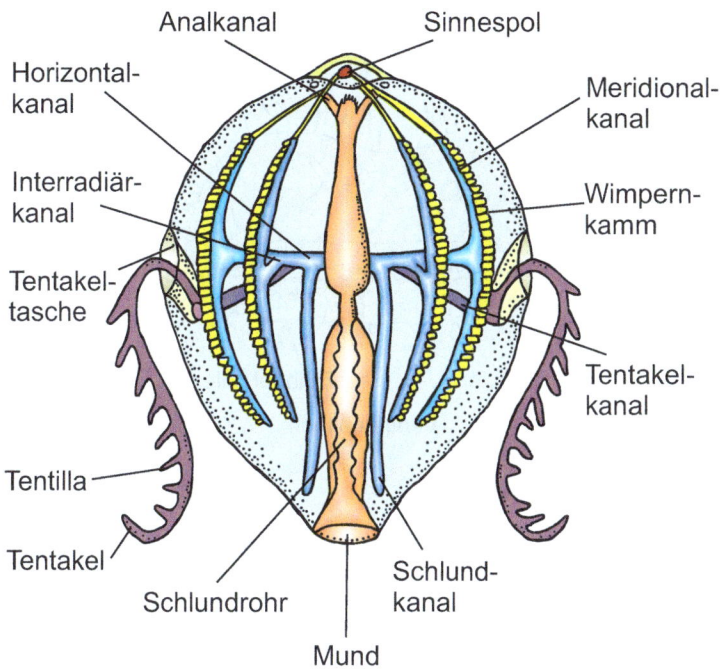

Abb. 9.23 Aufbau der Ctenophora

9.3.2 Ctenophora (Rippenquallen)

Sie weisen kein Polypenstadium auf. Die wenigen Arten findet man weltweit marin oder auch benthisch. Neuere molekulare Analysen sehen sie als Schwestergruppe der Cnidaria. Zur Fortbewegung besitzen sie rippenartige, mit Cilien besetzte Strukturen (Ctenen). Ihr Gastrovaskularraum hat acht radiäre Rippengefäße (Abb. 9.23) und einen langen Schlund zum Magen. Bekannter Vertreter dieser Art ist die nur einige Zentimeter große Seestachelbeere (*Pleurobrachia pileus*). Rippenquallen besitzen zum Beutefang meist lange, klebrige Schlepptentakeln, die in einer Tasche versenkt werden können. Ctenophora sind ebenso wie die Cnidaria zweikeimblättrig und radiärsymmetrisch aufgebaut. Durch ihre Ähnlichkeit in Form und Funktion werden diese zwei Tierstämme deshalb gemeinsam auch als Radiata bezeichnet.

9.4 Placozoa (Plattentiere)

Placozoa finden sich marin im Litoral der Ozeane. Ihr Name entstand mit Bezug auf die Placula-Hypothese zur Entstehung der Metazoa. Phylogenetische Analysen deuten nämlich auf eine basale Stellung im Metazoenstammbaum hin. Mit

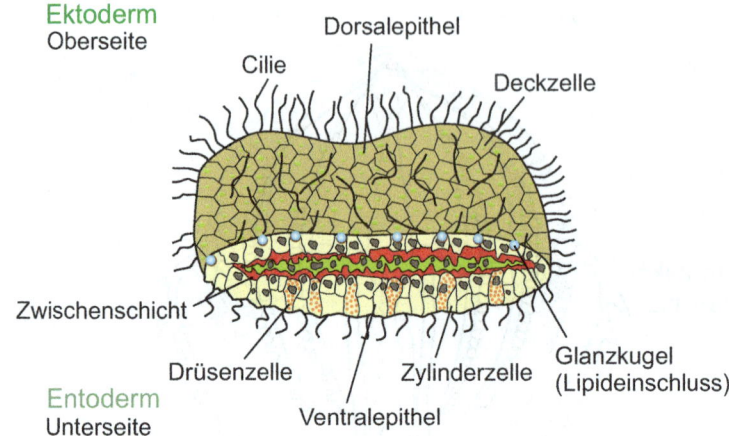

Abb. 9.24 Aufbau der Placozoa

Trichoplax adhaerens ist nur eine einzige gesicherte Art bekannt. Der flache (2–3 mm), plattenförmige Organismus (Abb. 9.24) hat Cilien und besteht aus einem dorsalen Ektoderm und einem ventralen Resorptionsepithel (Entoderm). In der flüssigkeitsgefüllten Zwischenschicht befindet sich ein mesenchymartiges Netzwerk von Faserzellen, oft mit symbiotischen Bakterien. Zur Nahrungsaufnahme bildet die Unterseite durch Wölbung eine Verdauungshöhle (temporäre Gastrulation), in die Drüsenzellen Verdauungsenzyme abgeben. Epithelzellen resorbieren die aufgelöste Nahrung (Protozoen und Algen). Die Fortpflanzung erfolgt ungeschlechtlich durch Zweiteilung oder durch Bildung von kugeligen Schwärmern. Bei hoher Populationsdichte erfolgt auch eine geschlechtliche Vermehrung durch die Bildung von unbegeißelten Spermien und Oocyten.

9.5 Chaetognatha (Pfeilwürmer)

Sie finden sich marin im Plankton aller Ozeane. Ihre etwa 130 Arten leben räuberisch und stellen etwa 5–10 % der Biomasse des Planktons. Neuere molekulargenetische Analysen sehen sie als eine basale, aber isolierte Gruppe der Protostomia. Sie haben einen lang gestreckten Körperbau (2–12 cm), sind bilateralsymmetrisch und in Kopf, Rumpf und Schwanz unterteilt. Ein oder zwei Paar Seitenflossen und eine Schwanzflosse ermöglichen rasche Bewegungen im Wasser. Durch ihr Vorschnellen beim Beutefang werden sie auch als Pfeilwürmer bezeichnet. Am Kopf haben sie Greifhaken. Der Rumpf wird durch ein quer liegendes Septum unterteilt, wobei im vorderen Teil der Darm und die weiblichen Geschlechtsorgane lokalisiert sind und im hinteren Teil die männlichen

Geschlechtsorgane. Chaetognatha sind protandrische Zwitter. Die von den Hoden im Schwanz abgegebenen Spermatogonien reifen in der Schwanzhöhle zu Spermien, die nach außen abgegeben werden. Die abgegebenen Eier werden extra befruchtet, sowohl in Selbst- als auch in Fremdbefruchtung. Die von einer Gallerte umgebenen Eier heften sich an Pflanzen an oder werden bis zum Schlupf am Körper getragen. Die Embryogenese verläuft direkt ohne Larvenstadium. Chaetognatha sind veterinärmedizinisch nicht relevant.

9.6 Plathelminthes (Plattwürmer)

Für diesen Tierstamm ist der dorsoventral abgeflachte Körperbau (Abb. 9.25) charakteristisch. Einige kommen als frei lebende Formen in Feuchtbiotopen und im Meer vor und von den ca. 36.000 Arten leben ca. 90 % parasitisch. Im Vergleich zu den Coelenterata haben die Plathelminthes einen weiteren wichtigen Entwicklungsschritt vollzogen: die Ausbildung eines dritten Keimblatts (Mesoderm). Aus ihm entwickelt sich ein lockeres Füllgewebe aus vielen Zellen und dazwischenliegenden Flüssigkeitsräumen, das als Parenchym bezeichnet wird. Dieses Gewebe füllt den Raum zwischen der äußeren Epidermis und dem inneren Entoderm, das ein weit verästeltes Gastrovaskularsystem abschließt, vollständig aus. Das Mesoderm ermöglicht aber auch die Entwicklung von komplexen, inneren Organen, die bei diesem Tierstamm zum ersten Mal auftreten. Exkretionsorgane wie Protonephridien oder auch ausdifferenzierte Längs- und Ringmuskulatur sowie Genitalorgane werden gebildet. Plattwürmer sind bilateralsymmetrisch, wobei ihre Symmetrieebene zwischen dem Vorderpol und dem Hinterpol liegt. Der Vorderpol ist durch eine starke Cephalisation mit einer Konzentration von Nervenzellen und Ganglien sowie mit chemosensorischen Rezeptoren deut-

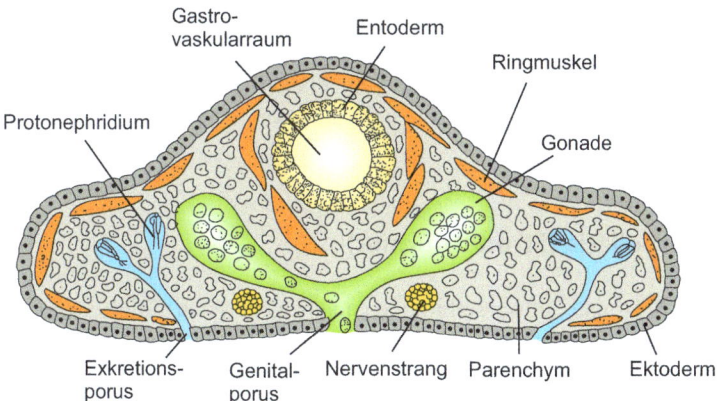

Abb. 9.25 Aufbau eines Plattwurms im Querschnitt

lich als Kopf zu erkennen. Der Körper besteht aus einem Hautmuskelschlauch, der aus der äußeren Epidermis, der Ring- und Längsmuskulatur, dem Parenchym mit eingelagerten Organen sowie dem nach vorne durch einen Schlund (Pharynx) zum Mund offenen Gastrovaskularsystem aufgebaut ist. Das Nervensystem besteht aus zwei bis acht longitudinalen Nervensträngen. Plathelminthes besitzen kein Blutgefäßsystem, da die Nahrungsstoffe über die ausgeprägte Vaskularisierung bis an jede einzelne Zelle verteilt werden können. Das Gastrovaskularsystem endet blind und hat keinen After. Plattwürmer haben auch keine speziellen Atmungsorgane, da sie den Gasaustausch über die Körperoberfläche vornehmen. Die primäre, ektodermale Epidermis wird im Verlauf der Entwicklung durch auswandernde Parenchymzellen angelegt (Neodermis), sodass sich ein Syncytium von miteinander verschmelzenden Zellen ergibt, die über Mikrovilli eine Oberflächenvergrößerung und damit eine hohe Resorptionskapazität für Nährstoffe haben. Dieses Integument ist besonders bei endoparasitischen Formen, z. B. den Bandwürmern, ausgebildet und mit einer speziellen Schleimschicht (Mucopolysaccharide), dem *surface coat*, bedeckt. Das ermöglicht durch genetisch gesteuerten, ständigen, makromolekularen Umbau dieser Substanzen einen wirksamen Schutz gegen die Immunabwehr des Wirts. Plattwürmer sind meist zwittrig und haben komplizierte Fortpflanzungsorgane ausgebildet. In einem Ovar (Germarium) werden Eier gebildet, die über einen Eileiter in eine Schalendrüse gelangen. Dort werden sie mit Dotterzellen aus den Dotterstöcken (Vitellaria) zu einem zusammengesetzten Bündel verpackt, das über den Uterus und den Genitalporus nach außen gelangt. Die Samenzellen werden durch einen Penis in die Vagina oder direkt in den Uterus eingeführt, bei einigen Arten sogar durch die Haut injiziert (Tab. 9.4).

Die Plathelminthes haben sehr komplizierte Entwicklungsgänge, die mehrere Larvenstadien sowie mehrfachen Wirtswechsel einschließen können. Dabei können sexuelle und asexuelle Fortpflanzung aufeinanderfolgen (Metagenese) oder auch unisexuelle mit bisexuellen (Zwitter) Stadien abwechseln. Ursprünglich unterschied man in der Systematik 4 Klassen, inzwischen werden sie in zwei monophyletische Gruppen zusammengefasst. Die sehr speziellen Entwicklungsgänge werden an Beispielen aus drei Klassen der Plathelminthes besprochen (Tab. 9.4). Die Platyhelminthes unterscheiden sich in etwa 35 Ordnungen mit ungefähr 20.000 Arten.

9.6.1 Turbellaria (Strudelwürmer)

Sie leben in Salz- und Süßwasserbiotopen und bewegen sich mithilfe von Cilien und einem Schleimfilm an ihrer Unterseite. Etwa 3000 Arten sind bekannt, die aber veterinärmedizinisch nicht relevant sind, da sie keine bedeutenden Parasiten ausbilden. Turbellaria sind aber für das Verständnis der Baupläne von parasitären Plathelminthes von großer Bedeutung. Beispiele für frei lebende Süßwasserturbellarien

9.6 Plathelminthes (Plattwürmer)

Tab. 9.4 Einteilung der Plathelminthes

Stamm	Klasse	Unterklasse	Gattung/Art
Plathelminthes (Plattwürmer)	Turbellaria (Strudelwürmer)		*Planaria*
	Trematodes (Saugwürmer)	Aspidobothrea	
		Monogenea	Diplozoidae (Familie, Fischparasiten)
		Digenea	*Fasciola hepatica* (Großer Leberegel) *Dicrocoelium dendriticum* (Kleiner Leberegel) *Fasciolopsis busci* (Großer Darmegel) *Schistosoma haematobium* (Pärchenegel) *Opisthorchis felineus* (Katzenleberegel) *Paragonimus westermani* (Lungenegel)
	Cestodes (Bandwürmer)	Cestodaria	
		Eucestoda	*Taenia solium* (Schweinebandwurm) *Taenia saginata* (Rinderbandwurm) *Echinococcus granulosus* (Hundebandwurm) *Echinococcus multilocularis* (Fuchsbandwurm) *Taenia multiceps* (Quesenbandwurm) *Diphyllobothrium latum* (Fischbandwurm)

sind die Planarien der Gattung *Dugesia*, die als räuberische Formen oder Aasfresser in Teichen leben. Sie vermehren sich ohne Wirtswechsel asexuell durch Querteilung und Regeneration sowie sexuell als Zwitter durch wechselseitige Begattung und innere Befruchtung. Planarien haben schon eine hoch entwickelte Osmoregulation mit Protonephridien.

9.6.2 Monogenea (Hakensaugwürmer)

Sie leben als Ektoparasiten auf poikilothermen Wassertieren wie Fischen, Amphibien und Reptilien. Dazu heften sie sich mit einem hakenbewehrten Saugnapf an die Kiemen oder die Haut dieser Tiere und saugen Blut. Die Bezeichnung Monogenea rührt nicht von der direkten Entwicklung des befruchteten Eies über nur eine Vermehrungsphase und einem Wirt. Aus dem befruchteten Ei schlüpft eine bewimperte Larve (Oncomiracidium), die bereits einen Halteapparat hat, mit dem sie sich an einen Wirt anheftet. Die Larven saugen Blut, können aber auch über Körperöffnungen (Nasenlöcher) in den Wirt eindringen und sich in inneren Organen, z. B. der Harnblase, festsetzen. Die weitere Entwicklung der Larve zum geschlechtsreifen Parasiten und bis zum Absetzen der Eier kann mehrere Jahre dauern. Veterinärmedizinisch bedeutsame Monogenea sind die Fischparasiten aus der Familie der Diplozoidae. Sie sind ca. 0,5 cm große Kiemenparasiten, hauptsächlich

Abb. 9.26 Diplozoidae

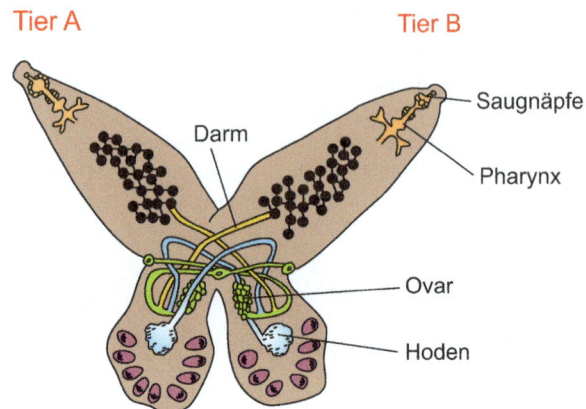

bei Karpfen, und bilden nach dem ersten Larvenstadium (Oncomiracidium) ein zweites Larvenstadium (Diporpa) mit Bauchsaugnapf und Rückenzapfen. Jeweils zwei dieser Larven verschmelzen über Kreuz miteinander und existieren als „Doppeltier" mit weiterem Wachstum, Geschlechtsreife und wechselseitiger Begattung über fusionierte Geschlechtsapparate (Abb. 9.26). Diplozoidae können in der Fischzucht enormen wirtschaftlichen Schaden verursachen. Eine Chemotherapie ist durch Futterbeimischung klassischer Anthelminthika, z. B. Praziquantel, oder durch Oberflächenbehandlung mit Toltzazuril möglich.

9.6.3 Trematoda (Saugwürmer)

Die Trematoda leben als Ekto- oder Endoparasiten der Wirtstiere. Mehrere Tausend Arten sind bekannt, davon viele human- und veterinärmedizinisch bedeutsame Parasiten. Charakteristisch ist die Ausbildung eines Halteapparats (Saugnapf), mit dem sie sich in äußeren oder inneren Geweben ihrer Wirte verankern. Ihr Entwicklungszyklus beinhaltet sowohl einen Generationswechsel als auch einen obligaten Wirtswechsel. Wegen dieser typischen Entwicklung über zwei Generationen wurde dieser Klasse auch die Bezeichnung Digenea gegeben. Eine generelle Systematisierung der speziellen und arttypischen Entwicklungszyklen ist schwierig, deshalb wird diese Gruppe hier nur an einigen human- und veterinärmedizinisch wichtigen Arten dargestellt. Endwirte der Digenea sind stets Wirbeltiere, in den hier besprochenen Fällen vor allem Haus- und Nutztiere und der Mensch. In diesen Endwirten werden die Digenea geschlechtsreif und verbreiten sich dann über einen oder mehrere wirbellose Zwischenwirte, die zu den Arthropoda (Ameisen) oder zu den Mollusca (Schnecken) gehören.

Der generelle Ablauf ist folgender: Die von geschlechtsreifen Parasiten im Endwirt abgesetzten Eier verlassen diesen über Ausscheidungen wie z. B. Kot, Harn oder Speichel. In wässriger Umgebung schlüpft aus dem Ei eine bewimperte Miracidium-Larve, die in einen obligaten Zwischenwirt eindringt und sich zur Sporocyste umdifferenziert. In dieser entwickeln sich die Redien, die fertig entwickelt schlüpfen und sich zu einem weiteren Larvenstadium, den Cercarien, umbilden. Diese sind höchst beweglich, verlassen den Zwischenwirt und können sich zu Metacercarien entwickeln. Erst diese sind für den Endwirt hochinfektiös. Im Endwirt kopulieren die geschlechtsreifen Digenea und legen ihre befruchteten Eier ab, der Zyklus beginnt dann von Neuem. Eventuell kann für diese Entwicklung ein weiterer Zwischenwirt benötigt werden.

Ihr Körper ist durch einen oder mehrere Saugnäpfe und die flache Form charakterisiert. Nach dem Mund und dem Pharynx teilt sich der Darm in zwei blind endende Abschnitte, die den gesamten Wurm durchziehen. Beim Großen Leberegel (*Fasciola hepatica*) (Abb. 9.27) sind diese Darmabschnitte durch unzählige seitliche Divertikel in ihrer Resorptionskapazität erweitert. Als Exkretionssystem dienen wie bei den Monogenea die Protonephridien. Deren Terminalzellen sitzen im Parenchym (Abb. 9.25) und haben einen Reusenapparat mit einer Wimpernflamme, die die Exkretionsflüssigkeit durch ein System von Ausführungsgängen zum Hinterende des Wurms leitet, wo die Exkretionsstoffe vor der Abgabe noch in einer Blase gespeichert werden. Die Digenea sind protandrische Zwitter, d. h., die männlichen Geschlechtszellen reifen vor den weiblichen Geschlechtszellen. Dadurch wird eine Eigenbefruchtung in der Regel vermieden, obwohl sie im Prinzip möglich ist. Die männlichen Geschlechtsorgane bestehen aus paarigen Hoden, deren Vas deferens in einen Cirrusbeutel mündet. Dieser mündet in die mit dem weiblichen Geschlechtsapparat gemeinsame, ventral gelegene Geschlechtsöffnung. Der Cirrusbeutel dient als Samenspeicher und hat einen ausgestülpten Cirrus (Penis), der die Spermien bei der Kopulation in die Öffnung des weiblichen Geschlechtsorgans eines anderen Wurms injiziert. Von dort aus gelangen sie über den Uterus in einen Samenspeicher, das Receptaculum seminis. Der weibliche Geschlechtsapparat besteht aus dem

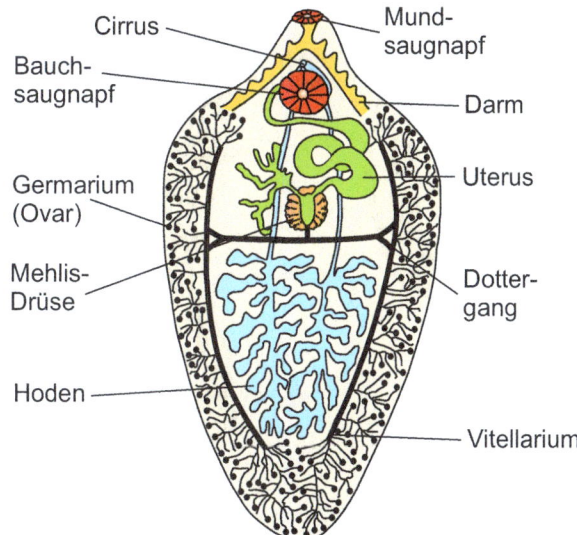

Abb. 9.27 Großer Leberegel

Ovar, in dem die Eier gebildet werden, das oft auch als Germarium bezeichnet wird. Zwei Dotterstöcke (Vitellaria) versorgen das Ei mit den umgebenden Dotterzellen: Eine gemeinsame Hülle wird durch das Sekret der Mehlis-Drüse erzeugt. Das Ei wird beim Passieren des Receptaculum seminis befruchtet und im Uterus mit einer Schale versehen. Bei vielen Trematoden hat diese Schale einen präformierten Deckel (Operculum), der zum Schlüpfen der Larve aufreißt.

Der Große Leberegel (*Fasciola hepatica*) ist ein veterinärmedizinisch relevanter Parasit und gehört zu einer Familie blattförmiger Trematoden, die in Gallengängen von Wiederkäuern, Pferden, Raubtieren, Hunden und Nagetieren parasitieren können. Beim Menschen findet er sich relativ selten, während er bei Wiederkäuern durch Massenbefall und die Produktion von mehreren Tausend Eiern täglich eine große veterinärmedizinische und wirtschaftliche Bedeutung hat. Die Endwirte nehmen Metacercarien oral auf, wenn diese an Gräsern haften. Bereits nach einem Tag haben diese Metacercarien die Darmwand durchbohrt und sind über die Bauchhöhle in die Leber eingedrungen. Nach mehreren Wochen besiedeln sie die Gallengänge und werden geschlechtsreif. Durch Verkalkung und Blockade der Gallengänge sowie durch akutes Fieber und Entzündungen treten Gelbsucht, Blutarmut und starker Gewichtsverlust ein. Aus den abgesetzten Eiern schlüpfen bewimperte Miracidien, die in Wasserschnecken (Pulmonata) eindringen und sich dort über Sporocysten und Redien wieder zu Cercarien (Abb. 9.28) entwickeln. Diese sind durch einen Schwanz sehr beweglich und verlassen die Schnecke durch die Haut, wonach sie sich als Metacercarien an Pflanzen festhalten. Obwohl die Verbreitung dieses Parasiten somit weitgehend auf Pflanzenfresser beschränkt ist, kann sich der Mensch infizieren, z. B. durch den Verzehr befallener Brunnenkresse.

Der Kleine Leberegel (*Dicrocoelium dendriticum*) (Abb. 9.29) parasitiert ebenfalls in den Gallengängen von Pflanzenfressern. Seine bevorzugten Endwirte sind

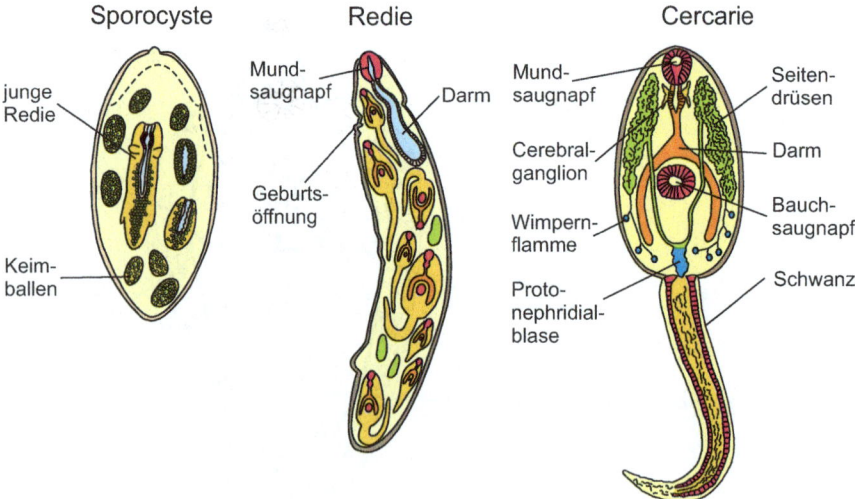

Abb. 9.28 Entwicklungsstadien des Großen Leberegels

9.6 Plathelminthes (Plattwürmer)

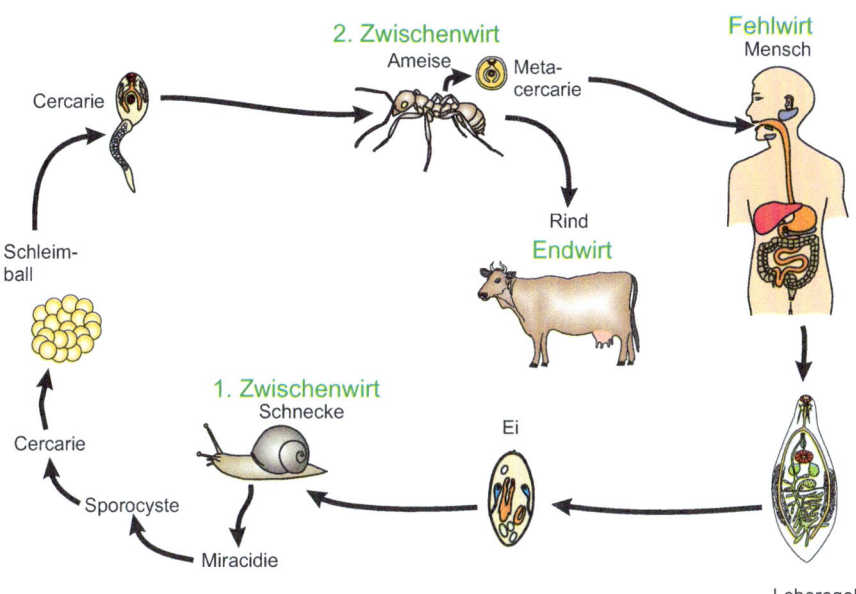

Abb. 9.29 Zyklus des Kleinen Leberegels

Rinder, Schafe und Kaninchen. Sein Entwicklungsgang ist allerdings komplizierter und schließt eine Ameise als zweiten Zwischenwirt ein. Zunächst dringen die aus Eiern geschlüpften Miracidien über die Haut in Landschnecken (*Helicella*, *Cionella*, *Zebrina*) ein und entwickeln sich über Sporocysten und Redien zu Cercarien. Diese werden von den Schnecken über Schleimballen ausgeschieden, die wiederum von Ameisen gefressen werden. Im Bauchraum der Ameisen reifen die Cercarien zu Metacercarien heran. Eine dieser Metacercarien befällt das Unterschlundganglion der Ameise und bewirkt eine eigentümliche Verhaltensänderung. Die Ameise beißt sich an einem Grashalm fest und ermöglicht so die Infektion eines weidenden Tiers. Im Endwirt bohrt sich die Metacercarie durch die Darmwand und wandert in die Leber, wo sie in den Gallengängen im Verlauf mehrerer Wochen geschlechtsreif wird und Eier ablegt.

Das nach dem Pärchenegel (*Schistosoma*) genannte Krankheitsbild der Schistosomiasis wird auch als Bilharziose bezeichnet. Diese Trematoden treten stets paarweise (männliche und weibliche Form) auf, weshalb sie als Pärchenegel bezeichnet werden (Abb. 9.30). Sie sind getrenntgeschlechtlich und weisen einen eindeutigen Geschlechtsdimorphismus auf. Das größere Männchen trägt das Weibchen in einer Bauchfalte mit sich. Schistosomen setzen sich hauptsächlich im Pfortadersystem und in den Mesenterialvenen der Endwirte fest und ernähren sich durch ihr Blut. Neben Menschen (*S. haematobium* und *S. japonicum*) werden vor allem Rinder (*S. matthei*), Pferde, Wasserbüffel (*S. indicum*), Hunde und Nagetiere (*S. rodhaini*) befallen. Der Entwicklungszyklus verläuft über die Süßwasserschnecke *Biomphalaria* als Zwischenwirt. Die Endwirte scheiden mit dem Kot oder Urin Eier aus, aus

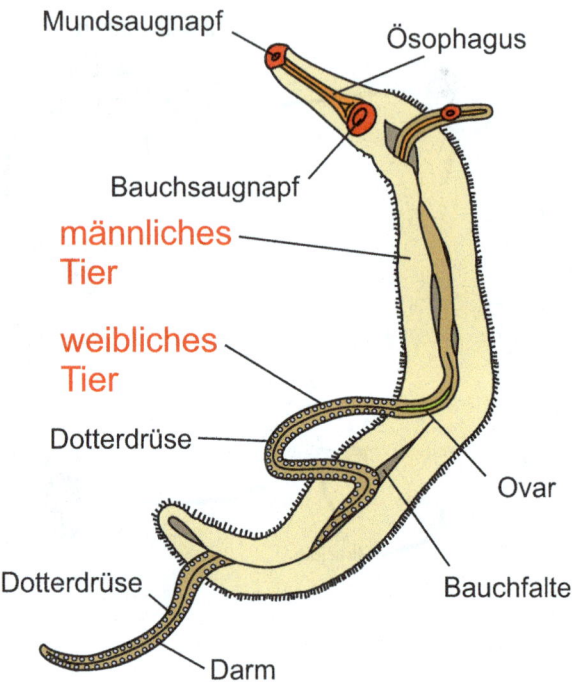

Abb. 9.30 Pärchenegel

denen Miracidien schlüpfen. Diese dringen in die Schnecke ein und entwickeln sich binnen weniger Wochen über Sporocysten zu Cercarien. Diese verlassen die Schnecken und infizieren ohne die Bildung von Metacercarien direkt den Endwirt, z. B. im Wasser befindliche Tiere. Die Schistosomiasis lässt sich mit Praziquantel sehr gut behandeln.

Im asiatischen Raum sind *Clonorchis sinensis* und *Opisthorchis felineus* als Gallengangparasiten von Menschen, Schweinen, Hunden, Katzen und Nagetieren von human- und veterinärmedizinischer Bedeutung. Sie rufen die Krankheit Opisthorchiasis (Katzenleberegel-Infektion) hervor. Dabei wandern die Metacercarien nach oraler Aufnahme von infiziertem Fleisch vom Darm in die Gallengänge und verursachen eine schleimige Entzündung des Gallengangepithels, die durch Verengung und Verschluss der Gallenwege Gelbsucht verursachen kann. Diese unter der asiatischen Bevölkerung weit verbreitete Zoonose ist durch die vielen tierischen Reservewirte kaum ausrottbar. Zwischenwirte sind Schnecken und Fische.

9.6.4 Cestoda (Bandwürmer)

Bandwürmer sind endoparasitische Plathelminthes, deren Endwirte stets Wirbeltiere sind. Cestoden haben in ihrem Zyklus stets einen oder mehrere Zwischenwirte. Ihre Entwicklung verläuft selten mit einem Generationswechsel, d. h., die aus der Larve (Oncosphaera) hervorgehende Finne wächst im Darm des Endwirts direkt zur

9.6 Plathelminthes (Plattwürmer)

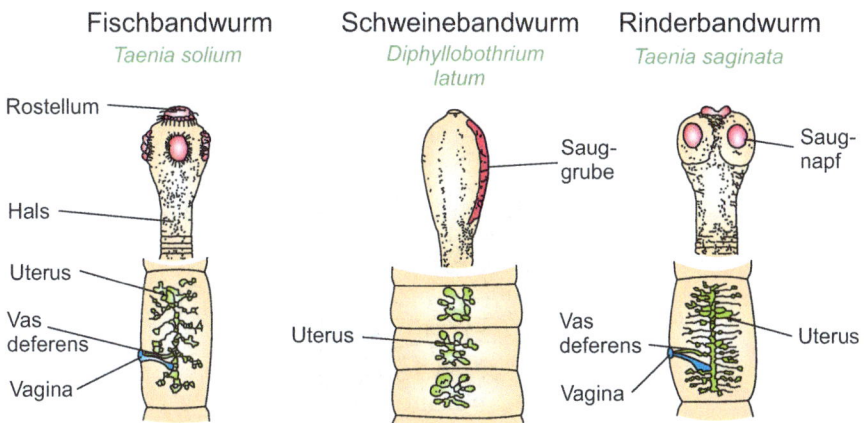

Abb. 9.31 Kopf (Scolex) von verschiedenen Bandwürmern

Adultform. Bandwürmer sind mit Hakenstrukturen und Saugnäpfen versehen, die sich am Kopf (Scolex) befinden (Abb. 9.31). Mit ihnen verankern sie sich in der Darmwand des Wirts. Dort können sie nur einige Monate (*Echinococcus*) oder auch viele Jahre (*Taenia solium*) alt werden. Bandwürmer nehmen die Nahrungsstoffe über ihr syncytiales Tegument (Neodermis) auf, das typische Oberflächenvergrößerungen, sogenannte Mikrotrichen, gebildet hat. Diese sind ihrer Funktion analog zu den Mikrovilli des Darms. Die ganze Oberfläche des Teguments ist mit einer mucopolysaccharidartigen Schicht, dem *surface coat,* bedeckt, die den Bandwurm vor den Verdauungsenzymen seines Wirts schützt.

An den Scolex des Bandwurms schließen sich wenige bis viele Glieder (Proglottiden) an, sodass ein Bandwurm sehr kurz sein kann, wie der 0,5 cm lange Hundebandwurm *Echinococcus granulosus*, oder auch sehr lang, wie der bis 15 m lange Schweinebandwurm (*Taenia solium*). Die Proglottiden werden vom Scolex fortwährend gebildet und enthalten einen zwittrigen Geschlechtsapparat sowie ein gemeinsames Nerven-, Muskel- und Exkretionssystem. Die Bandwürmer sind ebenfalls protandrische Zwitter, d. h., in den Proglottiden reifen zuerst die männlichen Geschlechtsorgane und erst später die weiblichen (Abb. 9.32). Deshalb erfolgt normalerweise eine Fremdbegattung der Tiere, eine Eigenbegattung ist aber ebenfalls möglich, wenn sich nur ein Bandwurm im Darm des Wirts befindet. Als Exkretionssysteme sind Protonephridien ausgebildet, die über ein System von Exkretionskanälen in Verbindung stehen. Das Nervensystem besteht im Scolex aus mehreren Ganglien, die über Kommissuren in Verbindung stehen. Zu den Proglottiden ziehen mehrere longitudinale Nervenstränge, die beim Wachstum neuer Proglottiden stets verlängert werden.

Die Proglottiden werden von einer Sprossungszone (Strobila) gebildet, haben jedoch keine eigentliche Trennwand, sondern erscheinen nur an der Oberfläche durch eine Faltung als einzelne Glieder. In Wirklichkeit sind sie jedoch innerlich verbunden und werden nur beim Abschnüren vollständig getrennt und abgeschlossen. Jede Proglottide enthält einen vollständigen Satz männlicher und weiblicher Geschlechts-

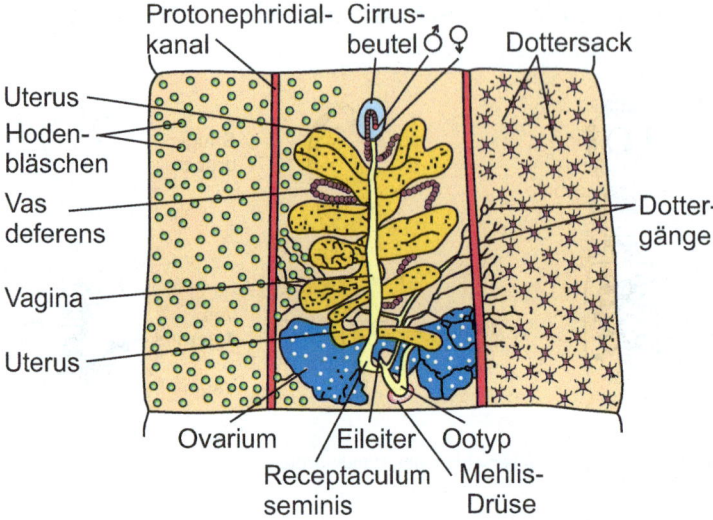

Abb. 9.32 Proglottide des Fischbandwurms *(Diphyllobothrium latum)*

organe. Die Proglottiden bilden beide Geschlechtsprodukte, zunächst die Spermien und nach Reifung und Wachstum dann die Eizellen. In den zuerst gebildeten, vorderen Proglottiden werden zunächst die männlichen Geschlechtsprodukte reif, während in den später gebildeten, distalen Proglottiden die weiblichen Geschlechtsprodukte reifen. Das männliche Genitalsystem besteht aus den Hoden, von denen das Vas efferens ausgeht, das in den Cirrusbeutel und dann in den Cirrus (Penis) mündet. Dieser kann ausgestülpt und in die Vagina anderer Proglottiden eingeführt werden. Dabei kann es sich um Proglottiden anderer Bandwürmer handeln oder auch bei einzelnen Individuen um mehr distal gelegene Proglottiden. Die Lage des Genitalporus ist stets seitlich, ist aber bei den einzelnen Bandwurmarten verschieden ausgebildet. Das weibliche Geschlechtsorgan besteht aus dem Ovar (Germarium), dem Dotterstock (Vitellarium), dem Ootyp, der Mehlis-Drüse und dem Uterus mit anschließender Vagina. Diese hat einen Bereich als Receptaculum seminis für die Aufnahme der Spermien gebildet. Das Ovar bildet Eier, die regelmäßig in den Ootyp abgegeben und dort von Spermien aus dem Receptaculum seminis befruchtet werden. Aus dem Vitellarium kommen Dotterzellen hinzu, die um das Ei gelagert und durch eine Hülle (Eikapsel) nach außen abgeschlossen werden (zusammengesetzte Eier). Die verschiedenen Bandwurmarten bilden unterschiedliche Eier, bedeckelte und unbedeckelte, die sich auch unterschiedlich entwickeln. Jede Proglottide kann viele Tausend Eier bilden und die letzte Proglottide löst sich vom Bandwurm und gelangt über den Darm ins Freie. Dort schützt zunächst die Proglottidenwand die Eier, aber auch ins Freie gelangte Bandwurmeier sind sehr widerstandsfähig und können mehrere Jahre infektionsfähig bleiben. Nach Aufnahme durch den Zwischenwirt entwickeln sich die Eier im Darm zu Larven (Oncosphaera), die sich durch die Darmwand bohren, in die Muskulatur auswandern und

9.6 Plathelminthes (Plattwürmer)

dort Cysten bilden. Der Endwirt infiziert sich dann durch orale Aufnahme dieser Cysten, z. B. durch den Verzehr von rohem Schweinefleisch. Aus diesen Gründen ist eine „Fleischbeschau" durch einen Tierarzt gesetzlich vorgeschrieben, die diese Übertragungszyklen verhindern soll.

Systematisch wird die Klasse der Cestoden in zwei Unterklassen eingeteilt: die Cestodaria, deren Larven decacanth sind, also zehn Haken haben, und die Eucestoda, deren Larven hexacanth sind, also sechs Haken haben. Medizinisch bedeutsam sind nur die Eucestoda, aus denen im Folgenden einige typische Familien und Arten beschrieben werden.

Taeniidae

Die Familie der Taeniidae ist durch die vier Saugnäpfe am Scolex gekennzeichnet und gehört in die Ordnung der Cyclophyllidea. Diese beinhaltet wirtsspezifische Darmparasiten der höheren Wirbeltiere inklusive des Menschen. Die Eier werden in den abgeschnürten Proglottiden mit dem Kot abgegeben und die in ihnen enthaltene Oncosphaera-Larve wird von Zwischenwirten oral aufgenommen. Charakteristisch für die Taeniidae ist die Ausbildung einer Larve (Cysticercus), die sich über Metamorphose zum adulten Bandwurm entwickelt. Der Schweinebandwurm (*Taenia solium*) (Abb. 9.33) befällt als Zwischenwirt hauptsächlich Schweine, aber auch Hunde, Katzen und Wiederkäuer. Endwirt ist der Mensch. Die Cysticerci bilden

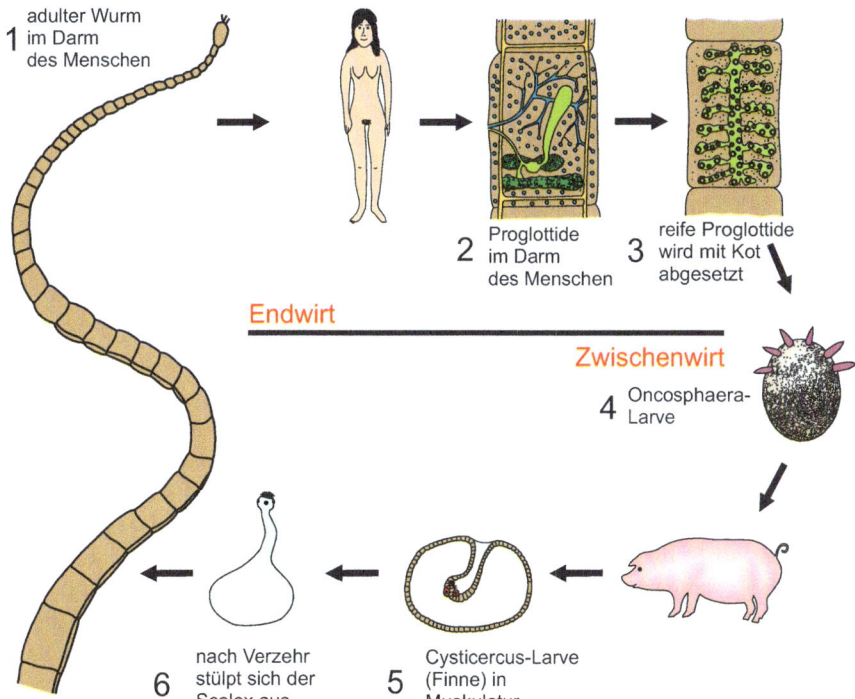

Abb. 9.33 Schweinebandwurm (*Taenia solium*)

sich zu großen Blasen (Finnen) aus, die in verschiedenen Organen, unter anderem auch im Gehirn oder im Auge, lokalisiert sein können. Dort sind sie über Jahre lebensfähig, führen aber zu schweren zentralnervösen Störungen. Sie müssen deshalb operativ entfernt werden, was, abhängig von der Lage im befallenen Organ, durch ihre glatte, kugelige Form möglich ist. Entscheidend ist, dass die Finne bei der Operation ohne Beschädigung und vollständig entfernt werden kann, da es sonst zu einer Überschwemmung des Körpers mit Finneninhalt und weiteren Infektionen kommt. Der Mensch infiziert sich durch orale Aufnahme von infiziertem Schweinefleisch (siehe Fleischbeschau), das auch durch Tiefkühllagerung nicht seine Infektiosität verliert. Der Schweinebandwurm kann im Darm mehrere Meter lang werden und führt beim Wirt zu Gewichtsabnahme, Blutarmut und Schwäche. Der adulte Wurm kann im Darm durch gängige Pharmaka ohne Probleme bekämpft und entfernt werden. Das eigentliche Problem liegt bei den Larvenstadien (Finnen), wenn sie bereits in andere Organe ausgewandert sind. Veterinärmedizinisch hat *Taenia solium* in der Therapie wenig Bedeutung, da stark befallenes Schweinefleisch in der Fleischbeschau erkannt wird und vernichtet werden muss.

Der Rinderbandwurm (*Taenia saginata*) hat ebenfalls den Menschen als Endwirt und Wiederkäuer als Zwischenwirte. Der Mensch infiziert sich durch orale Aufnahme von befallenem Fleisch. Auch diese Bandwürmer bilden Cysticerci und Finnen. Die Wiederkäuer nehmen die ausgeschiedenen Eier über Abwässer und auf kontaminierten Wiesen auf.

Echinococcus

Die human- und veterinärmedizinisch wichtigste Bandwurmerkrankung, die Echinokokkose, wird durch die verschiedenen Arten dieser Bandwurmgattung verursacht. Diese sind im adulten Stadium im Darm sehr klein, oft nur wenige Millimeter lang. Sie besitzen auch nur wenige Proglottiden, im kürzesten Fall nur drei (Abb. 9.34). Die Endwirte dieser Bandwürmer sind Fleischfresser (Carnivoren), z. B. Hund, Katze, Fuchs oder Raubtiere wie Löwen. Nach dem Ausscheiden der letzten graviden Proglottide mit den Faeces werden die Eier von Zwischenwirten oral aufgenommen. Diese sind Wiederkäuer, verschiedene Säugetiere und der Mensch. Im Darm der Zwischenwirte schlüpft die Oncosphaera-Larve, bohrt sich durch die Darmwand und wandert in verschiedene Organe (Gehirn, Leber, Lunge) aus, wo sie Finnen verschiedener Gestalt bildet. Diese bilden das eigentliche, gefährliche Problem der Echinokokkose. Im Zyklus des Hundebandwurms (*Echinococcus granulosus*) (Abb. 9.35) bildet sich eine unilokuläre Cyste (Hydatide), eine Blase, die sich bis auf die Größe eines Kinderkopfs auswachsen kann. Sie ist mit einer Flüssigkeit gefüllt und steht unter Druck. Der Wirt versucht, diese Hydatide in einer Abwehrreaktion mit Bindegewebe abzukapseln. An der Innenseite der Hydatide befindet sich eine Gewebeschicht, aus der sich nach innen Tochterblasen bilden, die wiederum viele Tausend Scolices bilden. Platzt die Hydatide, so überschwemmen diese den Organismus und die abgeschnürten Protoscolices wachsen heran. Eine Chemotherapie der Hyatiden ist zurzeit nicht möglich. Es bleibt, sofern durchführbar, die operative Entfernung der Hydatide, wobei allerdings sorgfältig darauf geachtet werden muss, dass die Cyste nicht platzt und den Organismus mit

9.6 Plathelminthes (Plattwürmer)

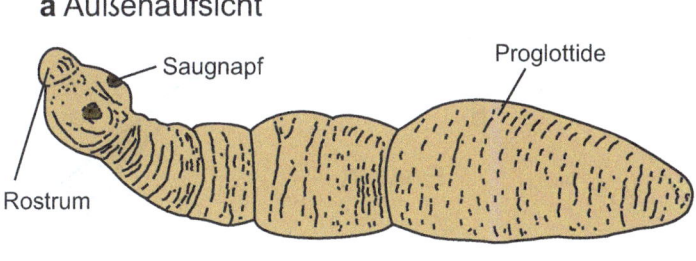

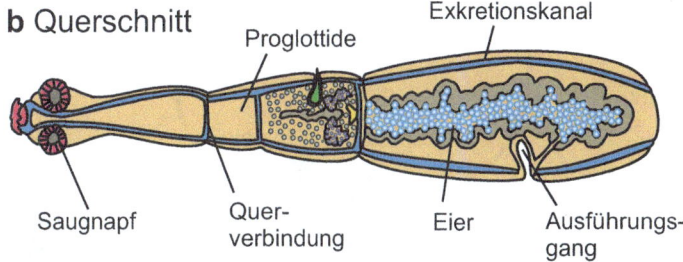

Abb. 9.34 Aufsicht auf den Hundebandwurm (*Echinococcus granulosus*) und Querschnitt

der Flüssigkeit und den Protoscolices überschwemmt. Da sich viele Haustiere anal mit der Zunge reinigen, ist es ratsam, sich von Haustieren nicht im Gesicht (Mundbereich) lecken zu lassen.

Der Fuchsbandwurm (*Echinococcus multilocularis*) bildet multiloculäre (alveoläre) Cysten, die aus einem schlauchartigen Gangsystem bestehen und deshalb praktisch inoperabel sind. Die Keimschicht dieser Gangsysteme wächst ständig und infiziert die befallenen Organe vollständig. Auch eine Chemotherapie ist meist unwirksam, da der Befall oft erst in einem sehr späten Stadium entdeckt wird. Der Zyklus spielt sich normalerweise zwischen dem Fuchs als Endwirt und Mäusen als Zwischenwirten ab. Menschen können sich mit Bandwurmeiern über den Genuss von Beeren und Pilzen infizieren, die mit Fuchslosung verunreinigt sind. Somit ist der Mensch ein Fehlzwischenwirt und die Finnen finden sich meist in der Leber. Gefährdet sind vor allem Jäger und Waldarbeiter. Veterinärmedizinisch sind diese Bandwürmer nicht von großer Bedeutung, allerdings kann *Echinococcus multilocularis* von streunenden Hauskatzen auch in Wohngebiete eingeschleppt werden.

Taenia multiceps nach vorne in Abschnitt Taenidae

Der Quesenbandwurm (*Taenia multiceps*) verbreitet sich zwischen Schafen als Zwischenwirte (Finnenträger) und Hunden und Füchsen (Endwirte). Die Finnen bilden sich bei den Schafen hauptsächlich im Gehirn und bewirken die Drehkrankheit (Coenurosis). Dabei verdrängt die große Finne die Substanz des Gehirns und verursacht stereotype Bewegungsmuster (im Kreis laufen). Diese Krankheit hat veterinärmedizinisch eine große Bedeutung, da sie hohe wirtschaftliche Schäden verursacht.

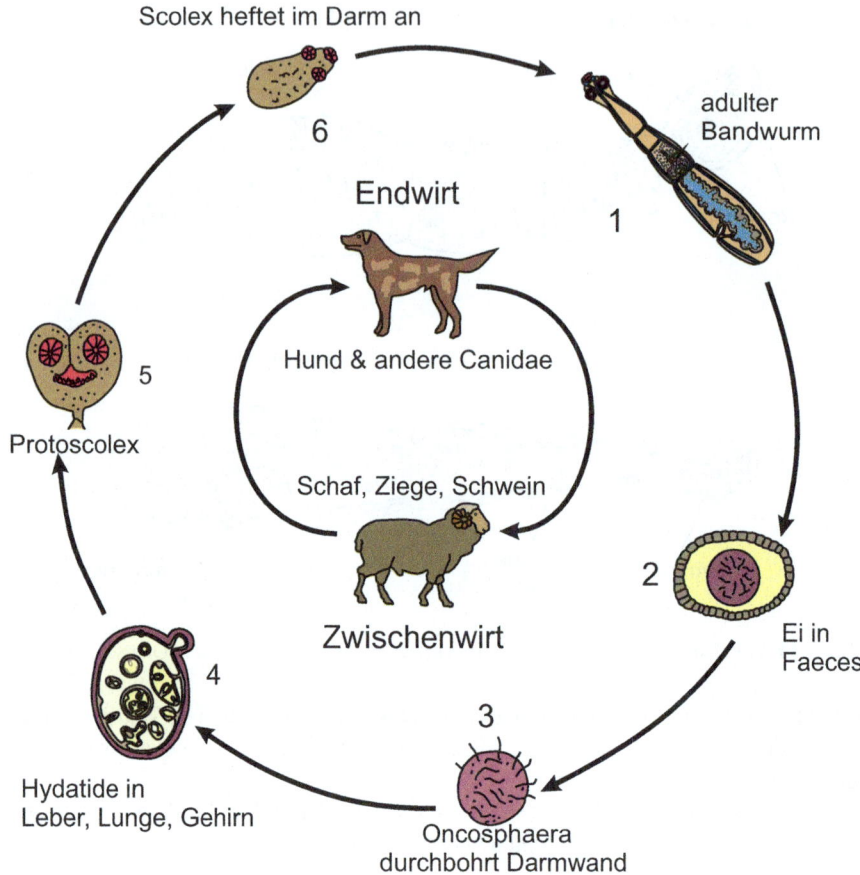

Abb. 9.35 Zyklus des Hundebandwurms (*Echinococcus granulosus*)

Überschrift Diphyllobothrium einfügen Der Fischbandwurm (*Diphyllobothrium latum*) kann bis zu 20 m lang werden und ist die längste Bandwurmart. Er ist weltweit verbreitet und seine Entwicklung läuft über Fische und Krebse als Zwischenwirte. Die Larven (Plerocercoide) werden dabei beim Verzehr von Fischfleisch auf den Endwirt (Carnivoren wie Bären, Katzen, Füchse, Hunde und Menschen) übertragen, beim Menschen oft durch den Genuss von rohem Fischfleisch (Sushi). In manchen Gebieten sind bis zu 80 % der Bevölkerung befallen, wobei sich die Krankheit in Durchfällen, Übelkeit und Schwäche äußert. Meist treten keine ernsthaft bedrohlichen gesundheitlichen Störungen auf und die Krankheit kann medikamentös gut behandelt werden.

9.7 Gastrotricha (Bauchhärlinge)

Gastrotricha leben marin und limnisch und sind 0,1–1 mm lang. Ihre ca. 760 Arten unterteilen sich in die Macrodasyida und die Chaetonotida. Die schlanken, dorsoventral abgeplatteten Metazoen sind vermutlich nahe Verwandte der Plathelminthes. Ihr Körper hat eine ventrale Wimpernsohle, mit der sie sich auf ihrem Substrat bewegen. Durch Haftröhrchen können sie sich an das Substrat anheften und mit den Wimpern Nahrung herbeistrudeln. Ihr Körper ist von einer Cuticula bedeckt und kann sich durch die Ring- und Längsmuskulatur wurmartig und kraftvoll krümmen. Gastrotricha haben weder ein Coelom noch eine flüssigkeitsgefüllte Körperhöhle. Blutgefäße sind auch nicht vorhanden. Die Exkretion erfolgt über Protonephridien. Gastrotricha sind meist protandrische Zwitter.

In der Embryogenese bilden sie keine Larven. Gastrotricha ernähren sich von Bakterien, Protozoen und Diatomeen. Sie sind weltweit verbreitet und können eine Austrocknung in Dauerstadien (Cysten) überdauern. Sie sind veterinärmedizinisch nicht relevant.

9.8 Rotatoria (Rädertiere)

Sie werden auch als Rotifera bezeichnet, leben überwiegend limnisch oder teilweise auch marin oder in feuchten Habitaten. Sie sind etwa 0,5–3 mm groß und wurden nach ihrem charakteristischen Wimpernfeld (Räderorgan) am Vorderende benannt. Sie bilden eine paraphyletische Gruppe mit drei Subtaxa und etwa 2000 Arten. Ihr Körper ist gegliedert in Vorderende, Rumpf und den Fuß mit einer Klebedrüse zum Festhalten. Die Nahrung gelangt durch das Räderorgan in einen gegliederten Darm, der innen bewimpert ist. Er mündet zusammen mit den Protonephridien und den Gonaden in eine Kloake. Rotatorien sind getrenntgeschlechtlich. Sie vermehren sich bisexuell, einige Arten auch parthenogenetisch oder durch Heterogonie. Einige Arten leben als Ektoparasiten auf marinen Krebsen. Veterinärmedizinisch sind Rotatoria nicht relevant.

9.9 Gnathostomulida (Kiefermündchen)

Sie leben marin in Sandschichten. Ihre 91 Arten untergliedern sich in zwei Ordnungen. Ihr faden- bis bandförmiger Körper erreicht eine Länge von 0,5–4 mm. Charakteristisch ist ihr bezahnter Kieferapparat, der ihnen eine räuberische Lebensweise ermöglicht. Alle Arten sind Zwitter und haben eine direkte Entwicklung ohne Larven. Sie sind veterinärmedizinisch nicht relevant.

9.10 Acanthocephala (Kratzer)

Sie sind weltweit verbreitete Darmparasiten mit obligatem Wirtswechsel. Ihr wurmförmiger Körper wird 2 mm bis 70 cm lang. Sie bilden eine monophyletische Gruppe mit 1100 Arten und drei Subtaxa und sind nahe Verwandte der Rotatoria. Charakteristisch ist der ausgeprägte Sexualdimorphismus mit größeren Weibchen. Am Vorderende tragen die Acanthocephala einen ausstülpbaren Rüssel mit Widerhaken. Die Leibeshöhle bildet ein Hydroskelett. Im Pseudocoelom des Körpers finden sich große Ligamentsäcke mit Verdauungsenzymen. Einige Arten besitzen Protonephridien. Die Fortpflanzung erfolgt durch Kopulation. Aus dem befruchteten Ei entsteht eine Acanthor-Larve. Diese schlüpft erst in einem Zwischenwirt (Ameise) und entwickelt sich dort zur Acanthella-Form, die als infektiöse Form so lange in einer Cyste verbleibt, bis die Ameise von einem Endwirt (Wirbeltier) gefressen wird. In diesem schlüpft die Larve (Cystacanthus) und heftet sich an die Darmwand. Typische Endwirte sind Amphibien, Fische, Vögel und Säugetiere. Humanparasiten treten selten auf.

9.11 Nemertini (Schnurwürmer)

Sie leben meist marin, einige Arten auch limnisch und terrestrisch. Nemertini sind schnur- oder bandförmige Würmer ohne Segmentierung, die meist nur einige Millimeter bis Zentimeter lang sind. Allerdings erreicht die längste Art (*Lineus longissimus*) eine Länge von 30 m. Die Tiere sind meist auffallend gemustert. Die etwa 1300 Arten leben räuberisch und haben einen ausstülpbaren Rüssel mit Kalkstachel und Giftdrüsen. Das hoch potente Nervengift lähmt selbst größere Beutetiere und so erlegen die Schnurwürmer andere Würmer, Krebse und auch kleine Fische. Nemertini werden durch ihre gemeinsamen apomorphen Merkmale (Spiralfurchung, Coelomräume) in die Nähe der Plathelminthes gestellt. Sie können aufgrund vergleichender DNA-Analysen auch eine Schwester- oder Teilgruppe der coelomaten Spiralia (Annelida, Mollusca, Sipunculata) sein.

Nemertini sind meist getrenntgeschlechtlich mit äußerer oder innerer Befruchtung. Nur einige Arten sind Zwitter. Einige Arten können sich auch durch Querteilung vermehren. Das Coelom liegt dorsal und beinhaltet den Rüssel. Durch Druckzunahme im Rhynchocoel erfolgt dessen Ausstülpung. Zurückgezogen wird er durch einen Retraktormuskel. Den Rüssel bohren die Tiere in ihre Beute und saugen diese aus. Nemertini besitzen eine kräftige Längs- und Quermuskulatur und ein Blutgefäßsystem sowie Protonephridien zur Exkretion. Sie besitzen am Kopfende ausgeprägte Sinnesorgane (Pigmentbecherocellen, Frontalorgane) zur Beutelokalisation. Ihre Fortbewegung erfolgt durch Peristaltik der Körpermuskulatur und durch Cilienschlag. Traditionell unterscheidet man die Anopla mit getrenntem Mund und Rüssel von den Enopla mit gemeinsamer Mündung von Mund und Rüssel. Nemertini sind zwar giftig, veterinärmedizinisch aber nicht relevant.

9.12 Brachiopoda (Armfüßer)

Sie leben marin und ähneln äußerlich Muscheln, wobei ihre Schalenklappen auf Rücken- und Bauchseite liegen. Neben den etwa 30.000 fossilen Arten sind etwa 300 rezente Arten bekannt. Die meisten Arten sind sessil und mit einem kurzen Stiel am Boden festgewachsen. Charakteristisch ist ihr bewimperter Tentakelkranz (Lophophor), weshalb sie früher auch als Tentaculata bezeichnet wurden. Sie haben ein dreiteiliges Coelom und ein geschlossenes Blutgefäßsystem mit einem kontraktilen Herz und Hämoglobin als Blutfarbstoff. Die Exkretion erfolgt über Metanephridien. Sie sind veterinärmedizinisch nicht relevant.

9.13 Phoronida (Hufeisenwürmer)

Alle 15 rezenten Arten leben in den Sedimenten tropischer und subtropischer Meere bis 400 m Tiefe und bilden Chitinröhren. Ihr Name stammt von dem hufeisenförmig gekrümmten Darm, dem Träger des Tentakelapparats (Lophophor). Das geschlossene Blutgefäßsystem enthält Hämoglobin, zur Exkretion dienen Metanephridien. Phoronida sind getrenntgeschlechtlich, die Geschlechtszellen werden nach Reifung in den Gonaden über die Metanephridien ins Wasser abgegeben, wo auch die externe Befruchtung erfolgt. Bei den meisten Arten läuft die Entwicklung über eine zunächst freischwimmende Actinotrocha-Larve, die sich dann absetzt und im Sediment Chitinröhren bildet, in denen das Jungtier sessil lebt. Veterinärmedizinisch ist diese Gruppe nicht relevant.

9.14 Bryozoa (Moostierchen)

Sie werden auch Ectoprocta genannt und umfassen etwa 6500 rezente und 16.000 fossile Arten. In Süß- oder Salzwasser bilden sie ausgedehnte Kolonien, in denen die Einzeltiere (Zooide) in einem schützenden Exoskelett (Zooecium) leben. Der frei bewegliche Vorderkörper (Polypid) mit dem Lophophor kann durch einen Rückziehmuskel vollständig in die Kapsel (Cystid) eingezogen werden. Innerhalb einer Kolonie kommt es zur Arbeitsteilung. Auch erfolgt ein Nährstoffaustausch zwischen den Tieren. Bryozoa können sich ungeschlechtlich durch Knospung oder geschlechtlich über zwei Larventypen (planktotroph, lecithotroph) fortpflanzen. Die Cyphonautes-Larve ist die planktotrophe Larve und hat Ähnlichkeit mit der Trochophora-Larve. Sie lebt freischwimmend im Plankton. Die lecithotrophe Corona-Larve ist dagegen sessil, setzt sich mit ihrer Ventralfläche fest und bildet das erste Tier einer neuen Kolonie (Ancestrula). Die systematische Stellung der Bryozoa ist nicht vollständig geklärt, man ordnet sie heute den Lophotrochozoa zu, die zu den Protostomia gehören. In der Geologie haben sie eine Bedeutung als Leitfossilien. Veterinärmedizinisch sind sie nicht relevant.

9.15 Kamptozoa (Kelchwürmer)

Sie werden auch als Entoprocta bezeichnet und leben als sessile Filtrierer im Meer. Etwa 250 Arten sind bekannt, die in vier Familien eingeteilt werden. Sie sind bis 5 mm groß und alle Arten haben den gleichen Bauplan. Ihr Körper besteht aus einem Kelch mit Tentakeln und einem Stiel mit Fuß, der sich mit einer Klebedrüse am Substrat festheftet. Kelchwürmer leben solitär oder auch in Kolonien, meist kommensal mit Porifera. Ihre Tentakel können nicht eingezogen, sondern nur eingerollt werden. Die Tiere haben ein flüssigkeitsgefülltes Pseudocoel und Protonephridien. Ihre Gonaden sind sackartig. Kelchwürmer können sich asexuell durch Knospung oder auch sexuell fortpflanzen. Sie entwickeln sich über Spiralfurchung und eine Tolophora-Larve, die sich zunächst mit Wimpernschlag schwimmend, dann aber kriechend fortbewegt. Ihre genaue Verwandtschaft ist ungeklärt, momentan wird eine Beziehung zu ringelwurmartigen Vorfahren diskutiert. Veterinärmedizinisch sind sie nicht relevant.

9.16 Annelida (Ringelwürmer)

Die Annelida besiedeln sowohl marine als auch terrestrische Lebensräume. Sie sind mariner Herkunft und viele marine Arten entwickeln sich über eine Trochophora-Larve. Mit etwa 18.000 rezenten Arten bilden sie eine bedeutende Gruppe im Tierreich. Die Systematik der Annelida hat sich in letzter Zeit durch molekulargenetische Analysen sehr verändert. So zählt man heute auch die Sipunculidae (Spritzwürmer) und die Echiura (Igelwürmer) zu dieser Gruppe (Tab. 9.5). Diese beiden Gruppen werden hier nicht behandelt.

Tab. 9.5 Einteilung der Annelida (Ringelwürmer)

Stamm	Klasse	Ordnung		Gattung/Art
Annelida (Ringelwürmer)	Sipunculidae (Spritzwürmer)	Sipunculidea Phascolosomatidea		
	Echiura (Igelwürmer)	Echiuroinea Xenopneusta Heteromyota		*Echiurus echiurus*
	Polychaeta (Vielborster)			*Arenicola marina* (Wattwurm) *Eunice viridis* (Palolowurm)
	Clitellata (Gürtel-würmer)	Oligochaeta (Wenigborster)		*Lumbricus terrestris* (Regenwurm)
		Hirudinea (Blutegel)	Rhynchobdellida (Rüsselegel)	*Haemopis sanguisuga* (Pferdeegel) *Haementeria ghilianii* (Riesenegel)
			Gnathobdellida (Kieferegel)	*Hirudo medicinalis* (Medizinischer Blutegel) *Piscicola geometra* (Fischegel) *Theromyzon tessulatum* (Entenegel)

9.16 Annelida (Ringelwürmer)

Die in der früheren Systematik als klassische Annelida bezeichneten Formen werden in Polychaeta (Vielborster), Oligochaeta (Wenigborster) und Hirudinea (Blutegel) eingeteilt. Die Oligochaeta und Hirudinea werden auch als Clitellata (Gürtelwürmer) zusammengefasst, da sie etwa in der Körpermitte einen Drüsengürtel (Clitellum) tragen, der eine Schleimhülle produziert. Diese wird bei der Kopulation der getrenntgeschlechtlichen Würmer für die Verbindung der beiden Individuen benötigt, die sich gegensinnig nebeneinanderlegen und am Clitellum zeitweise verbunden sind (Abb. 9.36). Die Schleimhülle bildet auch den Kokon für die befruchteten Eier. Charakteristisch für die Annelida ist die Gliederung in Segmente, die auch als Metamerie bezeichnet wird. Sie ist bereits äußerlich sichtbar, setzt sich aber im Inneren fort, sodass alle Segmente, bis auf das Prostomium (vorne) und Pygidium (hinten), einen im Wesentlichen gleichen Aufbau haben. Sie enthalten Ganglien, Gonaden und paarige Metanephridien, deren Ausführungsgänge im Nachbarsegment münden (Abb. 9.37). Annelida besitzen ein von Mund bis After durch-

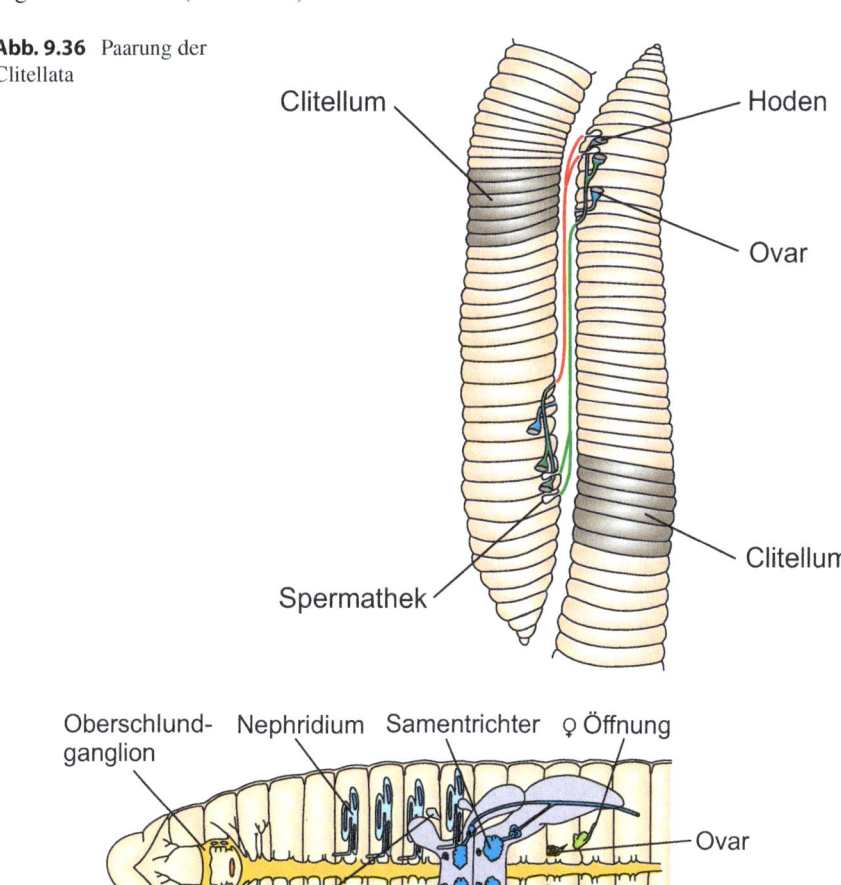

Abb. 9.36 Paarung der Clitellata

Abb. 9.37 Aufbau der Annelida

gehendes Darmsystem, das in einigen Abschnitten durch Divertikel weit verzweigt sein kann. Sie besitzen auch bereits ein geschlossenes Kreislaufsystem, das aus einem Dorsal- und einem Ventralgefäß besteht, die in jedem Segment durch Ringgefäße verbunden sind. Im Blut befindet sich gelöstes Hämoglobin als Blutfarbstoff zur Sauerstoffbindung. Annelida atmen über die Haut oder im Wasser lebende Formen über Kiemen. Ein Strickleiternervensystem mit paarigen Ganglien durchzieht den gesamten Körper. Jedes Segment hat ein paariges Coelom, das durch ein Dissepiment zum nächsten Segment abgegrenzt wird. Innerhalb des Segments stoßen die Coelomhälften im Bereich der Mesenterien zusammen, die auch den Darm umfassen. Einzelne benachbarte Segmente haben sich morphologisch und funktionell zu Bereichen mit besonderen Aufgaben entwickelt (siehe Clitellum). Bei einigen frei lebenden Annelida kommt es durch die Verschmelzung der Anfangssegmente zu einer Kopfbildung, die sogar Tentakelanhänge aufweisen kann. Während die Oligochaeta, zu denen der Regenwurm *(Lumbricus terrestris)* gehört, nur wenige äußere Borsten und keine Körperanhänge haben, besitzen die Polychaeta (Vielborster) neben ihren vielen äußeren Borsten auch lappige Körperanhänge (Parapodien), deren Muskulatur Schwimmbewegungen ermöglicht. Diese Tiere leben vorwiegend im Wasser (Meer) oder im Watt in den Sand und Schlick eingegraben. Zu ihnen gehört der Wattwurm (*Arenicola marina*) und der Palolowurm (*Palola*). Dieser im Pazifik vorkommende Wurm löst bei der Fortpflanzung seinen hinteren, geschlechtsreifen Körperbereich ab (Epitokie), der abhängig von der Mondphase zur Meeresoberfläche schwimmt und dort befruchtet wird (Lunarperiodik). Dies kann in hellen Mondnächten zu einem beeindruckenden Schauspiel führen, da die Millionen von Wurmsegmenten ein phosphoreszierendes Meeresleuchten hervorrufen. An Land lebende Annelida (Regenwurm) haben eine große ökologische Bedeutung für die Bodenqualität. Ihr Vorkommen und ihre Artenvielfalt dienen bei ökotoxikologischen Untersuchungen des Bodens als Bioindikatoren.

Annelida entwickeln sich über eine Spiralfurchung. Das bei diesem Tierstamm erstmals auftretende Coelom (sekundäre Leibeshöhle) wird aus dem Mesoderm gebildet und ist charakteristisch für diese Tiergruppe. In den segmental angeordneten Coelomkammern befinden sich frei bewegliche Zellen (Coelomocyten), die vermutlich zum interstitiellen Transport und Stoffwechsel dienen. Das Coelom bildet ein Hydroskelett, das zusammen mit dem Hautmuskelschlauch aus Längs- und Ringmuskulatur für eine sehr gute Fortbewegungsmöglichkeit sorgt.

Die Blutegel (Hirudinea) bilden die dritte Gruppe der Annelida. Sie sind Ektoparasiten, die sowohl bei kaltblütigen Tieren (Wirbellose, Fische, Amphibien) als auch bei warmblütigen Tieren (Vögel, Säugetiere) Blut saugen. Sie haben keine Borsten und äußerlich eine pseudometamere Ringelung, d. h., nicht jede äußere Gliederung bezeichnet auch ein inneres Segment. Nach ihrem Saugapparat werden sie in Kieferegel (Gnathobdellida) und Rüsselegel (Rhynchobdellida) eingeteilt. Kieferegel, zu denen der Medizinische Blutegel (*Hirudo medicinalis*) gehört, besitzen drei Kiefer mit scharfen Zahnleisten. Ihr Biss hinterlässt deshalb eine dreizackige Wunde. Zu den Rüsselegeln gehört der Pferdeegel (*Haemopis sanguisuga*), der im Süßwasser lebt und seine Wirte mit einem Stechrüssel (Proboscis) befällt. Zu diesen Rüsselegeln gehört auch der im tropischen Südamerika lebende Riesenegel

(*Haementeria ghilianii*), der bis zu 40 cm lang werden kann. In den Tropen sind Blutegel oft Krankheitsüberträger. Fische können durch Fischegel (*Piscicolidae*) befallen werden und in Vögeln setzt sich der Entenegel (*Theromyzon tessulatum*) oft im Inneren der Nase und im Rachenraum an. Blutegel saugen in wenigen Minuten bis zum Zehnfachen ihres Körpergewichts und fallen dann vom Wirt ab. Sie geben die Flüssigkeit aus dem Blutplasma über die Nephridien rasch ab und dicken so die Blutzellen (Erythrocyten) in ihrem verzweigten Magen-Darm-Kanal ein. Durch eine Symbiose mit speziellen Darmbakterien werden die Erythrocyten konserviert und können über Jahre zur Ernährung dienen. Blutegel leben vom Protein (Hämoglobin) dieser Erythrocyten. Lange Zeit wurden Blutegel für medizinische Zwecke eingesetzt (Aderlass), da ihnen ein günstiger Einfluss auf Erkrankte zugeschrieben wurde. Da sie beim Biss eine gerinnungshemmende Substanz (Hirudin) aussondern, bluten die Wunden oft noch lange nach. Die gerinnungshemmende Wirkung von Hirudin wird in Medikamenten (z. B. Salben mit Blutegelextrakt) verwendet. Inzwischen wird Hirudin gentechnisch hergestellt. Medizinische Blutegel finden aber immer noch in der Chirurgie Verwendung, wo sie nach Gewebetransplantationen angesetzt werden und durch ihr Hirudin die Mikrozirkulation im Transplantat verbessern und venöse Stauungen durch Thromben verhindern. Für die Veterinärmedizin sind die ektoparasitischen Hirudinea von Bedeutung.

9.17 Mollusca (Weichtiere)

Sie bilden nach den Arthropoda mit etwa 80.000 rezenten und ca. 70.000 fossilen Arten die zweitgrößte Gruppe im Tierreich. Sie leben mit Ausnahme der Lungenschnecken im Wasser. Mollusca sind Protostomia mit einem bilateralsymmetrischen Körperbau. Sie weisen keine Segmentierung auf und haben ihr Coelom weitgehend rückgebildet. Sie können Zwitter oder getrenntgeschlechtliche Arten ausbilden und ihre Ontogenese erfolgt über Spiralfurchung, die weitere Entwicklung über eine bewimperte Trochophora- und Veliger-Larve. Die Gastropoda (Schnecken) und die Bivalvia (Muscheln) machen über 90 % der Arten aus. Die Mollusca teilen sich in verschiedene Unterstämme und Klassen auf, von denen die meisten für unseren Studiengang nicht relevant sind. Deshalb werden in diesem Kapitel nur die Gastropoda (Schnecken), die Bivalvia (Muscheln) und die Cephalopoda (Tintenfische) behandelt. Bivalvia spielen eine Rolle als Nahrungsmittel für den Menschen, für veterinärmedizinische Belange sind aber die Gastropoda am wichtigsten, da viele ihrer Arten als Zwischenwirte bei Parasitenzyklen, z. B. denen der Trematoden, fungieren (Tab. 9.6).

Die Mollusca weisen viele unterschiedliche Körperformen auf, die aber alle auf einen ähnlichen Grundbauplan zurückzuführen sind. Ihr Körper gliedert sich in Kopf, Fuß, Mantel und Eingeweidesack. Der Fuß dient zur Fortbewegung, ist muskulös und enthält oft Drüsen, die bei Schnecken Schleim absondern. Bei den meisten Cephalopoda teilt sich der Fuß in acht bis zehn Arme auf. Der Eingeweidesack wölbt sich dorsal vor und enthält fast alle inneren Organe. Er wird von einer Hautfalte, dem Mantel, bedeckt, die sich aus dem dorsalen Hautepithel entwickelt. Die Mantelepithelzellen sezernieren Calciumcarbonat, das zusammen mit Glyko-

Tab. 9.6 Einteilung der Mollusca

Stamm	Klasse	Unterklasse/Ordnung	Gattung/Art
Mollusca (Weichtiere)	Caudofoveata (Schildfüßer)		
	Solenogastres (Furchenfüßer)		
	Polyplacophora (Käferschnecken)		
	Monoplacophora (Einschaler)		*Neopilina*
	Gastropoda (Schnecken)	Prosobranchia (Vorderkiemer)	*Haliotis* (Abalone) *Patella* (Napfschnecke)
		Opisthobranchia (Hinterkiemer)	*Aplysia* (Seehasen)
		Pulmonata (Lungenschnecken)	*Helix pomatia* (Weinbergschnecke) *Lymnaea* (Schlammschnecken) *Arion* (Wegschnecken)
	Scaphopoda (Kahnfüßer)		
	Bivalvia (Muscheln)	Lamellibranchiata	*Mytilus* (Miesmuscheln) *Ostrea* (Austern) *Unio* (Flussmuscheln)
	Cephalopoda (Kopffüßer)	Tetrabranchiata (4 Kiemen)	*Nautilus* (Schiffsboote)
		Dibranchiata (2 Kiemen)	*Sepia* (Tintenfische) *Loligo* (Kalmare) *Octopus* (Kraken)

proteinen die Schale bildet. Bei den Bivalvia ist sie zweiklappig und schließt das ganze Tier ein, während sie bei Gastropoda meistens spiralförmig gewunden ist und ein Gehäuse bildet, das nur den Eingeweidesack umschließt. Bei den Cephalopoda ist die Schale als Schulp (Rückenschale) ganz ins Innere verlagert.

9.17.1 Gastropoda (Schnecken)

Sie sind die artenreichste Gruppe der Weichtiere. Zwischen Mantel und Eingeweidesack liegt bei den Gastropoda (Abb. 9.38) die Mantelhöhle, in die Exkretions- und Geschlechtsorgane münden und in der auch die Atmungsorgane (Kiemen oder Lungen) lokalisiert sind. Ursprünglich sind die Kiemen in der Mantelhöhle am Hinterende gelegen. Im Verlauf der Evolution der Gastropoda hat sich der Eingeweidesack um 180° (Torsion) gedreht, sodass die Mantelhöhle mit den Atmungs- und Exkretionsorganen am Vorderende des Gehäuses liegt. Man spricht dann von Prosobranchia (Vorderkiemenschnecken). Manche andere Gastropoda haben sich daraus entwickelt. So gaben die Pulmonaten die Kiemen ganz auf und atmen mit dem Epithel der Mantelhöhle (Lungenschnecken). Andere reduzierten nur eine der beiden Kiemen, die andere wurde ein wenig nach hinten verlagert und liegt dann hinter dem Herzen (Opisthobranchia).

9.17 Mollusca (Weichtiere)

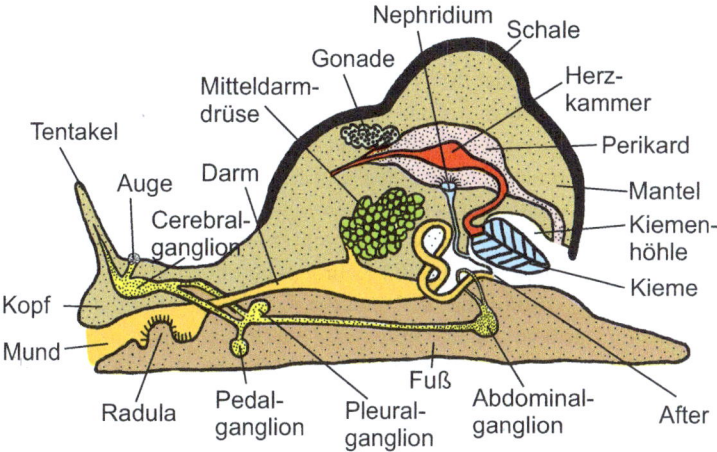

Abb. 9.38 Bauplan einer Hinterkiemenschnecke (Opisthobranchia)

An Land lebende Schnecken besitzen statt der Kiemen eine Lunge und werden deshalb als Lungenschnecken (Pulmonata) bezeichnet. Zu diesen Lungenschnecken gehören die an Land lebende Weinbergschnecke (*Helix pomatia*) und die an Land lebenden Nacktschnecken, z. B. die Wegschnecken (*Arion* sp.). Auch Süßwasserschnecken besitzen Lungen statt Kiemen. Neben diesen spezialisierten Atmungsorganen erfolgt der Gasaustausch auch über die Haut. In der Mundhöhle ist eine Radula (Raspelzunge) ausgebildet. Mit ihren chitinhaltigen Zähnen schaben die Gastropoda ihre Nahrung (Algen, Pflanzenreste) vom Untergrund ab. Manche räuberische Arten können mit der Radula die Schale anderer Schnecken durchbohren oder haben die Radula zu einem Giftzahn umgebildet, der zum Beutefang eingesetzt wird. Der Verdauungstrakt ist in Vorder-, Mittel- und Enddarm gegliedert. Mit dem Vorderdarm assoziiert sind Drüsen, die Schleimsubstanzen, aufschließende Säuren (Salzsäure, Schwefelsäure) und auch Gifte, z. B. bei den Kegelschnecken, sezernieren. In der Mitteldarmdrüse werden Verdauungsenzyme sezerniert, die die gespeicherte Nahrung aufschließen. Auch erfolgt hier die Resorption der Nahrungsstoffe. Gastropoda haben ein offenes Gefäßsystem. Die Hämolymphe gelangt aus den Lakunen über die Atmungsorgane und die Vorkammern in das Herz. Es liegt in einem Herzbeutel (Perikard), in den auch die Exkretionsorgane (Nephridien) münden. Die Hämolymphe enthält als Atempigment, abhängig von den verschiedenen Arten Hämoglobin, Chlorocruorin oder der kupferhaltige Farbstoff Hämocyanin, der im oxidierten Zustand eine bläuliche Farbe hat. Durch die fehlende Segmentierung ist das Zentralnervensystem auf wenige Ganglien reduziert, die über Leitungsbahnen (Konnektive) verbunden sind. Bei den Gastropoda führt die Torsion des Eingeweidesacks zu einer Überkreuzung der paarigen Konnektive zwischen Pleural- und Parietalganglien, was als Streptoneurie bezeichnet wird. Die Cerebralganglien versorgen die Sinnesorgane (Augen, Fühler) sowie eine Statocyste im Fuß. Die Pedalganglien innervieren die Muskulatur des Fußes. Visceralganglien innervieren die Eingeweide. Am Kopf der Gastropoda befinden sich Tentakel sowie Augen. Diese können in unterschiedlichen Variationen als Gruben-, Blasen- oder Linsenauge ausgebildet sein.

9.17.2 Bivalvia (Muscheln)

Bivalvia leben im Meer oder Süßwasser, sind getrenntgeschlechtlich und haben einen bilateralsymmetrischen Aufbau mit einer charakteristischen zweiklappigen Schale (Abb. 9.39). Die beiden Hälften sind über ein Scharnier (Schloss) und ein Band (Ligament) verbunden. Durch einen starken Schließmuskel können die beiden Schalenklappen zum Schutz fest verschlossen werden. Die meisten Muscheln haben eine sessile Lebensweise und verankern sich mit ihrem Fuß im Untergrund. Bei geöffneter Schale strudeln sie Wasser und Nahrungspartikel über eine Öffnung in die Mantelhöhle, wo die Nahrungspartikel über die Kiemen abgefiltert werden und über den Magen in den Darm gelangen. Dieser läuft durch den Herzbeutel (Perikard) und durch das Herz. In das Perikard münden auch die Nephridien. Die Abfallprodukte werden über eine Ausströmöffnung in die Umgebung abgegeben. Durch diese Filtration von mehreren Litern Wasser pro Stunde und das Aussortieren von Partikeln reinigen Muscheln das Wasser und sind wichtige Faktoren für die Gewässerreinheit. Andererseits reichern sich in Muscheln auch toxische Schadstoffe aus Abwässern sowie pathogene Mikroorganismen, z. B. Hepatitisviren und Cholerabakterien, an. Muschelvergiftungen beruhen deshalb entweder auf den ausfiltrierten Schadstoffen, z. B. eine bekannte Quecksilbervergiftung in Japan, oder auf den Toxinen der Algen (Dinoflagellaten), die von den Muscheln als Nahrung aufgenommen wurden. Da heutzutage in bestimmten Regionen Muscheln in Aquakultur für den menschlichen Genuss gezüchtet werden, ist eine tierärztliche Betreuung dieser industriellen Muschelzuchten unumgänglich. Jährlich werden weltweit einige Hunderttausend Tonnen hochwertiges Muschelfleisch produziert, das bei rapide ansteigendem Proteinbedarf der Menschheit eine wichtige Rolle spielt.

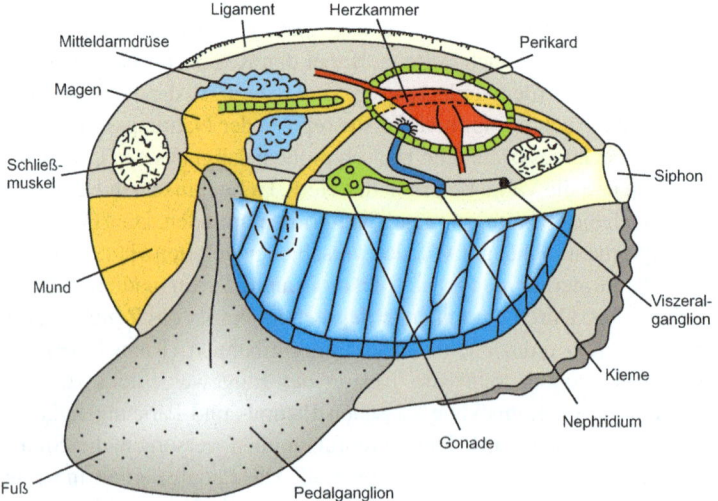

Abb. 9.39 Aufbau einer Muschel (Bivalvia)

9.17 Mollusca (Weichtiere)

9.17.3 Cephalopoda (Kopffüßer)

Die höchstentwickelten Mollusca sind die Cephalopoda, die eine ausgeprägte Cephalisation, d. h. Kopfbildung, mit hoch entwickeltem Gehirn und Sinnesorganen (Linsenauge) aufweisen (Abb. 9.40). Sie sind räuberische Formen, deren komplex entwickelte Verhaltensweisen eine schnelle und gezielte Fortbewegung im Wasser ermöglichen. Zum Beutefang dienen auch die den Kopf umgebenden Tentakel (acht oder zehn) und ein schnabelförmiger Kiefer. Der Fuß ist als Trichter umgebildet und dient zum Auspressen des Wassers aus der Mantelhöhle. Dadurch entsteht ein Rückstoß, der manche Cephalopoda so schnell wie Fische macht.

Zu den Cephalopoda gehören die Kraken, Kalmare und Sepien. Cephalopoda besitzen Kiemen und haben die Körperschale rückgebildet und als Schulp internalisiert. Von den Urformen der Cephalopoda sind Fossilien (Ammoniten, Belemniten) erhalten, die zeigen, dass diese Tiere noch eine äußere Schale mit mehreren Kammern besaßen. Von diesen Urformen ist heute nur noch *Nautilus* als rezente Form erhalten. Die Größe der Cephalopoda variiert zwischen wenigen Zentimetern und vielen Metern beim Riesenkalmar. Cephalopoda sind getrenntgeschlechtlich. Die Tentakel mit den Saugnäpfen dienen neben dem Beutefang auch als Begattungsorgane. Der Hectocotylus – ein modifizierter Fangarm – wird mit Spermatophoren beladen in die Mantelhöhle des weiblichen Tiers eingeführt. Im Eingeweidesack liegt der Verdauungskanal mit Magen, Magenblindsack (Caecum), der Mitteldarmdrüse und dem Enddarm. An ihm befindet sich eine Anhangdrüse, die Tintendrüse, aus der bei Gefahr ein dunkler Farbstoff (Melanin) ausgestoßen wird. Viele Cephalopoda können außerdem mithilfe von Chromatophoren in ihrer Haut einen Farbwechsel vornehmen. Cephalopoda besitzen als einzige Klasse innerhalb der Mollusca ein geschlossenes Kreislaufsystem. Sie haben durch Verschmelzung der Ganglien ein hoch entwickeltes Gehirn, das in einzelne Gehirnregionen und Felder eingeteilt werden kann. Neuro- und verhaltensphysiologische Untersuchungen zeigen hohe integrative Leistungen (Lernen, Gedächtnis), die beim Beutefang ein komplexes Verhaltensmuster ermöglichen. Die im Unterschlundganglion sitzenden motorischen Zentren sind über Riesenneuronen mit der Muskulatur des Mantels verbunden. Diese dicken Neuronen gehören zu den größten Nervenzellen des Tier-

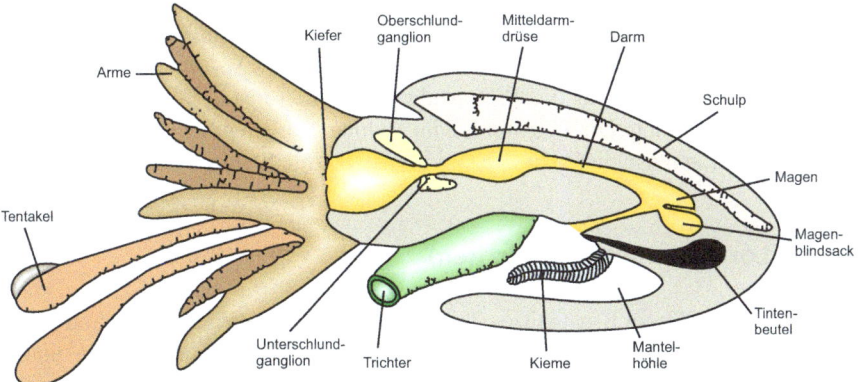

Abb. 9.40 Aufbau eines Cephalopoden

reichs und stellen klassische Versuchspräparate dar, mit denen Hodgkin und Huxley ihre berühmten Versuche zur Entstehung des Aktionspotenzials durchführten, für die sie 1963 den Nobelpreis erhielten.

9.18 Scalidophora

Unter dieser Bezeichnung werden die drei marin lebenden Taxa Priapulida (Priapswürmer), Kinorhyncha (Hakenrüssler) und Loricifera (Korsetttierchen) zusammengefasst. Gemeinsam ist allen das Introvert, ein einstülpbarer Vorderkörper. Er besitzt mehrere Reihen von Scaliden (Haken), mit denen die Tiere sich ausgestülpt im Sediment verankern.

9.18.1 Priapulida (Priapswürmer)

Die nur etwa 20 rezenten Arten leben in Korellensanden oder Schlickböden, die meiobenthischen Arten als Partikelfresser, die makrobenthischen Arten räuberisch. Sie haben einen wurmförmigen Körper, der bis zu 40 cm lang sein kann. Er gliedert sich in das einstülpbare Introvert und einen längeren Rumpf. Durch rhythmische, peristaltische Bewegungen graben sich die Tiere richtungslos durch das Sediment. Die Körperwand besteht aus einer Cuticula mit darunterliegender Epidermis. Innen folgen Ring- und Längsmuskulatur. Manche Arten haben einen lappenartigen Schwanz. Sie haben ein Pseudocoel. Durch das paarige Urogenitalsystem werden auch die Gameten abgegeben. Priapulida sind getrenntgeschlechtlich. Die Entwicklung erfolgt über eine Radiärfurchung und eine Larve, die sich dann über mehrere Häutungen zum adulten Wurm entwickelt. Deshalb gehören die Priapulida zu den Häutungstieren (Ecdysozoa). Sie sind veterinärmedizinisch nicht relevant.

9.18.2 Kinorhyncha (Hakenrüssler)

Die etwa 150 Arten leben marin im Schlick und Sand. Der maximal 1 mm lange Körper gliedert sich in Mundkegel, Introvert und Rumpf mit äußerer Gliederung von elf Segmenten (Zoniten). Das kleine Pseudocoel enthält Amöbocyten. Die quer gestreifte Rumpfmuskulatur macht den Körper flexibel. Das Nervensystem liegt ventral. Die Gonaden und die Protonephridien sind separat. Kinorhyncha sind getrenntgeschlechtlich. Die Eier werden im Sediment abgelegt und entwickeln sich über mehrere Larvenstadien. Die Tiere sind veterinärmedizinisch nicht relevant.

9.18.3 Loricifera (Korsetttierchen)

Sie wurden nach ihrem Brustpanzer (Lorica) benannt. Die etwa 30 Arten sind klein, ca. 0,3 mm lang und finden sich in grobkörnigen Meeressedimenten in unterschiedlichen Tiefen. Im Süßwasser oder im Boden kommen sie nicht vor. Ihr Körper hat einen Mundkegel und ein ausstülpbares Introvert. Der Panzer besteht aus sechs Cuticulaplatten und hat am Vorderrand Loricalstacheln. Am Mundkegel sitzen vier bis sechs Stilette. Die Protonephridien liegen in den voluminösen Gonaden und haben gemeinsame Ausführungsgänge zur Kloake. Die Tiere sind getrenntgeschlechtlich und pflanzen sich vermutlich durch direkte Spermienübertragung und innere Befruchtung fort. Die Entwicklung ist komplex und artspezifisch. Sie kann mehrere Larvenstadien und auch cystenartige Dauerstadien enthalten. Die Tiere sind veterinärmedizinisch nicht relevant.

9.19 Nematoida

Als Nematoida werden die zwei Taxa – Nematoda (Fadenwürmer) und Nematomorpha (Saitenwürmer) – zusammenfasst. Gemeinsam ist ihnen ein langer, dünner Körper mit einer ventralen und einer dorsalen Epidermisleiste und darin liegendem Nervenstrang. Die Ringmuskulatur ist vollständig reduziert und es sind keine Protonephridien vorhanden. Die einzelnen Zellen der Längsmuskulatur bilden Fortsätze zu den Nervenzellen aus, eine im Tierreich auffallende, seltene Besonderheit. Der Raum zwischen Darm und Längsmuskulatur (Pseudocoel) ist flüssigkeitsgefüllt, hat eine hohe Turgeszenz und wirkt als Hydroskelett. Es erlaubt den Tieren, die keine Ringmuskulatur besitzen, im Zusammenspiel mit der Längsmuskulatur schlängelnde, elastische Bewegungen. Die Körperhaut (Integument) besteht aus einer Epidermis, deren Zellen syncytial verschmolzen sind, und einer außen liegenden Cuticula. Der Verdauungskanal zieht röhrenförmig durch den Körper und besitzt an der Mundöffnung vielfach hakenartige Greifstrukturen. Typisch ist auch eine Zellkonstanz (Eutelie). Da es unglaublich viele Arten der Nematoida gibt (vermutlich mehrere Hunderttausend), werden im Folgenden nur die human- und veterinärmedizinisch wichtigen Klassen und einige ihrer Arten behandelt (Tab. 9.7).

Tab. 9.7 Einteilung der Nematoida

Überstamm/Stamm	Klasse/Ordnung	Gattung/Art
Ecdysozoa (Häutungstiere), Nematoida	Nematoda (Fadenwürmer)	*Caenorhabditis elegans* (Fadenwurm) *Ascaris lumbricoides* (Spulwurm) *Trichinella spiralis* (Trichine) *Trichuris trichiura* (Peitschenwurm) *Enterobius vermicularis* (Syn. *Oxyuris vermicularis*; Madenwurm) *Ancylostoma duodenale* (Hakenwurm) *Dracunculus medinensis* (Medinawurm) *Wuchereria bancrofti* (Blutfadenwurm) *Onchocerca volvulus* (Knotenwurm) *Loa loa* (Wanderfilarie)
	Nematomorpha (Saitenwürmer)	*Gordius fulgur* (Pferdehaarwurm)

9.19.1 Nematoda (Fadenwürmer)

Diese Tiere stellen mit ihren vielen Tausend frei lebenden Arten eine der größten Tierklassen dar. Viele Fadenwürmer leben im Boden oder in feuchten Biotopen, wo sie zum Teil die Wurzeln von Pflanzen befallen und deshalb in der Landwirtschaft als Schädlinge erhebliche Bedeutung haben. Ein Beispiel ist der Fadenwurm (*Caenorhabditis elegans*), der in Ackerböden lebt und Rübenanpflanzungen befällt.

Dieses etwa 1 cm lange Tier ist ein Modell für entwicklungsbiologische Untersuchungen geworden, da es konstant aus etwa Tausend transparenten Zellen besteht, deren Entwicklung und organotypische Differenzierung über die gesamte Lebensdauer des Tiers sehr gut verfolgt werden kann. Im Jahre 2002 wurde der Nobelpreis für Medizin für Forschungsarbeiten zur Etablierung dieses bedeutenden Tiermodells vergeben.

Andere Nematoden parasitieren in Geweben von Mensch und Tier und zählen zu den gefährlichsten Parasiten. Als Beispiel für die Körperorganisation von Nematoden soll uns der Spulwurm (*Ascaris lumbricoides*) dienen (Abb. 9.41). Die Tiere

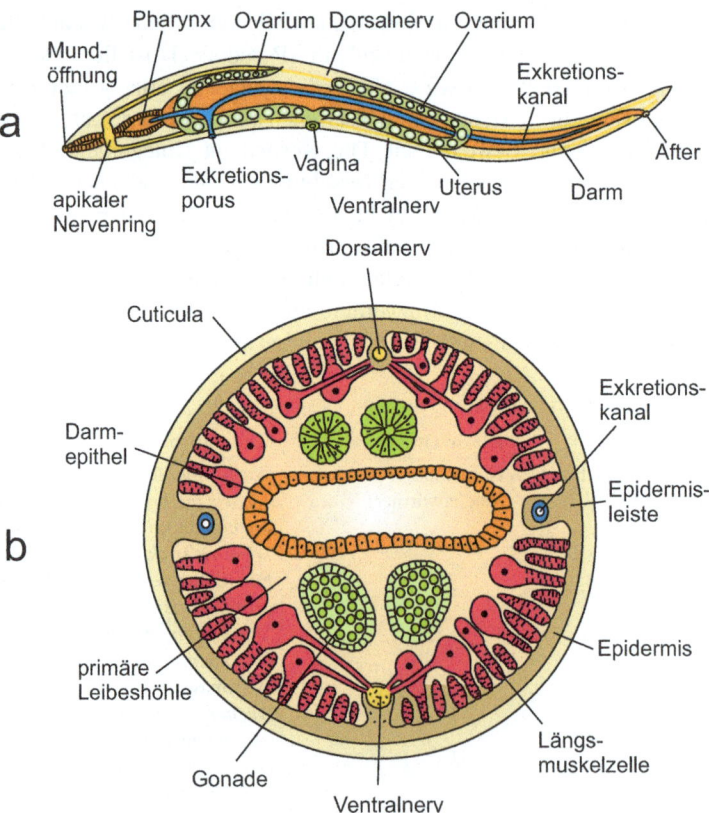

Abb. 9.41 Bauplan des Spulwurms (*Ascaris lumbricoides*). (**a**) Seitenansicht. (**b**) Querschnitt

sind getrenntgeschlechtlich, wobei das weibliche Tier stets größer ist. Abb. 9.41a zeigt die Seitenansicht eines weiblichen Tiers, das in Abb. 9.41b auch im Querschnitt dargestellt ist. Deutlich ist der vom Mund über einen Pharynx bis zum After durchgehende Darm erkennbar, dessen Mucosa wie alle Epithelien von Nematoden einschichtig ist. Atmungs- und Blutgefäßsysteme fehlen völlig, da die Versorgungsfunktionen von den inneren und äußeren Epithelien übernommen werden. Lateral verlaufen zwei Exkretionskanäle, die im vorderen Körperbereich zusammen in einen Exkretionsporus münden (H-förmig) und zur Osmoregulation dienen. Zwei Nervenstränge ziehen in Längsrichtung durch den Organismus und sind am Vorderende in einem Schlundring vereinigt, der um den Pharynx liegt und den geringen Cephalisationsgrad dieser Tiere veranschaulicht. Die Fortpflanzung erfolgt bisexuell, wobei in der weiteren Entwicklung komplizierte Generationswechsel, wie sie bei den Plathelminthes vorlagen, nicht auftreten. Die aus den Eiern geschlüpften Juvenilstadien der Nematoden werden in der parasitologischen Terminologie als Larven bezeichnet. Dabei können sich die Eier entweder erst in der Außenwelt weiterentwickeln, z. B. bei *Ascaris*. Sie werden dann als ovipare Formen bezeichnet. Schlüpfen die Larvenstadien bereits im Darm des Wirts, so handelt es sich um vivipare Formen. Die geschlüpften Larven entwickeln sich über vier Stadien zu adulten Nematoden und werden bei manchen Arten als Mikrofilarien bezeichnet. Da die Eihülle im Freien einen beträchtlichen Schutz bietet, schlüpfen manche Larven, z. B. bei *Ascaris*, erst nachdem die Eier von einem neuen Wirt oral aufgenommen wurden. Andere Filarien dagegen schlüpfen bereits im Freien (*Ancylostoma duodenale*). Obwohl kein eigentlicher Generationswechsel in der Nematodenentwicklung vorkommt, sind Wirtswechsel recht häufig. Spulwürmer (*Ascaris*) können bis zu 40 cm lang werden und gehören zu den häufigsten Dünndarmparasiten von Mensch und fast allen Haustieren. Pro Tag kann ein Weibchen mehrere Hunderttausend Eier ablegen, die vom Wirt mit den Faeces abgegeben und von einem neuen Wirt oral aufgenommen werden. Die Larven schlüpfen im Dünndarm des Wirts und wandern im Verlauf von drei Wochen über die Blutgefäße und die Leber in die Lunge, durchbohren die alveoläre Wand und wandern über die Luftröhre und Speiseröhre wieder in den Magen-Darm-Kanal, wo sie sich zu geschlechtsreifen Würmern entwickeln. Durch diesen außergewöhnlichen Infektionsweg, der die für die Larvalentwicklung wichtige Sauerstoffversorgung garantiert, kommt es bei den Wirten sowohl zu Lungenerkrankungen (Husten, Fieber) als auch zu Darmbeschwerden (spastische Darmkrämpfe, Darmverschluss).

Die wichtigste Infektionsquelle für den Nematoden *Trichinella spiralis* (Trichine) ist der Genuss von rohem Fleisch, da sich die Larven als Muskeltrichinen einkapseln. Trichinen kommen hauptsächlich bei Ratten, Hunden und vor allem auch in Wildtieren (Fuchs, Wildschwein, Bären) vor. Auch Hausschweine können sich infizieren und über sie wiederum der Mensch. Deshalb ist die Fleischbeschau in Schlachthöfen und auch von erlegtem Wild (Wildschweine) gesetzlich vorgeschrieben. Abb. 9.42b zeigt das typische Bild der spiralig eingekapselten Trichinen im Muskelfleisch. Nach der Aufnahme von solchem infizierten, rohen Fleisch werden die Larven im Darm innerhalb weniger Tage geschlechtsreif (Darmtrichinen). Die Würmer paaren sich und die vom Weibchen abgesetzten mehreren Tausend Lar-

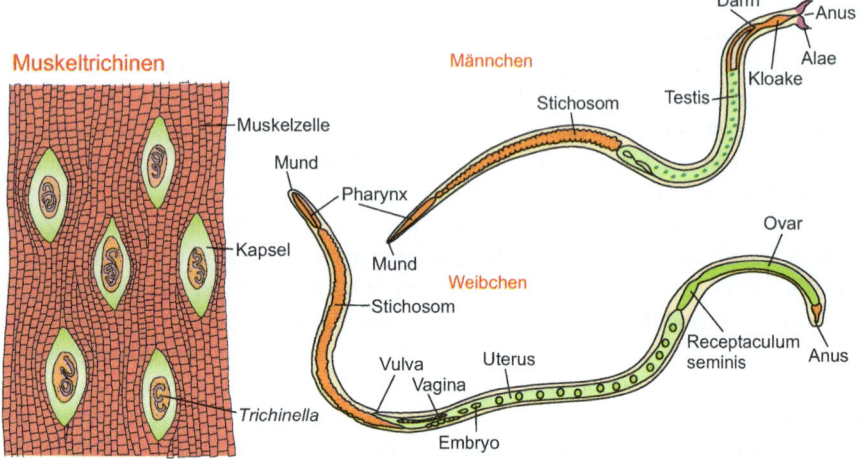

Abb. 9.42 (a) Trichine (*Trichinella spiralis*). (b) Muskeltrichine

ven wandern innerhalb weniger Tage in die Muskulatur ein, wo sie sich abkapseln und bis zu 30 Jahre infektionsfähig bleiben. Dabei können sie Muskelschmerzen verursachen, jedoch bleibt die Trichineninfektion häufig ohne Symptome. Nach der Aufnahme in den Darm treten häufig akute Darmbeschwerden mit Fieber und Intoxikationen auf, die auch letal sein können.

Trichuris trichiura, der Peitschenwurm, wird bis zu 10 cm lang und parasitiert im Blinddarm und Dickdarm von Menschen und Haustieren (Hund, Schwein). Meist ist der Befall harmlos und bleibt unbemerkt, bei starkem Befall können allerdings heftige Enddarmentzündungen auftreten. Besonders verbreitet ist diese Infektion in tropischen Ländern, da mit Fäkalien verunreinigte Nahrung (z. B. Salat und Gemüse) die orale Aufnahme der Eier begünstigt. *Trichuris*-Infektionen treten deshalb häufig als Reisekrankheiten auf.

Enterobius vermicularis (Syn. *Oxyuris vermicularis*; Madenwurm) wird ca. 1 cm lang und befällt den Dickdarm. Nur die Weibchen wandern zur Eiablage in den Analbereich vor, was einen starken Juckreiz und anale Schleimhautreizungen auslöst. Die Infektion erfolgt oral durch mangelnde Hygiene (Selbstinfektion).

Ancylostoma duodenale (Hakenwurm) wird bis zu 2 cm groß und parasitiert im Dünndarm des Menschen. Die Infektion tritt hauptsächlich in warmen, tropischen Gebieten und in Bergwerken auf und wird deshalb auch als Tunnelkrankheit bezeichnet. Der Parasit dringt über die Haut in den Wirt ein und wandert über das Blutgefäßsystem zunächst in die Lungen, sodann über die Luftröhre in den Rachen und über die Speiseröhre in den Darm. Durch hakenförmige Zähne gräbt sich der Wurm in Darmzotten ein und saugt Blut. Dies kann bei starkem Wurmbefall zu erheblichem Blutverlust und zum Tod führen. In tropischen Gebieten sind viele Millionen Menschen von diesen Nematoden befallen. In Europa kommen Hakenwurmarten auch bei Haustieren (Hund) und Nutztieren (Wiederkäuer) vor.

9.19 Nematoida

Die kleinen, runden Zwergfadenwürmer der Gattung Strongyloides parasitieren im Darm und im Respirationstrakt von Menschen, Säugetieren und Vögeln und verursachen ernste Erkrankungen. Diese Nematodenarten haben einen komplizierten Generationswechsel (Heterogonie), der Stadien mit unterschiedlichen Chromosomensätzen einschließt. Die adulten Männchen und Weibchen leben im Freien. Nach der Befruchtung der Eier werden diese ebenfalls im Freien abgesetzt und es schlüpfen Larven, die sich über mehrere Stadien entwickeln. Zunächst schlüpfen aus den Eiern rhabditiforme Larven, die sich dann in filariforme Larven, umwandeln. Diese können über die Haut in die Wirtstiere eindringen und über Herz, Lunge, Luftröhre und Rachen in den Magen-Darm-Kanal wandern. Hier entwickeln sich die adulten Weibchen. Diese setzen Eier mit unterschiedlichen Chromosomensätzen ab, aus denen rhabditiforme Larven schlüpfen, die mit den Faeces abgesetzt werden und von denen sich einige im Freien wieder zu getrenntgeschlechtlichen Adultformen entwickeln. Erkrankungen durch *Strongyloides*-Arten führen beim Menschen, hauptsächlich in tropischen Gebieten, zu schweren Lungen- und Darmerkrankungen, die häufig zum Tod führen. Strongyloididae werden oft pauschal als Lungenwürmer bezeichnet. Auch bei Schwein und Wiederkäuer und auch bei Pferden und Hunden sind verschiedene *Strongyloides*-Arten verbreitet und führen zu ernsten Erkrankungen. Metastrongylidae sind Lungenwürmer bei Rindern und Schweinen, Trichostrongylidae (Palisadenwürmer) treten bei Pferden, Wiederkäuern und Geflügel auf und befallen den Magen-Darm-Kanal. Angiostrongylidae sind Lungenwürmer von Ratten, die als Zwischenwirte Schnecken befallen. Sie können jedoch als unspezifische Wirte auch Schweine, Rinder und den Menschen befallen, wo sie oft ins Gehirn eindringen und Hirnhautentzündungen hervorrufen.

Dracunculus medinensis (Medinawurm) parasitiert im Unterhautbindegewebe des Menschen. Veterinärmedizinisch ist er von geringer Bedeutung, da es zwar einige auf Säugetieren und Reptilien parasitierende Arten gibt, die Dracontiasis aber eine spezifische Erkrankung des Menschen in Vorderasien ist. Nach der Kopulation sterben die nur wenige Zentimeter langen Männchen ab, während die Weibchen ca. 1 m lang werden können und als fadenartiger Wurm hauptsächlich in den unteren Extremitäten unter der Haut parasitieren. Innerhalb einiger Monate entwickeln sich aus den Eiern die Larven. Sie werden ins Wasser abgegeben, nachdem der Wurm die Haut nach einem Kältereiz penetriert hat. Jedes Weibchen produziert 1–2 Mio. Larven, die sich in Krebsen (*Cyclops*) weiterentwickeln. Die Übertragung auf den Endwirt geschieht über die orale Aufnahme von Krebsen in verunreinigtem Trinkwasser. Die Larven bohren sich durch die Darmwand und wandern letztendlich wieder ins Unterhautbindegewebe, wo sie sich zu adulten Tieren entwickeln. Als charakteristische Krankheitszeichen sind die Hautdurchbrüche sichtbar, die auch seit Urzeiten die Entfernung des Parasiten ermöglichen, der auf einem gespaltenen Holzstäbchen aufgewickelt und so langsam aus dem Körper entfernt wird.

Die fadenförmigen Parasiten sind human- und veterinärmedizinisch von Bedeutung. Sie werden durch blutsaugende Zwischenwirte (stets Arthropoden wie *Anopheles*, *Aedes*) übertragen. In den Tropen ist der ca. 10 cm lange Blutfadenwurm (*Wuchereria bancrofti*) sehr häufig. Er parasitiert im Lymphgefäßsystem und verursacht infolge einer Lymphstauung eine massive Vergrößerung der befallenen

Körperteile, die auch als Elephantiasis bezeichnet wird. Die adulten Tiere erzeugen Larven, die über das Blut von Stechmücken aufgenommen und übertragen werden.

Onchocerca volvulus (Knotenwurm) verursacht in Afrika bei Millionen von Menschen eine als Flussblindheit bezeichnete Krankheit. Die adulten Würmer liegen zunächst in Knäueln im Unterhautbindegewebe, wo sie von Immunreaktionen in Cysten abgekapselt werden (knotige Haut). Die Weibchen bilden Mikrofilarien (Larven), die in Lymphgefäße und häufig auch ins Auge auswandern, wo sie zur Erblindung führen können. Die Übertragung erfolgt durch Kriebelmücken als Zwischenwirte, in denen verschiedene Larvenstadien durchlaufen werden, ehe sie dann wieder auf den Menschen übertragen werden. *Onchocerca*-Arten finden sich auch in Europa, wo sie auf Rindern, Wild und Haustieren parasitieren können.

Bei Primaten wird in Westafrika durch die Wanderfilarie (*Loa loa*), die Loiasis oder Kamerunbeule verursacht. Die Filarie wird durch Bremsen übertragen. Auch diese Filarien leben im Unterhautbindegewebe und führen zu hühnereigroßen Schwellungen.

Filarien können durch Chemotherapeutika behandelt werden, allerdings wirken diese Präparate vorwiegend nur auf die Larvenstadien (Mikrofilarien) im Blut, sodass die adulten Formen, sobald sie an der Körperoberfläche zu erkennen sind, operativ entfernt werden müssen.

9.19.2 Nematomorpha (Saitenwürmer)

Die etwa 300 Arten leben vorwiegend im Süßwasser, sie kommen aber auch im Meer vor. Die oft bräunlich bis rötlich gefärbten Würmer sind sehr lang und extrem dünn. Es können bei 3 mm Durchmesser Längen von bis zu 2 m erreicht werden. Die Juvenilformen sind parasitisch. Mit einem Bohrapparat bohren sie sich in die Haut der Wirte (meist Insekten) ein und verlassen nur zur Eiablage ihren Wirt. Sie sind auf allen Kontinenten verbreitet. In seltenen Fällen können sie auch den Menschen befallen. Da sie ihre Cuticula häuten, werden sie zu den Ecdysozoa gezählt. Bekannter Vertreter ist *Gordius fulgur*, der Pferdehaarwurm.

9.20 Panarthropoda

Als Panarthropoda (Überstamm) werden die drei rezenten Gruppen Tardigrada (Bärtierchen), Onychophora (Stummelfüßer) und Arthropoda (Gliederfüßer) zusammengefasst. Die Trilobita (Dreilapper) waren marine Arthropoda, von denen nur Fossilien erhalten sind. Sie werden in diesem Kapitel ebenfalls dargestellt. Die Stellung der Panarthropoda ist umstritten, da sie durch ihre für Articulata typischen Merkmale (Körpersegmentierung, metameres Nervensystem, teloblastische Wachstumszone) sowohl Verwandte der Annelida sein könnten, durch ihre für Ecdysozoa typischen Merkmale (Cuticula mit Chitin, ecdysteroide Hormone und Häutung) aber auch als Verwandte der Priapulida infrage kommen.

9.20 Panarthropoda

9.20.1 Tardigrada (Bärtierchen)

Ihre Zugehörigkeit zu den Panarthropoda ist unsicher. Molekulare Analysen deuten eher auf eine Schwestergruppe der Nematoda hin. Die etwa 1000 Arten kommen weltweit marin, limnisch oder auch terrestrisch vor. Ihr gedrungener Körper ist bis zu 1,5 mm lang und besteht aus einem nicht deutlich abgesetzten Kopf und vier Rumpfsegmenten. Er hat dorsal eine plattenartige Cuticula und vier Stummelbeinpaare mit Krallen. Die Morphologie ist ungewöhnlich, Coelom, Gefäßsystem und Nephridien fehlen. Das Hämocoel wirkt im Zusammenspiel mit schräg verspannter Muskulatur als Hydroskelett. Pflanzliche oder tierische Nahrung wird mit dem Stilett angestochen und der Inhalt über den Pharynx in den Darm gesogen. Malpighi-Schläuche dienen der Osmoregulation und der Exkretion. Das Nervensystem besteht aus dem Gehirn, paarigen Schlundganglien und einem strickleiterförmigen Bauchstrang. Die Eier werden aus dorsalen Gonaden nach außen abgelegt. Tardigrada sind getrenntgeschlechtlich. Bei Austrocknung ihres Biotops können sie zu Dauerformen (Tönnchen) kontrahieren. Tardigrada sind veterinärmedizinisch nicht relevant.

9.20.2 Onychophora (Stummelfüßer)

Die 200 Arten leben terrestrisch und nachtaktiv in tropischen Bodenhabitaten. Der bis zu 20 cm lange, raupenartige Körper ist segmentiert und trägt bis zu 40 Laufbeine (Oncopodien). Die Körperoberfläche ist geringelt und die wasserabweisende Cuticula wird alle zwei bis drei Wochen gehäutet. Das offene Blutgefäßsystem hat ein dorsales Herz. Die Organe werden durch Tracheen mit Sauerstoff versorgt. Onychophora haben keine innere Körpersegmentierung, sondern ein Mixocoel. Sie sind getrenntgeschlechtlich, es gibt ovipare und vivipare Arten. Die Gonaden liegen dorsal. Ein durch einen deutschen Zoologen (Pflugfelder 1948) entdeckter und erforschter Vertreter dieser seltenen Tierart ist *Paraperipatus amboinensis*, der etwa 20 cm lang ist und 40 Beinpaare hat. Die Tiere sind veterinärmedizinisch nicht relevant.

9.20.3 Trilobita (Dreilapper)

Die Trilobita sind eine ausgestorbene Gruppe der Arthropoda. Heutzutage sind unzählige fossile Belege vorhanden. Ihr Körper besteht aus einem Kopfschild und drei lappenartigen Anhängen, nach denen die Gruppe benannt wurde. Durch die erhaltenen, verkalkten Rückenpanzer sind sie vorzügliche Belege für den Verlauf der Evolution im Kambrium und zählen zu den wichtigsten Leitfossilien. Mehr als 15.000 Arten sind beschrieben. Sie werden als ursprüngliche Entwicklungsform des Stammes der Arthropoda (Gliederfüßer) angesehen. Veterinärmedizinisch sind sie nicht relevant.

9.21 Euarthropoda (Gliederfüßer)

Als Arthropoda (Gliederfüßer) im eigentlichen Sinne werden hier die Euarthropoda behandelt, die Panarthropoda wurden im vorigen Kapitel dargestellt (Tab. 9.8).

Gliederfüßer haben sich im Laufe der kambrischen Explosion vor 540 Mio. Jahren gebildet und sind ein äußerst erfolgreicher Tierstamm. Etwa 80 % der bekannten rezenten Tierarten gehören zu ihm. In der traditionellen Systematik wurden die Arthropoden zusammen mit den Ringelwürmern als Articulata zusammengefasst. Neuere molekulare Befunde sehen sie dagegen enger mit den Nematoda und den Cycloneuralia verwandt. Diese gemeinsame Gruppe wird als Häutungstiere (Ecdysozoa) bezeichnet.

Allen Arthropoden ist ein Außenskelett gemeinsam. Es wird von den äußeren Epidermiszellen nach außen gebildet und als Cuticula bezeichnet. Seine Substanz besteht aus Chitin und Proteinen. Des Weiteren ist der Körper aller Arthropoden in Segmente gegliedert. Arthropoden sind in mehrere Abschnitte (Tagmata) gegliedert, die dann z. B. bei Insekten als Caput, Thorax und Abdomen bezeichnet werden. An ihnen können Gliedmaßen (Beine, Antennen, Mundwerkzeuge) sitzen, die ebenfalls gegliedert sind. Auch das Nervensystem ist segmental angelegt, verläuft als Bauchmark und besteht aus zwei Nervensträngen mit Ganglien und seitlichen Verbindungen (Kommissuren). Es wird als Strickleiternervensystem bezeichnet. Arthropoden besitzen ein offenes Gefäßsystem, das dorsal verläuft, und ein dorsales Herz mit seitlichen Öffnungen (Ostien). Die Hämolymphe wird auch zum Sauerstofftransport verwendet. Die Exkretion erfolgt primär über Nephridien, bei Insekten kommen auch Labial-, Maxillardrüsen und Malpighi-Gefäße vor. Die Atmung erfolgt artspezifisch über Lungen, Kiemen oder Tracheen. Als Sinnesorgane gibt es Einzelaugen (Ommatidien) oder Komplexaugen (Facettenaugen). Spezielle Sensillen ermöglichen Chemo-, Thermo-, Hygro- und Mechanorezeption. Arthropoda sind in der Regel getrenntgeschlechtlich. Die Fortpflanzung erfolgt mithilfe spezialisierter Geschlechtsorgane (Schlüssel-Schloss-Prinzip), meist findet eine innere Befruchtung statt. Es gibt aber auch äußere Befruchtung (Pantopoda, Xiphosura, einige Crustacea). Die Entwicklung verläuft über Larvenstadien und Metamorphose. Wachstum bei adulten Formen erfordert eine hormongesteuerte Häutung.

Tab. 9.8 Einteilung der Euarthropoda

Stamm		Unterstamm	Klasse	
Arthropoda (Gliederfüßer)	Euarthropoda	Chelicerata (Spinnenartige)	Merostomata	Amandibulata
			Arachnida (Spinnentiere)	
			Pantopoda (Asselspinnen)	
		Crustacea (Krebse)		Mandibulata
		Tracheata	Myriapoda (Tausendfüßer)	
			Insecta	

9.21 Euarthropoda (Gliederfüßer)

In der klassischen Systematik werden die Arthropoda in die Amandibulata (Kieferlose) und in die Mandibulata (Kieferträger) unterteilt. Zu den Amandibulata gehören die Chelicerata (Schwertschwänze (Xiphosura), Asselspinnen (Pantopoda und die Spinnentiere Arachnida)). Die Mandibulata tragen Mandibeln (Kauapparat) in verschiedenen Variationen. Zu ihnen gehören die Krebse (Crustacea), die Hundertfüßer (Chilopoda), die Zwerg- und Wenigfüßer (Progoneata) und die Insekten (Insecta = Hexapoda).

Von diesen Unterstämmen werden hier nur einige charakteristische behandelt: von den Chelicerata die Skorpione und Spinnentiere und von den Mandibulata die Crustacea und Insecta.

9.21.1 Chelicerata (Spinnenartige)

Die Chelicerata (Tab. 9.9) unterteilen sich in die Merostomata, die Arachnida (Spinnentiere) und die Pantopoda (Asselspinnen). Von dieser Gruppe sind für veterinärmedizinische Belange nur die Arachnida von Bedeutung. Sie werden deshalb ausführlich besprochen, während die beiden anderen Gruppen nur kurz gestreift werden.

Tab. 9.9 Einteilung der Amandibulata (Mandibellose)

Unterstamm	Klasse	Ordnung	Familie/Gattung/Art
Chelicerata (Spinnenartige)	Merostomata	Xiphosura (Schwertschwänze)	*Limulus*
		Gigantostraca (Seeskorpione)	
	Arachnida (Spinnentiere)	Scorpiones (Skorpione)	*Euscorpius italicus* (Hausskorpion) *Buthus occitanus* (Feldskorpion)
		Araneae (Webspinnen)	*Araneus diadematus* (Kreuzspinne) *Lycosa tarantula* (Tarantel) *Latrodectus hasselti* (Rotrückenspinne)
		Opiliones (Weberknechte)	
		Acari (Milben und Zecken)	*Aculus comatus* (Gallmilbe) *Dermatophagoides pteronyssinus* (Hausstaubmilbe) *Sarcoptes scabiei* (Krätzmilbe) *Demodex* (Haarbalgmilben) *Dermanyssus gallinae* (Vogelmilbe) *Varroa jacobsoni* (Bienenmilbe) *Ixodes* (Schildzecken) Argasidae (Lederzecken)
	Pantopoda (Asselspinnen)		

Merostomata

Merostomata sind im Wasser lebende Chelicerata, die Kiemen besitzen. Ihr Vorderkörper (Prosoma) ist von einem starken Panzer umgeben und am Hinterkörper (Opisthosoma) sitzt ein beweglicher Schwanzstachel. Nach diesem Stachel werden einige rezente Arten oft als Schwertschwänze (Xiphosura) bezeichnet. Diese Tiere, z. B. *Limulus*, leben an der nordamerikanischen Atlantikküste. An der Unterseite des Prosomas tragen sie sechs Beinpaare, wovon das erste als Chelicere (Kieferfühler) ausgebildet ist. Es ist ein für die ganze Gruppe der Chelicerata charakteristisches scherenförmiges Stilett, das zum Beutefang und zur Nahrungsaufnahme dient. Das folgende Laufbeinpaar ist zu Pedipalpen (Kiefertaster) ausgebildet, während die restlichen Beinpaare normale Laufbeine darstellen. Während *Limulus* eine in Fachkreisen für Laborversuche zur Sinnesphysiologie des Auges sehr bekannte Art ist, sind die meisten Merostomata ausgestorben und nur noch als Fossilien erhalten, so z. B. die ca. 1,5 m langen Seeskorpione (Gigantostraca).

Pantopoda (Asselspinnen)

Die Pantopoda (Asselspinnen) sind marine Gliederfüßer, die im Vergleich zum Körper überlange Extremitäten haben. Das zweigliedrige Prosoma hat einen Saugrüssel, Cheliceren, Pedipalpen, beim Männchen zu Eierträgern umgebildete dritte Laufbeine und vier weitere Laufbeine. Das Opisthosoma ist stark rückgebildet, wodurch der Körper extrem klein wirkt.

9.21.2 Arachnida (Spinnentiere)

Zu den Arachnida (Spinnentiere) gehören die Scorpiones (Skorpione), die Araneae (Webspinnen), die Weberknechte *(Opiliones)* und die Acari (Milben und Zecken). Weitere Gruppen sind vorhanden, werden aber hier nicht behandelt.

Scorpiones (Skorpione)

Skorpione (Abb. 9.43) sind an Land lebende Spinnentiere, die ihre Beute, meist Insekten, in freier Jagd erlegen und mit dem am Hinterende (Telson) liegenden Giftstachel betäuben und lähmen. Skorpiongifte sind Neurotoxine, d. h. toxische Peptide und Enzyme wie Hyaluronidase. Zum Stich wird der bewegliche Hinterkörper gekrümmt und der Giftstachel über dem Rücken nach vorne geführt. Der Stich kann auch für Säugetiere und Menschen tödlich sein. Der Vorderkörper (Prosoma) trägt die eher kleinen Cheliceren, während die Pedipalpen große, mächtige Scheren tragen, mit denen die Beute festgehalten werden kann. Die übrigen vier Beinpaare sind Laufbeine und setzen ebenfalls am Prosoma an. Das Opisthosoma besteht aus 13 Segmenten, von denen die letzten fünf als schmale Ringe ausgebildet und sehr beweglich sind. Sie werden als Metasoma bezeichnet, während die ersten sieben Segmente breit sind und als Mesosoma bezeichnet werden. Skorpione sind getrenntgeschlechtlich und vivipar. Die Jungen werden vom Weibchen einige Zeit auf dem Rücken getragen. Die meisten Skorpionarten kommen in tropischen und subtropischen Gebieten vor, es gibt allerdings auch einige Skorpionarten in Europa in den Mittelmeergebieten, z. B. den Hausskorpion *(Euscorpius italicus)* und den Feldskorpion *(Buthus occitanus)*.

Abb. 9.43 Skorpion

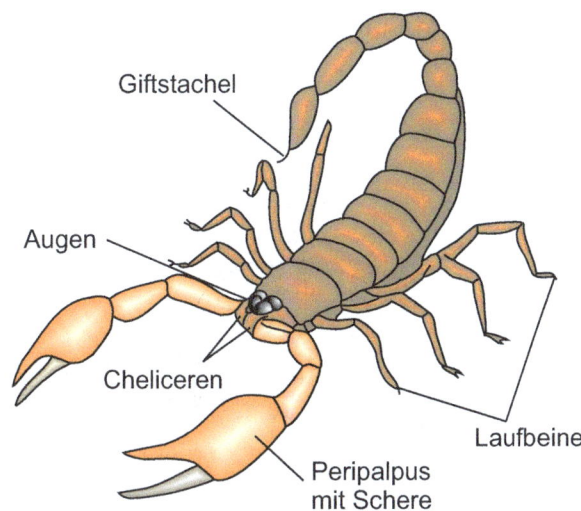

Araneae (Webspinnen)

Das Prosoma der Araneae ist sehr kompakt gebaut und deshalb scheinbar unsegmentiert. Es trägt die mächtigen Cheliceren, die eine Giftklaue und Giftdrüsen haben, mit der die Beute immobilisiert wird. Da die Spinnen eine relativ kleine Mundöffnung haben, wird die Beute durch Enzyme extrakorporal verdaut und erst dann durch den Saugmagen in den Vorderdarm eingesaugt. Manche Spinnenarten fangen ihre Beute in freier Jagd, während andere ein Netz aus Stütz- und klebrigen Fangfäden aufbauen, in dem sich die Beute verfängt. Das Prosoma trägt außerdem die Pedipalpen, die als Tastorgane dienen, beim Männchen aber auch zur Übertragung der Spermien eingesetzt werden. Dazu werden die Spermien in einen Samenschlauch an der Spitze der Pedipalpen eingesaugt und dann in die Geschlechtsöffnung der Weibchen eingebracht. Durch die artspezifische Anatomie der Pedipalpen und der Geschlechtsöffnung wird eine innerartliche Fortpflanzung gewährleistet und eine zwischenartliche Begattung ausgeschlossen. Die restlichen vier Beinpaare des Prosomas sind Laufbeine. Durch die Verengung des ersten Segments des Opisthosomas (Petiolus) sind Vorder- und Hinterleib der Spinnen durch eine dünne, bewegliche Verbindung (Abb. 9.44) scharf voneinander abgetrennt.

Am Prosoma befinden sich bis zu acht Augen. Die Spinnwarzen befinden sich am Ende des Hinterleibs und haben sich aus umgebildeten Extremitäten entwickelt. Die bei den Skorpionen noch vorhandene Kette der Bauchganglien ist bei den Spinnen zu einem strahlenförmigen Bauchganglion konzentriert. Spinnen atmen über ein Tracheensystem, wobei sie im Opisthosoma Fächer- und Röhrentracheen ausgebildet haben. Die Fächertracheen werden auch als Buchlungen bezeichnet. Als Exkretionsorgane dienen die Malpighi-Gefäße, die in den Enddarm münden, und die Coxaldrüsen im Prosoma. Die Geschlechtsöffnung ist im ventralen Bereich des Opisthosomas ausgebildet. Typische Vertreter der Spinnen in Europa sind die Kreuzspinnen *(Araneus)*, deren Gift auch beim Menschen Hautreaktionen und Entzündungen verursachen kann. Weitere giftige Vertreter sind die Apulische Tarantel *(Lycosa tarantula)* oder in tropischen Gebieten die Vogelspinne *(Avicularia)*. In

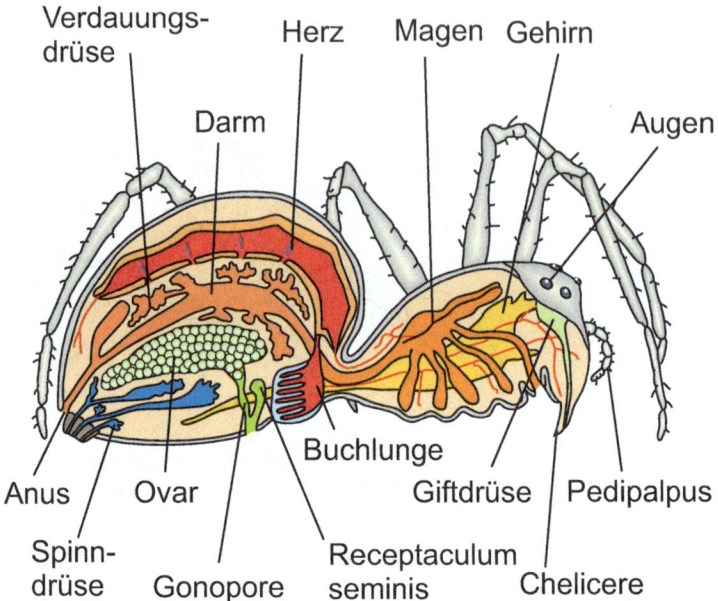

Abb. 9.44 Bauplan einer Webspinne

Australien ist besonders die auch für den Menschen tödliche Rotrückenspinne *(Latrodectus hasselti)* berüchtigt. Es gibt aber auch eine Spinnenart *(Argyroneta aquatica)*, die unter Wasser lebt und schwimmen kann. Auch diese Wasserspinne atmet mit einem Tracheensystem und transportiert dazu beim Tauchen Luftblasen in ihrem dichten Haarkleid.

Opiliones (Weberknechte)
Besonders auffällige Formen der „Spinnentiere" sind die Weberknechte (Opiliones), die extrem lange Beine haben. Diese Räuber verfolgen ihre Beute und spinnen kein Fangnetz. Prosoma und Opisthosoma sind hier zu einem einheitlichen Körper verwachsen.

Acari (Milben und Zecken)
Mit über 30.000 Arten sind die Acari die am weitesten verbreitete Gruppe der Chelicerata. Sie besiedeln sämtliche Biotope, weil sie sich durch ihre kleine Körpergröße und ihre vielfältigen Lebensweisen als Tier- oder Pflanzenparasiten enorm an die unterschiedlichen Lebensräume und Lebensbedingungen angepasst haben. Viele Acari sind Pflanzenschädlinge und richten in der Landwirtschaft enorme Schäden an. Zu ihnen zählen z. B. die Gallmilben *(Aculus comatus)*, die Obstbäume befallen, und die Mehlmilbe *(Acarus siro)*, die Getreide in Silos befällt. Diese Pflanzenschädlinge sollen aber hier nicht weiter besprochen werden.

Bei den Acari kommt es zu einer Verschmelzung der Körperteile und Segmente zu einem einheitlichen Körper. Dabei sind Milben meist kleiner als 1 mm und tragen ein stark behaartes Exoskelett. Sie entwickeln sich über drei Stadien. Im Larvenstadium tragen sie nur drei Beinpaare. Über das Nymphenstadium, das bereits vier Beinpaare besitzt, entwickeln sie sich zum Adultstadium mit ebenfalls vier Beinpaaren. Während dieser Wachstums- und der Metamorphosephasen häuten sich die Milben mehrmals. Am Vorderende tragen sie außerdem Pedipalpen als Tastorgane und stilettartige Cheliceren. Dabei sind diese bei den Milben meist kurz und können die Epidermis der Wirtstiere nicht gut durchdringen. Meist leben die Milben von abgeschilferten Epidermiszellen und dem Talg der Talgdrüsen an den Haarbälgen. Durch ihre parasitische Lebensweise auf der Epidermis und im Haarkleid von Wirtstieren rufen die Milben oft allergische Hautreaktionen hervor. Ihr abgehäutetes Exoskelett mit den vielen Borsten und ihr Kot können mit dem Hausstaub eingeatmet werden und schwere Asthmaanfälle auslösen. Zu den häufigsten Hausstaubmilben gehört die Art *Dermatophagoides pteronyssinus*. Große veterinärmedizinische Bedeutung haben die sogenannten Krätz- oder Räudemilben (Abb. 9.47). Sie parasitieren permanent auf der Epidermis von Wirtstieren in verschiedenen Bereichen. *Otodectes* siedelt sich oft auch in den Gehörgängen von Haustieren (Hunde, Katzen) an und führt zu schweren Entzündungen. Milben der Gattungen *Chorioptes*, *Psoroptes* und *Sarcoptes* befallen Rinder, Pferde, Schafe, Kaninchen und Menschen und graben Gänge in die Haut, in denen die Weibchen ihre Eier ablegen. Sie verursachen die Rinderräude und die Schafräude, die sich an ganz bestimmten Körperbezirken, z. B. am Fuß, Hals, Kopfbereich oder im Ohr, auswirken kann. Beim Menschen löst *Sarcoptes scabiei*, die Krätzmilbe, die Krätze aus, eine Erkrankung, die sich besonders an den Handgelenken, Fußsohlen und Achselhöhlen durch Juckreiz und Hautrötungen auswirkt. *Sarcoptes*-Arten können auch Haus- und Nutztiere befallen und zu schweren Haarausfällen führen. Auch *Sarcoptes* gräbt sich in die Epidermis ein und legt dort ihre Eier ab. Die Milben der Gattung *Demodex* werden auch als Haarbalgmilben bezeichnet, da sie in den Haarbälgen und den Talgdrüsen der Augenlider parasitieren. Ihre Arten sind sehr wirtsspezifisch, z. B. *Demodex bovis* beim Rind und *Demodex suis* beim Schwein. Auch sie lösen Juckreiz, Haarausfall und blutige Entzündungen aus. Große veterinärmedizinische Bedeutung haben auch die Vogelmilben *(Dermanyssus gallinae)*, die einen Saugrüssel besitzen und beim Geflügel im Haarkleid sitzen und Blut saugen. Dabei übertragen sie auch Krankheitserreger wie Rickettsien und Pasteurellen. In Nutzgeflügelhaltungen können dadurch erhebliche Schäden verursacht werden, durch Abfall der Legeleistung, Entwicklungsstörungen und sogar Todesfälle. Eine spezielle Milbenart ist *Varroa jacobsoni*, die sich auf Bienen spezialisiert hat, die Bienenruhr auslöst und eine meldepflichtige Erkrankung von großer veterinärmedizinischer Bedeutung ist. Die Milben durchbohren mit den Cheliceren die Cuticula der Bienen und saugen Hämolymphe. Sie befallen vor allem die Larven- und Puppenstadien und können zur Ausrottung ganzer Bienenvölker führen. Die Krankheit wurde vor ca. 50 Jahren aus Ostasien nach Europa eingeschleppt.

Zecken (Abb. 9.47) sind Ektoparasiten, die mit den Pedipalpen eine geeignete Einstichstelle am Wirt suchen und dann die stilettartigen Cheliceren ihrer Mundwerkzeuge in die Epidermis des Wirts eingraben und sein Blut in den Vorderdarm saugen. Dabei kann die Zecke mit ihrer elastischen Cuticula bis auf das Mehrfache ihrer ursprünglichen Körpergröße anschwellen. Nach dem Stich geben die Zecken ein Sekret in die Wunde, das den Saugapparat fest verankert. Damit werden häufig

Krankheitserreger wie Viren, Bakterien und Protozoen übertragen. Zecken sind also veterinärmedizinisch bedeutende Zwischenwirte und übertragen z. B. Piroplasmen, die Auslöser des Texasfiebers der Rinder. Beim Menschen können Bakterien übertragen werden, sogenannte Borrelien, welche die Borreliose oder Lyme-Krankheit auslösen, eine neuropathische Erkrankung. Zecken sind beim Menschen auch Überträger eines Virus, der die Frühsommermeningoenzephalitis (FSME) auslöst.

Zecken sind getrenntgeschlechtlich und entwickeln sich über Larven- und Nymphenstadien. Während die ersten Larvenstadien nur sechs Beine haben, besitzen die Nymphen und die adulten Zecken acht Beine. Bei der Kopulation bringen die Männchen die Spermatophoren mit den Mundwerkzeugen in die ventral gelegene, weibliche Geschlechtsöffnung. Die befruchteten Eier verkleben und werden in kleinen Päckchen abgelegt. Während der Entwicklung parasitieren die Larven und Nymphen auf einem oder mehreren Wirten. Es gibt also einwirtige Zecken, bei denen sowohl die Entwicklungsformen als auch die adulten Tiere immer auf demselben Wirt parasitieren. Die Entwicklung der Zecken von der Larve bis zur Adultform ist artspezifisch und kann von mehreren Wochen bis zu mehreren Jahren dauern. Zur Wirtsfindung besitzen die Zecken Chemorezeptoren am ersten Beinpaar, die sogenannten Haller-Organe. Sie sprechen auf kurzkettige Fettsäuren (Propion-, Butter- und Milchsäure) an.

Es gibt die Familien der Schildzecken (*Ixodes*) und der Lederzecken (Argasidae). Die Schildzecken besitzen einen Rückenschild aus Chitin und sind auch in Europa wichtige Zwischenwirte von Parasiten und Vektoren von Krankheitserregern. In Mitteleuropa ist der Holzbock *(Ixodes ricinus)* weit verbreitet, der bei Vögeln, Säugetieren und Menschen parasitiert und Krankheitserreger überträgt. Auch spielen Zeckenarten eine Rolle, die aus den Tropen und Subtropen eingeschleppt wurden und aus ihrem ursprünglichen Wirtsreservoir von Wildtieren jetzt auf Nutz- und Haustiere und den Menschen übergegangen sind. Die im Zeckenspeichel vorhandenen Enzyme und Neurotoxine können neben lokalen Gewebeschädigungen auch schwere Lähmungen mit teilweise letalem Ausgang auslösen. Die Lederzecken (Argasidae) besitzen keinen Rückenschild, sondern eine dehnbare, lederartige Oberfläche. Es gibt über Hundert verschiedene Arten, die vorwiegend in den feuchtheißen Gebieten der Tropen und Subtropen leben. Zum Blutsaugen suchen sie ihren Wirt nur für die Dauer des Saugens auf und lassen dann sofort wieder los. Die verschiedenen Arten der Argasidae befallen vor allem Vögel, z. B. die Taubenzecke *(Argas reflexus)*. Andere Arten befallen Hühner und sind Überträger der Geflügelspirochätose. Arten der Argasidae können aber auch den Menschen und andere Säugetiere befallen. So sind sie z. B. auch Überträger der Afrikanischen Schweinepest.

9.21.3 Mandibulata

Die Mandibeln der Arthropoden dienen zusammen mit den Maxillen als Kauapparat für die Nahrungsaufnahme. Alle Arthropoda, die Mandibeln haben, werden in dem Unterstamm Mandibulata zusammengefasst, der aus den Crustacea (Krebse), den Chilopoda (Hundertfüßer), den Progoneata (Zwerg- oder Wenigfüßer) und den Insecta (Insekten = Hexapoda) besteht.

Crustacea (Krebse)

Die Crustacea, von denen es über 50.000 Arten gibt, sind überwiegend im Wasser lebende Arthropoda, die sich über Larvenstadien (Nauplius) und Metamorphose entwickeln. Nur wenige Formen wie der große Palmendieb *(Birgus latro)* sind zum Landleben übergegangen. Auch die Asseln haben sich vollständig an die terrestrische Lebensform gewöhnt. Krebse sind getrenntgeschlechtlich, wobei bei einzelnen Arten allerdings Zwitter vorkommen können. Die Geschlechtsbestimmung wird durch verschiedene Faktoren wie Sexualhormone, Nahrungsangebot und Umgebungstemperatur beeinflusst. Bei extremen Bedingungen, z. B. zu großer Populationsdichte, entstehen vorwiegend männliche Tiere, wodurch die Fortpflanzungsrate erheblich vermindert wird (Tab. 9.10).

Der Bauplan der Crustacea (Abb. 9.45) ist durch eine Einteilung in Körpersegmentgruppen (Tagmata) gekennzeichnet. Dabei ist die systematische Einordnung und Klassifizierung sehr schwierig, da einzelne Segmente miteinander verschmolzen sein können. Die höheren Krebse (Malacostraca) sind in Cephalon (Kopf), Thorax (Brust) und Abdomen (Leib) segmentiert, wobei Kopf- und Brustbereich oft zum Cephalothorax verschmelzen. Oft liegt um den hinteren Kopf- und Brustbereich eine weitere Exoskelettduplikatur, der Carapax, der eine Schutzfunktion hat. Die

Tab. 9.10 Einteilung der Crustacea

Unterstamm		Klassen	Gattung/Art
Crustacea (Krebstiere)	Entomostraca (niedere Krebse)	Anostraca (Schalenlose)	*Artemia salina* (Salinenkrebs)
		Diplostraca (Doppelschaler)	*Daphnia pulex* (Wasserfloh)
		Ostracoda (Muschelkrebse)	
		Copepoda (Ruderfüßer)	
		Cirripedia (Rankenfüßer)	*Balanus* (Seepocke)
		Branchiura (Kiemenschwänze)	
	Malacostraca (höhere Krebse)	Decapoda (Zehnfußkrebse)	*Carcinus* (Strandkrabbe) *Astacus fluviatilis* (Flusskrebs) *Crangon* (Garnele) *Homarus* (Hummer) *Birgus latro* (Palmendieb)
		Isopoda (Asseln)	
		Amphipoda (Flachkrebse)	*Gammarus* (Flohkrebs) *Talitrus* (Strandfloh)
Chilopoda (Hundertfüßer)			
Progoneata (Zwergfüßer)			
Insecta (Insekten)		siehe Tabelle 9.11	

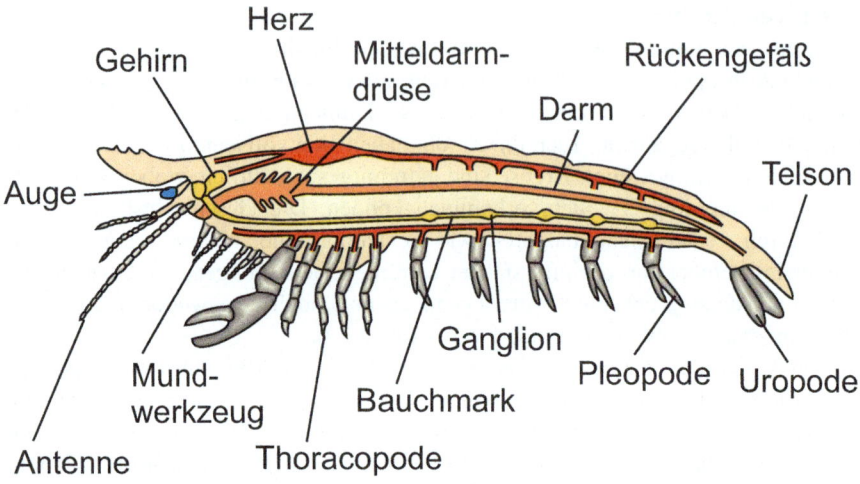

Abb. 9.45 Bauplan der Crustacea

Extremitäten der Crustacea werden nach ihren Ansätzen gegliedert. Die Kopfextremitäten bestehen aus zwei Antennenpaaren, zwei Maxillenpaaren und einem Mandibelpaar, insgesamt also aus fünf Paaren. Die folgenden Extremitäten der Crustacea bestehen aus jeweils drei Abschnitten (Abb. 9.45). Am Körper setzt der basale Protopodit an, der aus drei Teilen besteht (Praecoxa, Coxo- und Basipodit). Danach spaltet sich die Extremität in zwei Teile auf: den Laufbeinast (Endopodit) und den Schwimmbeinast (Exopodit). Nach dieser charakteristischen Aufteilung werden die Extremitäten von Crustacea auch als Spaltbeine bezeichnet. Am basalen Protopodit können bei manchen Formen auch seitlich an der Außenseite die Kiemen (Epipodit) sitzen. Die Extremitäten des Thoraxbereichs werden als Thoracopoden (Maxillipeden + Pereiopoden) bezeichnet, die des Abdominalbereichs als Pleopoden. Sie können bei den verschiedenen Arten in unterschiedlicher Zahl auftreten. So haben z. B. die bekannten Decapoda fünf Pereiopodenpaare. Die Thoracopoden und Pleopoden dienen neben der Fortbewegung zum Nahrungserwerb und haben sich je nach Funktion zu Greif- und Mundwerkzeugen oder zu Kopulations- und Brutpflegeorganen entwickelt.

Das Nervensystem besteht aus einem Bauchmark, in dem viele Ganglien aneinandergereiht sind. Die vordersten Ganglien sind teilweise zu größeren Einheiten verschmolzen und bilden mit dem Oberschlundganglion eine gehirnartige Funktionseinheit. Sinnesreize werden durch Chemo- und Mechanorezeptoren sowie durch Facettenaugen aufgenommen. Crustacea besitzen ein offenes Blutkreislaufsystem, das aus einem langen, kontraktilen Rückengefäß (Herz) besteht, das seitliche Öffnungen (Ostien) besitzt. Die Herzfrequenz wird dabei durch Neurohormone aus einem speziellen Ganglion (Neurohämalorgan) gesteuert. Überhaupt ist das Nervensystem die Produktionsstätte vieler wichtiger Neurohormone, mit denen unter anderem auch die Metamorphose gesteuert wird. Neurosekretorische Zellen des sogenannten X-Organs (Ganglien des Augenstiels) bilden ein häutungs-

9.21 Euarthropoda (Gliederfüßer)

hemmendes Peptidhormon, das MIH (*moult-inhibiting hormone*), das zwischen den Häutungen ausgeschüttet wird. Es verhindert dann die Abgabe des im Y-Organ (Carapaxdrüse) gebildeten Häutungshormons Crustecdyson, ein Ecdysteroidhormon. Im X-Organ des Augenstiels wird auch das CHH (*crustacean hyperglycemic hormone*) gebildet, das den Kohlenhydratstoffwechsel reguliert. In der Hämolymphe transportieren Atmungspigmente (Hämoglobin oder Hämocyanin) den Sauerstoff, der durch die Kiemen aufgenommen wird. Diese befinden sich am Ansatzpunkt der Thoracopoden und sind Epipoditen der Spaltbeine.

Crustacea haben einen durchgehenden Verdauungstrakt mit einer Mitteldarmdrüse, die Verdauungsenzyme sezerniert. Bei den Malacostraca ist auch ein Kaumagen ausgebildet. Der Anfangs- und Endteil des Verdauungstrakts sind ektodermal und demnach mit einer Chitinschicht über dem Epithel ausgekleidet, die bei der Häutung jedes Mal ersetzt wird. Die Exkretion der Crustacea geschieht über paarige Nephridien, die an den zweiten Maxillen (Maxillardrüsen) und an der Basis der zweiten Antenne (Antennendrüsen) münden. Dabei liegen die Antennendrüsen, die auch „Grüne Drüsen" genannt werden, im Kopf des Tiers, eine entwicklungsgeschichtliche Besonderheit. Nach Verschmelzung der Gameten werden zunächst Larven gebildet (Nauplius-Larve), die im ersten Stadium nur wenige Segmente aufweisen. Im Laufe ihrer Entwicklung häuten sie sich mehrmals und erreichen dann die für ihre Gruppe spezifische Segmentzahl. Die Nauplius-Larve besitzt so zunächst nur drei Segmente mit „Schwimmbeinen". Es handelt sich hier um das erste und zweite Antennenpaar und die Mandibel. Auch ist zunächst nur ein unpaares Medianauge vorhanden, das später bei den adulten Formen von paarigen Facettenaugen nachgefolgt wird.

Im Folgenden wird die Systematik der Crustacea behandelt, wobei die niederen Krebse nicht vollständig aufgeführt werden, sondern nur anhand einiger wichtiger und bekannter Beispiele. Zu den niederen Krebsen gehören die Anostraca (Schalenlose), die keinen Carapax besitzen. Ein typischer Vertreter dieser Klasse ist *Artemia salina,* der Salinenkrebs, der in Salzseen und Salinen lebt. Zu den Diplostraca (Doppelschaler) gehört der bekannte Wasserfloh *Daphnia pulex*, der in Tümpeln und in Seen lebt. Diese Kleinkrebse sind für andere im Wasser lebende Tiere wichtige Nahrungsquellen, sie reinigen und filtern mit ihren Extremitäten aber auch das Wasser und sind deshalb wichtige Bioindikatoren zur Beurteilung der Wasserqualität. Die Copepoda (Ruderfüßer) und die marinen Ostracoda (Muschelkrebse) sind wichtige Bestandteile des limnischen und marinen Planktons. Auch die Cirripedia (Rankenfüßer) gehören zu den niederen Krebsen, obwohl ihr Bauplan stark unterschiedlich zu dem der gängigen Crustaceenformen ist. Sie besitzen einen ungegliederten Körper, der vollständig in eine Schale von Kalkplatten eingehüllt ist. Sie leben meist sessil und setzen sich an Schiffsrümpfen und Landungsbrücken fest und ernähren sich durch Herbeistrudeln von Plankton. Bekannteste Vertreter sind *Balanus*, die Seepocke, und *Lepas*, die Entenmuschel. Die Branchiura (Kiemenschwänze) weisen auch parasitierende Formen auf, die sogenannten Fischläuse, die sich mit den zu Haken umgebildeten Antennen und Maxillen an den Kiemen der Fische festhalten und durch ein Mundstilett für eine Blutung sorgen, die ihnen dann als Nahrungsquelle dient.

Zu den höheren Krebsen (Malacostraca) gehören die Decapoda (Zehnfußkrebse) mit den Krabben (Brachyura), z. B. die Strandkrabbe *Carcinus*, mit den bekannten Vertretern der Garnelen *(Crangon)*, des Hummers *(Homarus)* und des limnischen Flusskrebses *(Astacus fluviatilis)*. Es gibt mehr als 8000 Arten der Decapoda. Diese Krebse haben ihr erstes Paar der Laufbeine in große Scheren umgebildet und besitzen gestielte Augen. Zu den Malacostraca gehören auch die zum Landleben übergegangenen Großkrebse, z. B. der Palmendieb (*Birgus latro*), ein bis zu 1 m Spannweite großer und bis zu 3 kg schwerer Krebs, der am Strand lebt und wie der Name sagt auch auf Palmen klettert.

Die Krabben (Brachyura) leben semiterrestrisch in Wattgebieten, abhängig vom Wasserstand abwechselnd im Wasser oder auf dem Land. Sie haben eine große Fähigkeit zur Osmoregulation und Adaption und können sich sehr gut an die sich zyklisch verändernden Umweltbedingungen wie Feuchtigkeit und Salzgehalt anpassen. Die Krabben haben ihre Form stark umgebildet und besitzen einen flachen, mächtigen Carapax, unter dem sie ihr Abdomen eingekrümmt tragen. Innerhalb der Isopoda (Asseln) sind einige Gattungen zum Landleben übergewechselt, die Teile ihrer Extremitäten zu Luftatmungsorganen umgebildet haben. Auch die Amphipoda (Flohkrebse) gehören zu den Malacostraca. Typische Vertreter sind *Gammarus*, der Flohkrebs, und *Talitrus*, der Strandfloh.

Myriapoda (Tausendfüßer)

Die Myriapoda sind segmentierte Gliederfüßer, die pro Segment ein oder zwei Beinpaare (Diplopoda = Doppelfüßer) tragen. Ein Tausendfüßer kann mehr als 100 Beinpaare aufweisen und bis zu 30 cm lang werden, während die Wenig- oder Zwergfüßer neun bis zwölf Beinpaare haben und maximal 1–2 cm lang werden. Zu dieser Gruppe gehören auch die Chilopoda (Hundertfüßer), die bis ca. 20 cm lang werden können. Myriapoda haben ebenso wie die Insecta nur ein Antennenpaar. Sie atmen über Tracheen, die an den Körperseiten durch Stigmen nach außen münden. Im Kopfbereich der Myriapoda sitzen zwei große Kieferklauen, die beim Biss Neurotoxine aus Giftdrüsen in die Wunde einbringen. Damit wird die Beute gelähmt. Die Neurotoxine mancher Myriapoden, besonders in tropischen Gebieten, können auch für Menschen letal sein.

Insecta (Hexapoda)

Die Insekten stellen mit über 1 Mio. bekannter Arten die umfangreichste Tierklasse dar. Ihr Körper ist in drei Abschnitte (Tagmata) gegliedert, die wiederum in einzelne Segmente unterteilt sind. Der Kopf (Caput) hat sechs solcher Segmente, die Brust (Thorax) drei und der Hinterleib (Abdomen) besteht aus elf Segmenten. Da jedes Thorakalsegment ein Paar Laufextremitäten trägt, werden die Insekten auch als Hexapoda bezeichnet. Einzelne Segmente können verschmelzen oder sich stark verschmälern, sodass es bei manchen Insekten (Ameisen, Bienen) scheint, dass der Hinterleib zum Thorax durch einen Stiel verbunden ist. Das Abdomen kann auch noch rudimentäre Extremitäten tragen, so z. B. Cerci am Hinterende. Insekten haben ein Exoskelett (Integument) aus einer Protein-Chitin-Cuticula, die mit vielen Körperanhängen (Borsten, Schuppen und Höckern) besetzt ist. Die drei Thorakalsegmente werden als Pro-, Meso- und Metathorax bezeichnet. Die an jedem dieser Segmente ventral ansetzenden Laufbeine gliedern sich in Hüfte (Coxa), Schenkelring (Trochanter), Schenkel (Femur), Schiene (Tibia) und Fuß (Tarsus). Bei geflügelten Insekten (Pterygota) sitzen am Thorax dorsal auch die Flügel, die sich aus Hautausstülpungen entwickeln. Bei Käfern setzen die Deckflügel am Mesothorax an, dahinter am Metathorax die Hautflügel. Bei der Stubenfliege ist nur das Flügelpaar am Mesothorax flugfähig und das am Metathorax zu Schwingkölbchen umgebildet. Flügel besitzen keine Muskulatur und auch keine beweglichen Segmente, sie sind also nicht mit den Flügeln der Vögel homolog und auch nicht mit den Laufextremitäten. Bei Libellen können die beiden Flügelpaare sogar unabhängig voneinander schlagen, bei den meisten Pterygota schlagen die Flügel einheitlich und können sogar durch Haftverbindungen gekoppelt werden. Das hintere Flügelpaar kann bei den Hautflüglern (Diptera) zu Schwingkölbchen (Halteren) umgebildet sein, das vordere Flügelpaar kann sich zu Deckplatten (Elytren) entwickelt haben (bei Käfern). Die Flügel werden indirekt über die quer gestreifte Thorakalmuskulatur bewegt, nur Libellen besitzen direkte Flugmuskeln (Tab. 9.11).

Tab. 9.11 Einteilung der Insecta

Klasse		Unterklasse	Ordnung	Gattung/Art
Insecta (Insekten)	**Entognatha** (früher Apterygota)		Diplura (Doppelschwänze)	
			Collembola (Springschwänze)	
			Protura (Beintastler)	
			Thysanura	*Lepisma saccharina* (Silberfischchen)
	Ectognatha (früher Pterygota)	Hemimetabola	Odonata (Libellen)	
			Blattodea (Schaben)	*Blatta orientalis* (Küchenschabe)
			Isoptera (Termiten)	
			Orthoptera (Schrecken)	*Locusta, Schistocerca* (Wanderheuschrecken)
			Psocoptera (Staubläuse)	Anoplura (Echte Läuse)
			Heteroptera (Wanzen)	*Cimex* (Bettwanze) *Triatoma* (Raubwanze)
		Holometabola	Coleoptera (Käfer)	*Tenebrio molitor* (Mehlkäfer)
			Lepidoptera (Schmetterlinge)	*Bombyx mori* (Seidenspinner)
			Diptera (Fliegen, Mücken)	*Anopheles, Aedes, Phlebotomus* (Stechmücken) *Musca* (Stubenfliege) Glossinidae (Tsetsefliegen)
			Siphonaptera (Flöhe)	*Ctenocephalides canis, C. felis* (Hunde- bzw. Katzenfloh)
			Hymenoptera (Hautflügler)	*Apis mellifera* (Honigbiene)

Am Kopf der Insekten befinden sich ein Paar Antennen, ein Paar Mandibeln und zwei Paar Maxillen. Insekten fehlt das zweite Antennenpaar der Krebse. Die Mundwerkzeuge der Insekten haben sich zu verschiedenen, sehr spezialisierten Organen entwickelt, die als stechende, saugende oder leckende Mundwerkzeuge bezeichnet werden. Der stechend-saugende Typ kommt bei Mücken und Wanzen vor. Dabei bilden die Lippen eine Rinne, in der die Stechborsten geführt werden. Durch einen Stechborstenkanal wird ein Speicheldrüsensekret in die Wunde abgegeben, das die Blutgerinnung hemmt. Eine zweite Rinne dient als Saugrohr, mit dem das Blut aufgesaugt wird. Beim saugenden Typ, der bei den Schmetterlingen vorkommt, sind die Mandibeln zurückgebildet und die rinnenförmigen ersten Maxillen fügen sich zu einem Saugrohr zusammen, das auch eingerollt werden kann. Bienen haben Mundwerkzeuge vom leckend-saugenden Typ. Ihre Mundwerkzeuge legen sich zu einem Saugrohr zusammen, das auch eine leckende Zunge enthält. Die ursprünglichen Insekten (Schaben, Heuschrecken) besitzen Mundwerkzeuge vom beißenden-kauenden Typ. Bei ihnen sind mächtige Kauladen ausgebildet, die gegeneinanderarbeiten und mit denen der Nahrung zerkleinert werden kann. Das zweite Maxillenpaar ist oft zum Labium (Unterlippe) verschmolzen.

Am Kopf der Insekten befinden sich auch ein Paar Komplexaugen sowie mehrere Pigmentbecherocellen. Komplexaugen sind aus vielen Tausend Einzelaugen (Ommatidien) zusammengesetzt. Jedes dieser Einzelaugen hat einen kompletten Linsenapparat (Cornea). Darunter liegt der vierzellige Kristallkegel, in dem acht optische Sinneszellen liegen, deren Nervenfasern gebündelt ins Oberschlundganglion ziehen. Die Retinula- oder Sehsinneszellen besitzen jeweils ein Rhabdomer – ein Bereich mit Mikrovilli und Sehpigmenten. Die Rhabdomere lagern sich im Zentrum des Ommatidiums zusammen und bilden das Rhabdom, dessen Achse auch das Sehen von polarisiertem Licht ermöglicht. Damit sind Insekten imstande, auch bei bedecktem Himmel den Sonnenstand zu erkennen und zu navigieren. Die Bilder der Einzelaugen werden neuronal zu einem rasterartigen Gesamtbild zusammengesetzt und verarbeitet. Bei tagaktiven Insekten sind die Einzelaugen durch Pigmentzellen optisch voneinander getrennt, sodass dieses Appositionsauge ein scharfes Abbild, aber ein relativ lichtschwaches Bild liefert. Nachtaktive Insekten besitzen hingegen Superpositionsaugen. Bei ihnen sind keine Pigmenteinlagerungen vorhanden oder das Pigment wandert nachts aus den interommatidialen Bereichen der Schirmpigmentzellen, sodass die einfallenden Lichtstrahlen auch von benachbarten Ommatidien wahrgenommen werden. So entsteht ein zwar unscharfes, aber sehr lichtstarkes Abbild. Insekten sehen im Vergleich zum Menschen in einem Bereich mit kürzeren Wellenlängen, sodass das Farbenspektrum nach Blau und Ultraviolett verschoben ist.

Insekten gehören zu den Tracheata, einer Tiergruppe, die ihren Namen durch ihre besonderen Atmungsorgane, die Tracheen, erhalten hat. Tracheen sind röhrenförmige Einstülpungen des Integuments, die nach außen über Öffnungen (Stigmen) in die Thorakal- und Abdominalsegmente münden. Die Tracheen sind mit einer Cuticula ausgekleidet, sie sich bei der Häutung miterneuert. Die Tracheen bilden ein verzweigtes Gangsystem, das auch Luftsäcke enthalten kann und letztlich mit den feinen Endstücken ins Gewebe mündet, um die Zellen mit Sauerstoff zu versorgen.

Das Nervensystem von Insekten besteht aus einem Bauchmark mit segmental angeordneten Ganglien. Im Kopfbereich sind Ober- und Unterschlundganglien als übergeordnete Zentren vorhanden. Insekten besitzen ein offenes Kreislaufsystem, das Hämolymphe enthält. Sie wird durch ein kontraktiles Rückengefäß über eine nach vorne offene Aorta in den Kopfbereich gepumpt. Das Rückengefäß ist dorsal geschlossen und hat seitliche Öffnungen (Ostien), durch die die Hämolymphe einströmt. Die Hämolymphe strömt über Gewebsspalten (Lakunen) zwischen die einzelnen Zellen. Sie enthält keine Atmungspigmente, besitzt aber Hämocyten zur immunologischen Abwehr. Der Verdauungstrakt von Insekten besteht aus dem Vorderdarm mit einem muskulösen Schlund (Pharynx), einem Ösophagus, der seitliche Aussackungen hat, die als Kropf oder Honigmagen bei Bienen fungieren. Der Mitteldarm besitzt viele seitliche Drüsenschläuche, die Verdauungsenzyme sezernieren. Zwischen Mittel- und Enddarm sitzen weitere blind endende Schläuche, die Malpighi-Gefäße, die zur Exkretion und Osmoregulation dienen. Der Enddarm ist mit einer Chitinschicht ausgekleidet und dient ebenfalls zur Osmoregulation. Einige Insekten (Termiten) besitzen im Darm Endosymbionten, die das Enzym Cellulase zur Celluloseverdauung liefern.

Insekten vermehren sich getrenntgeschlechtlich, können sich aber auch durch Parthenogenese, also ohne Besamung, fortpflanzen. Sie besitzen paarige Geschlechtsorgane mit einem unpaaren Ausführungsgang. Die Eier werden in den Eiröhren (Ovariolen) des paarigen Ovars produziert und gelangen über den Ovidukt in die Vagina, die meist eine Samentasche (Receptaculum seminis) besitzt. Anhangdrüsen ermöglichen das Einspinnen der befruchteten Eier in Kokons. Männliche Insekten besitzen paarige Hoden mit Samenleiter und einen Penis, der zur Begattung in die Vagina eingeführt wird.

Die postembryonale Entwicklung der Insekten beinhaltet bei den Pterygota verschiedene Larvenstadien. Diese Wachstums- und Differenzierungsvorgänge (Metamorphose) werden durch Hormone gesteuert, die aus verschiedenen neurosekretorischen Organen abgegeben werden. Dazu gehören neurosekretorische Zellen der Gehirnganglien, das Neurohämalorgan (Corpora cardiaca) und die endokrinen Organe Corpora allata, Prothoraxdrüse und Ventraldrüse. Letztere produzieren das Häutungshormon Ecdyson, das zur Klasse der Steroidhormone gehört. Aus den Corpora allata wird das Juvenilhormon ausgeschüttet. Beide Hormone bestimmen im Wechselspiel Larvalhäutung und Wachstum. Die Metamorphose wird durch Neuropeptide (Allatostatine) eingeleitet, welche das Juvenilhormon hemmen. In der Schädlingsbekämpfung werden diese komplizierten Hormoninteraktionen durch Insektizide gestört. Dazu gehören Juvenilhormonanaloga (Juvenoide) und nichtsteroidale Häutungshormonantagonisten. Auch durch andere Verfahren wie den Einsatz von gentechnisch veränderten Baculoviren wird versucht, die endogene Produktion von Juvenilhormon zu unterdrücken und so die Entwicklung von Schadinsekten zu hemmen. Die Larvenstadien der Insekten bilden die Wachstums- und Ernährungsstadien, während die durch Metamorphose entstandenen Imagines die adulten fortpflanzungsfähigen Stadien sind, die sich im Aussehen oft stark von den Larven unterscheiden (z. B. Maikäfer und Engerling).

Die Klassifizierung der Hexapoda erfolgte früher in der Einteilung in ungeflügelten Insekten (Apterygota) und die geflügelten Insekten (Pterygota; Abb. 9.46). Neuere Untersuchungen zeigen, dass diese Einteilung phylogenetisch nicht haltbar ist, da viele Pterygota sekundär wieder flügellos geworden sind. Des-

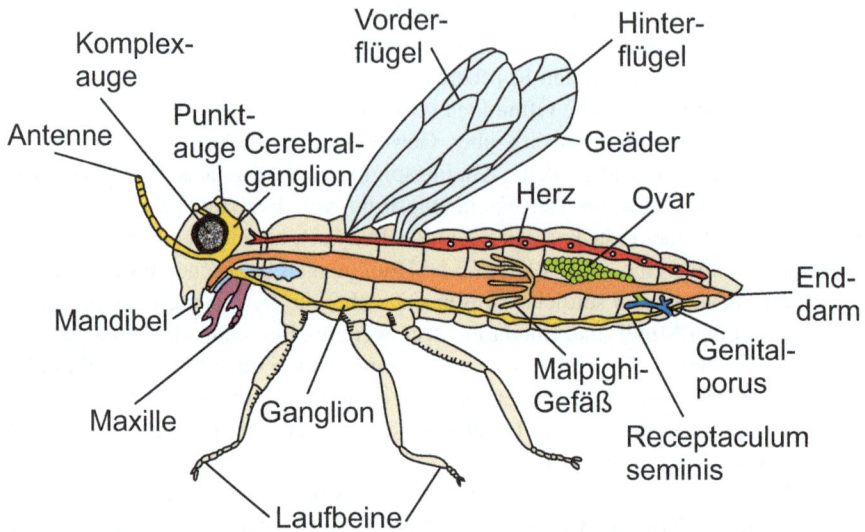

Abb. 9.46 Bauplan eines geflügelten Insekts (Pterygota)

halb unterteilt man die Insekten heute in Entognatha und Ectognatha. Bei Entognatha sind die Mundwerkzeuge in einer Hauttasche verborgen und in die Kopfkapsel eingesenkt. Bei Ectognatha liegen die Mundwerkzeuge dagegen frei.

Die Entognatha sind eine Gruppe von ursprünglichen Insekten, die durch Rückbildung der Komplexaugen, dafür sechs bis acht Einzelaugen, charakteristische abdominale Gliedmaßenreste und das Fehlen von Malpighi-Gefäßen charakterisiert ist. Zu ihnen gehören die Doppelschwänze (Diplura), die Springschwänze (Collembola) und die Beintaster (Protura). Die Einordnung der Borstenschwänze (Thysanura), zu denen auch die Silberfischchen gehören, ist etwas fraglich, da sie sowohl den Urinsekten als auch den Pterygota nahestehen und deshalb wohl als Zwischenform aufgefasst werden müssen. Diplura, Collembola und Protura sind kleine, wenige Millimeter lange Bodenbewohner, die in Moos, unter Baumrinde und im Sand leben und sich von pflanzlichem Material ernähren. Fossile Funde zeigen, dass viele dieser Arten bereits im Devon ausgebildet waren.

Die Mehrzahl der rezenten Insekten gehört zu den Ectognatha, wobei sie ungeflügelt (sekundär apterygot) oder geflügelt (pterygot) sein können. Neben den freien Mundwerkzeugen weisen sie charakteristische Merkmale auf, z. B. Komplexaugen, Antennen ohne Muskulatur in allen Gliedern, Malpighi-Gefäße zur Exkretion und Schallwellenrezeptoren (Johnston-Organe). Die Ectognatha teilen sich in zwei Gruppen mit unterschiedlichen Entwicklungsgängen. Hemimetabole Insekten machen eine unvollständige Metamorphose durch, d. h., sie entwickeln sich über mehrere Häutungen mit allmählicher Entwicklung der Organe und Körperform und ohne die Einbeziehung eines Puppenstadiums von der flügellosen Larve zur Imago. Zu den hemimetabolen Insekten gehören unter anderen die Schaben (Blattodea), die Libellen (Odonata), Termiten (Isoptera), die Schrecken (Orthoptera), Staubläuse (Psocoptera) und Wanzen (Heteroptera). Dagegen entwickeln sich holometabole In-

9.21 Euarthropoda (Gliederfüßer)

sekten über eine hormongesteuerte vollständige Metamorphose vom Larvenstadium über ein Puppenstadium zur Imago. Dabei kommt es zu einer mehrfachen radikalen Umstrukturierung des Körperbaus. Zu den holometabolen Insekten gehören unter anderem die Käfer (Coleoptera), die Schmetterlinge (Lepidoptera), die Mücken und Fliegen (Diptera), die Flöhe (Siphonaptera) und die Hautflügler (Hymenoptera). Zu Letzteren gehören unter anderem die Ameisen, Wespen und Bienen.

Insgesamt gibt es 30 Insektenordnungen, die vielfach spezialisiert in verschiedenen Biotopen leben. Sie können sich saprophytisch oder auch parasitisch ernähren und damit auch als gefährliche Parasiten von Pflanzen und Tieren auftreten. Solche Schadinsekten sind in der Humanmedizin und in der Tiermedizin von immenser Bedeutung, da sie als Krankheitsvektoren die Überträger von gefährlichen Krankheiten bei Mensch und Tier sind. Im Abschnitt 9.1 wurden schon einige parasitär verursachte Krankheiten besprochen. In diesem Zusammenhang seien auch die Arboviren (*arthropod-borne viruses*) erwähnt, eine Gruppe von über 350 verschiedenen RNA-Viren, die sich über Mücken und Zecken auf Wirbeltiere, also auch auf Menschen, übertragen und fieberhafte Erkrankungen (Gelbfieber, Dengue-Fieber) und Enzephalitiden hervorrufen. In Abb. 9.47 sind einige dieser Arthropodenvektoren und die von ihnen übertragenen Krankheiten zusammengestellt.

Insekten fungieren aber auch als Nutzinsekten, indem sie nicht nur die Blüten bestäuben, sondern für den Menschen auch Naturstoffe liefern, z. B. bei der Seidenspinne die Seide oder bei Bienen der Honig. Tiermedizinisch relevant sind besonders die Bienen, da sie als Nutztiere gehalten werden und die Haltungsbedingungen und die Vermeidung von Bienenkrankheiten auch zu den gelegentlichen Aufgaben der Tiermedizin gehören. Bienen gehören zu den Hautflüglern (Hymenoptera), Insekten mit zwei Flügelpaaren, bei denen Vorderflügel und Hinterflügel während des Fliegens mit kleinen Häkchen verbunden sind. Sie haben zwischen dem ersten und

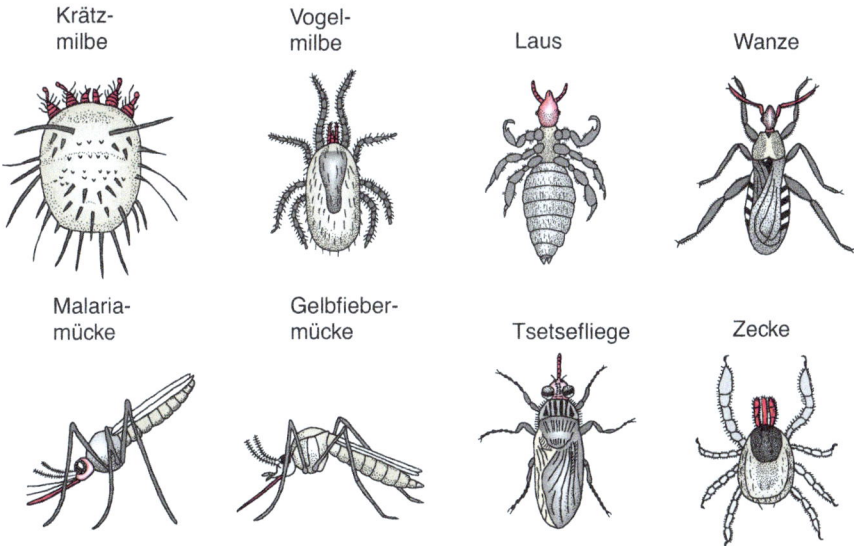

Abb. 9.47 Arthropoden als Krankheitsüberträger

zweiten Abdominalsegment eine starke Einschnürung ausgebildet und besitzen einen Giftstachel im letzten Abdominalsegment. Am ersten Beinpaar ist ein Putzapparat ausgebildet, am dritten Beinpaar ein Sammelapparat und im vorderen Verdauungstrakt ein Kropf (Honigmagen).

Bienen sind soziale Insekten, die in Staaten von bis zu 70.000 Tieren zusammenleben, Bienenstöcke mit Waben anlegen und meist nur ein eierlegendes Weibchen (Königin) haben. Aus den befruchteten Eiern entwickeln sich weibliche Bienen, aus den unbefruchteten Eiern männliche Bienen (Drohnen). Diese haben einen haploiden Chromosomensatz und keinen Stachel und dienen nur der Befruchtung der Königin. Deshalb leben sie nur einige Wochen, bevor sie von den Arbeiterinnen getötet werden. Sie begatten die Königin während ihres Hochzeitflugs und diese lagert den Samen zeitlebens im Samenspeicher (Receptaculum seminis). Die Königin produziert täglich bis zu 3000 Eier, die während der Ablage befruchtet werden können. Daraus bilden sich die Arbeiterinnen, die einen diploiden Chromosomensatz und einen Stachel besitzen und verschiedene Aufgaben erfüllen. Die Ammenbienen ernähren die Larven, die Baubienen produzieren die Waben des Stocks mit Bienenwachs. Eine neue Königin entwickelt sich nur, wenn eine größere Wabe (Königszelle) hergestellt und eine Larve mit Gelée royale gefüttert wurde. Dies ist ein spezielles Sekret aus den Futtersaftdrüsen, das eine Mischung aus Kohlenhydraten, Proteinen, Fetten und Vitaminen enthält. Diese spezielle Fütterung einer Larve geschieht meist nur, wenn die Königin mit zunehmendem Alter infertil wird und dies durch ihre abnehmende Pheromonabgabe induziert. Entwickelt sich in einem Stock eine weitere Königin, so schwärmt die alte Königin mit einem Teil ihres Volks aus. Schlüpft die neue Königin, bevor dies geschieht, so wird sie von der alten Königin mit dem Giftstachel getötet. Arbeiterinnen können auch als Wächterinnen den Eingang bewachen oder sich hauptsächlich der Nektarsammlung widmen. Dazu nehmen sie beim Besuch einer Blüte den Pollen mit den Haaren in die Körbchen an den Hinterextremitäten auf. Die Orientierung der Bienen geschieht über die Perzeption von polarisiertem Licht und des Sonnenstands. Bienen können die Information über Lage und Entfernung einer Futterquelle mithilfe des Schwänzeltanzes und durch gleichzeitige Körpervibrationen an ihre Artgenossen weitergeben. Die Bienenzucht wird schon seit der Frühzeit des Menschen betrieben, und es werden weltweit jährlich ca. 1 Mio. Tonnen Honig produziert. Eine regelmäßige tierärztliche Betreuung der Bienenzuchten ist angezeigt, da eine parasitäre, sehr ansteckende Bienenkrankheit (Varroatose) die Bestände in kurzer Zeit völlig vernichten kann.

9.21.4 Arthropoden als Krankheitsüberträger

Verschiedene Arthropoden spielen als Krankheitsüberträger und Parasiten eine bedeutende Rolle in der Human- und Veterinärmedizin. In Abb. 9.47 sind einige Beispiele aufgeführt.

Die Krätzmilben *(Sarcoptes scabiei)* bohren beim Menschen, aber auch bei Hunden, Wiederkäuern und Pferden Gänge in die Epidermis, in denen sie von abgeschilferten Zellen leben und sich fortpflanzen. Befallene Bezirke sind die Achselhöhlen, Fußsohlen und Handgelenke. Der Befall löst starken Juckreiz und Entzündungen aus sowie bei Tieren Haarausfall. Die Vogelmilbe *(Dermanyssus gallinae)* befällt insbesondere Nutzgeflügel in Massentierhaltungen und überträgt Rickettsien sowie die Geflügelcholera. Dadurch wird die Legeleistung stark gemindert. Läuse sind blutsaugende Hautparasiten, die sich meistens im Haarkleid einnisten und Fleck- und Rückfallfieber auslösen. Auch Wanzen sind blutsaugende Parasiten, die verschiedene Krankheiten auf Menschen und Tiere übertragen. Dazu gehört die Chagas-Krankheit, die in Süd- und Mittelamerika auftritt und von Flagellaten *(Trypanosoma cruzi)* ausgelöst wird. Diese Erreger befallen Herzmuskelzellen und zerstören sie. Mücken übertragen zahlreiche Parasiten, Bakterien und Viren. Bekanntestes Beispiel ist die Malaria-Mücke *(Anopheles)*, die den Einzeller *Plasmodium* überträgt, der bei Menschen und Primaten die Erythrocyten befällt und Malaria verursacht. Gelbfiebermücken übertragen das Virus der Gelbfieberkrankheit, die beim Menschen ohne vorherige Impfung meist tödlich verläuft. Die Tsetsefliege *(Glossina)* überträgt in Afrika die Flagellaten der verschiedenen *Trypanosoma*-Arten, die bei Menschen die Schlafkrankheit und bei Rindern die Nagana-Seuche auslösen. Schließlich sind Zecken häufige Überträger von Viren (Meningoenzephalitis), Bakterien (Lyme-Krankheit durch Borrelien) sowie Texasfieber bei Rindern durch Piroplasmen, Einzeller, die zu den Sporozoa gehören.

9.22 Echinodermata (Stachelhäuter)

Die Echinodermata umfassen etwa 7000 rezente Arten und leben ausschließlich marin, vorwiegend im Benthos. Von den ursprünglich etwa 20 Taxa mit ca. 130.000 fossilen Arten sind nur fünf rezente Taxa erhalten. Echinodermata werden in die sessilen, schon aus dem Kambrium bekannten Pelmatozoa eingeteilt, die sich mit einem Stiel am Substrat festhefteten. Aus dieser Gruppe existieren noch die rezenten Arten der Crinoidea (Seelilien und Haarsterne). Sie ernähren sich von Plankton. Die übrigen Gruppen der Echinodermata werden als Eleutherozoa bezeichnet und sind frei beweglich. Zu ihnen gehören die Seesterne (Asteroidea), die Schlangensterne (Ophiuroidea), die Seeigel (Echinoidea) und die Seewalzen (Holothuroidea). Die erst 1986 entdeckten Seegänseblümchen (Concentricycloidea) werden heutzutage zu den Seesternen gerechnet.

Die Stachelhäuter sind Deuterostomia, die sich aus einer bilateralsymmetrisch organisierten Dipleurula-Larve über eine komplizierte Metamorphose in eine radiärsymmetrische Adultform mit einer pentameren Organisation entwickelt haben. Ihre phylogenetische Abstammung von anderen Tierstämmen ist bis heute nicht völlig klar und man stellt sie in die Nähe der Hemichordata (Tab. 9.12).

Echinodermata weisen in ihrem Bauplan eine charakteristische Pentamerie auf, indem sie fünf strahlenförmige Äste oder Arme ausgebildet haben (z. B. Seestern, Abb. 9.48). Ihr Coelom ist prinzipiell dreiteilig. Im Verlauf der komplizierten Metamorphose entwickelt sich aus einem dieser Coelome das mit Flüssigkeit gefüllte Ambulacralsystem (Hydrocoel), das mit einem Ringkanal und fünf Radiärkanälen ausgestattet ist (Abb. 9.49). Da die adulten Formen der Echinodermata hauptsäch-

Tab. 9.12 Einteilung der Echinodermata

Stamm	Unterstamm	Klasse/Ordnung	Gattung/Art
Echinodermata (Stachelhäuter)	Pelmatozoa	Crinoidea (Haarsterne = Seelilien)	*Antedon*
	Eleutherozoa	Asteroidea (Seesterne)	*Asterias*
		Concentricycloidea (Seegänseblümchen)	*Xyloplax*
		Ophiuroidea (Schlangensterne)	*Ophiura*, *Gorgonocephalus* (Medusenhaupt)
		Echinoidea (Seeigel)	*Echinus*
		Holothuroidea (Seewalzen)	*Holothuria*, *Cucumaria*

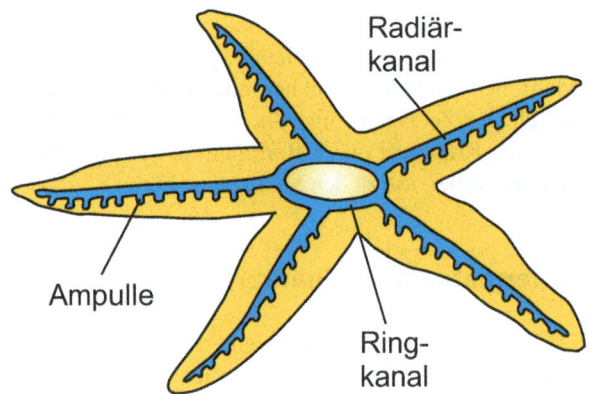

Abb. 9.48 Seestern

lich benthisch leben, hat das Coelom seine ursprüngliche, wichtige Funktion als Hydroskelett für die Fortbewegung verloren. Unter der Epidermis befinden sich Skelettplatten und Stacheln aus $CaCO_3$ (daher Stachelhäuter). Ein Teil dieser Platten (Ambulacralplatten) ist von kleinen Öffnungen durchbohrt. Durch diese Öffnungen ragen bewegliche Ambulacralfüßchen nach außen. Die Ambulacralplatten liegen in fünf radiären Ambulacralfeldern. Zwischen diesen Feldern liegen die Interambulacralplatten. Die Ambulacralfüßchen (Abb. 9.49) werden von flüssigkeitsgefüllten Radiärkanälen (s. o.) und von dem oralen Ringkanal gespeist. Dieser Ringkanal steht mit einem Steinkanal in Verbindung. Die soeben genannten Flüssigkeitskompartimente gehören zum Mesocoel. Der Steinkanal steht mit dem Protocoel in Kontakt, das sich über eine Axialdrüse, Protocoelampulle und Madreporenplatte nach außen öffnet. Das Protocoel dient der Exkretion. Das Metacoel bildet das große Körpercoelom und trägt auch die Gonaden und dient der Aufhängung des Darms. Die Gonaden münden über fünf Genitalporen.

Echinodermata haben ein offenes Hämolymphsystem ohne ein ausgebildetes Herz. Die Hämolymphe strömt in Lakunen und enthält statt echten Blutzellen Coelomocyten, die als Atempigmente Hämoglobin oder Hämerythrin enthalten. Der Gas-

9.22 Echinodermata (Stachelhäuter)

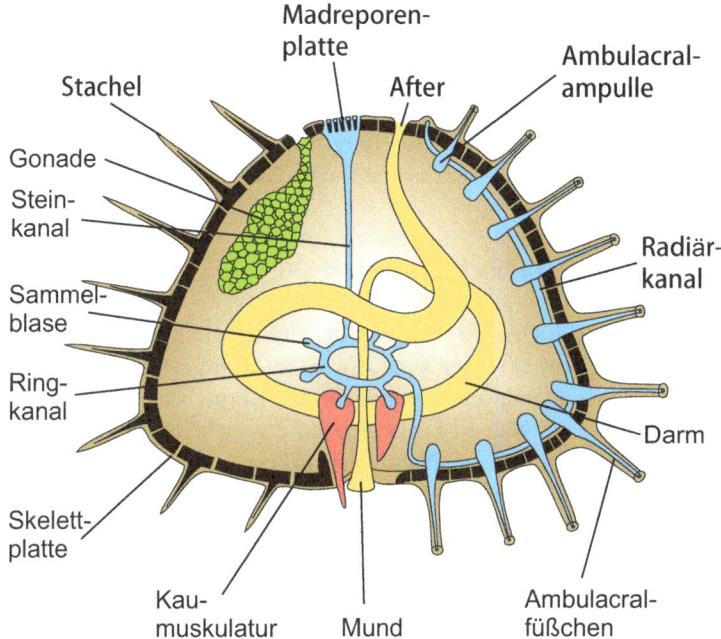

Abb. 9.49 Bauplan eines Seeigels

austausch erfolgt über die Tentakelflächen oder über spezielle, ausstülpbare Anhänge (Papulae). Bei Holothurien sind in der Kloake abzweigende Wasserlungen vorhanden. Da die Echinodermata mit ihrer marinen Umgebung isosmotisch sind, müssen sie keine aufwendige Osmoregulation betreiben, sondern tauschen ihre Exkrete über die Madreporenplatte oder die Oberfläche der Tentakel aus. Echinodermata haben einen von Mund bis After durchgehenden Magen-Darm-Kanal, der vielfach gewunden ist und seitliche Divertikel haben kann. Die meisten Stachelhäuter sind mikrophag, d. h., sie ernähren sich von Plankton und von im Wasser gelösten Partikeln. Seeigel bewegen sich an felsigen Küsten über die Steine und nagen den Algenbewuchs ab. Dazu besitzen sie einen speziellen, pyramidenförmigen Kauapparat, der als „Laterne des Aristoteles" bezeichnet wurde. Das Nervensystem der Echinodermata ist in epithelialer Form angelegt und besitzt aufgrund der Radiärsymmetrie des Körperbaus keine Cephalisation. Echinodermata sind getrenntgeschlechtlich. Sie geben ihre Eier und die Spermien ins Wasser ab, wo auch die Befruchtung erfolgt. Diese extrakorporale Befruchtung und Embryogenese ermöglichten Zoologen schon früh, diese Vorgänge unter Laborbedingungen zu erforschen. Die Entwicklungsvorgänge der Seeigeleier waren deshalb lange ein bevorzugtes Modell der Entwicklungsbiologen. Echinodermata sind veterinärmedizinisch nicht relevant.

9.23 Hemichordata (Kiemenlochtiere)

Sie umfassen zwei morphologisch völlig unterschiedliche Tiergruppen: die Enteropneusta (Eichelwürmer) und die Pterobranchia (Flügelkiemer). Molekulare Analysen bestätigen die Monophylie dieser Tiergruppe. Gemeinsam mit ihren Schwestertaxa, den Echinodermata, bilden sie das Taxon Ambulacraria.

9.23.1 Enteropneusta (Eichelwürmer)

Sie leben in u-förmigen Gängen im Meeresboden, die sie mit Schleim auskleiden und verfestigen. Die etwa 90 Arten können wenige Zentimeter bis 2 m lang werden und haben einen charakteristischen, dreigliedrigen Körperbau aus Prosoma, Mesosoma und Metasoma. Ihr Name bezieht sich auf das eichelförmige, anschwellbare Graborgan. Sie ernähren sich von Nahrungspartikeln im Wasserstrom ihres Gangsystems, den sie mit Cilien erzeugen. Im Prosoma haben sie ein Pseudocoel mit einem Stützorgan (Stomochord). Hier liegt auch das pulsierende Herz. Es pumpt das zellfreie, farblose Blut durch ein Ventralgefäß in den Körper und in das kapilläre Lakunennetz an Darm und Kiemen. Von dort gelangt es durch ein Dorsalgefäß wieder zurück zum Herz. Das Exkretionsorgan bildet einen knäueligen Glomerulus. Sie haben eine dicke mesodermale Muskulatur und ihre äußere Epidermis ist bewimpert. Im Darmrohr liegt ein Segment mit Kiemenspalten und seitlichen Kiementaschen. Der resorbierende Mitteldarm hat seitliche Divertikel. Die Tiere sind getrenntgeschlechtlich, die Gameten werden ins Seewasser abgegeben, wo die Befruchtung erfolgt. Die embryonale Entwicklung erfolgt wie bei den Deuterostomia über eine Radiärfurchung, eine Blastula und eine Invaginationsgastrula zu einer Tonaria-Larve. Enteropneusta werden in vier Familien unterteilt. Sie sind veterinärmedizinisch nicht relevant.

9.23.2 Pterobranchia (Flügelkiemer)

Diese marinen Hemichordata leben meist in Kolonien am Meeresboden. Ihr wurmförmiger Körper ist nur millimetergroß. Mit ihrem charakteristischen Tentakelapparat filtrieren sie ihre Nahrung aus dem Wasser. Sie haben über dem Rumpf einen Rostralschild und sackartige Eingeweide. Früher ordnete man sie aufgrund ihres Tentakelapparats zu den Protostomia als Verwandte der Tentaculata (Lophophorata). Diese Einordnung wurde aufgrund von molekularen Daten aufgegeben und sie werden jetzt als Nachfahren von eichelwurmartigen Vorläufern angesehen. Rezent gibt es zwei Ordnungen mit je zwei Familien. Auch die fossile Gruppe der Grapholiten wird inzwischen zu den Pterobranchia gezählt. Die Einzeltiere werden Zoide genannt. Es gibt verschiedene Fortpflanzungsformen, darunter Zwitter und getrenntgeschlechtliche Tiere. Ihre Entwicklung verläuft über Larven, die in einer Metamorphose Jungtiere bilden. Auch eine vegetative Fortpflanzung ist bei diesen Deuterostomia beschrieben. Sie sind veterinärmedizinisch nicht relevant.

9.24 Chordata

Alle Tiere, die im embryonalen Stadium oder auch lebenslang eine Chorda dorsalis aufweisen, gehören zu diesem Stamm. Die Chorda dorsalis ist ein stabförmiger, halbelastischer, bindegewebiger Strang. Er zieht sich meist ventral vom zentralen Nervensystem längs durch den ganzen Körper. Seine Aufgabe ist die Stützfunktion des Körpers. Zu den Chordata gehören alle Wirbeltiere und auch der Mensch.

Obwohl man im Bauplan der Chordata auch viele Invertebratenmerkmale wie die Bilateralsymmetrie, die anterior-posteriore Achse, das Coelom, die Metamerie und die Cephalisation findet, gibt es jedoch fünf kennzeichnende Merkmale, welche die Chordata von allen anderen Tierstämmen abgrenzen. 1. die Chorda dorsalis (Notochord), 2. das Neuralrohr, 3. der Kiemendarm, 4. das Endostyl und 5. der postnatale Schwanz. Diese fünf Merkmale finden sich im Embryonalstadium immer, können jedoch in späteren Lebensstadien abgewandelt oder rückgebildet sein. Die Chordata gehören zu den Deuterostomia und haben zusammen mit den Echinodermata und den Hemichordata vermutlich einen gemeinsamen Vorfahren, zu dem bisher nur verschiedene Entwicklungshypothesen existieren (Protochordata-Larve). Von den sich daraus entwickelnden frühen Chordata sind fossile Schieferabdrücke aus dem Kambrium vor etwa 570 Mio. Jahren bekannt. Diese Chordata waren freischwimmende Tiere mit etwa 1 cm Länge, die eine Chorda, Myomere und zwei Augen am Vorderende hatten. Aus diesen Urchordata haben sich die zwei rezenten Gruppen der Prochordata entwickelt: die Tunicata (Manteltiere) und die Acrania (Schädellose).

Die Chorda dorsalis entwickelt sich aus einer Abfaltung des Urdarmdachs. In ihrem Inneren befinden sich große Zellen mit einem gallertigen Cytoplasma, die eine große Flexibilität garantieren. Sie sind von einer Chordascheide umgeben. Während Hemichordata noch keine echte Chorda besitzen, sondern eine homologe Struktur, die aus einem Darmfortsatz gebildet wird, tritt eine echte Chorda dorsalis erstmals bei den Tunicata auf.

9.25 Tunicata (Manteltiere)

Der Name dieser Gruppe bezieht sich auf das Tunicin, ein celluloseähnliches Kohlenhydrat, das nur im Cuticularmantel dieser Tiergruppe vorkommt. Tunicata sind weltweit verbreitet. Es gibt 2120 Arten, die sich in Subtaxa unterteilen (Tab. 9.13).

Die Tunicata werden oft auch als Urchordata bezeichnet. Sie sind sessile oder schwimmende Meerestiere, die ihre Nahrung aus dem über die Mundöffnung eingestrudelten Atemwasser herausfiltern. Zu diesem Zweck besitzen sie einen modifizierten Vorderdarm, der als Kiemendarm durch unzählige Kiemenspalten durchbrochen ist. Die Nahrungspartikel werden durch einen Reusenapparat herausgefiltert und weiter in den Mitteldarm befördert. Die Kiemenspalten öffnen sich in einen Peribranchialraum, der dorsal zu einer Kloake ausgeweitet ist, in die auch Darm und Geschlechtswege münden. Am Boden des Kiemendarms liegt die Hypobranchialrinne, ein schleimproduzierendes Organ, das dem eingestrudelten Meer-

Tab. 9.13 Einteilung der Tunicata (Manteltiere)

Unterstamm	Klasse	Gattung/Art
Tunicata (Manteltiere)	Appendicularia (kleine freischwimmende Strudler)	*Oikopleura*
	Ascidiacea (Seescheiden)	*Ciona, Botryllus*
	Thaliacea (Salpen)	*Pyrosoma, Salpa*

wasser Jod entzieht und in Thyroxin einbaut. Insofern ist die Hypobranchialrinne homolog zur Schilddrüse der Wirbeltiere. Tunicata entwickeln sich über ein Larvenstadium, das im Schwanzbereich eine Chorda dorsalis aufweist. Darüber zieht sich das Neuralrohr über die gesamte Körperlänge. Am Vorderende des Neuralrohrs liegen Sinnesorgane (Auge und Statocyste). Tunicata besitzen kein Coelom und keine spezielle Exkretionsorgane, da die Exkretion über Epithelzellen des Darms oder über spezielle Speicherzellen erfolgt. Sie besitzen ein offenes Blutgefäßsystem mit einem einfachen Herz. Tunicata sind Zwitter. Zu ihnen gehören die winzigen mehrere Millimeter großen strudelnden Appendicularia sowie die Seescheiden (Ascidiacea), deren Larven freischwimmen, während die Adultformen festsitzen und teilweise Kolonien bilden, und die Salpen (Thaliacea), die freischwimmende und sessile Formen ausgebildet haben.

9.26 Acrania (Schädellose)

Die Chorda dorsalis durchzieht bei den Acrania den ganzen Körper. Als herausragendes Beispiel dieser marinen Tiergruppe sei das Lanzettfischchen *Branchiostoma lanceolatum* genannt (Abb. 9.50), dessen ursprünglicher Vertreter als mögliche Urform der Vertebraten, also auch des Menschen, gilt. Es wurde früher auch als *Amphioxus* bezeichnet. Wie der Name schon sagt, haben die Acrania den für Wirbeltiere typischen Kopf noch nicht ausgebildet. Sie sind ca. 5 cm lang und besitzen segmental angeordnete Muskelabschnitte (Myomere), die an der Chorda dorsalis seitlich zu den Körperhälften ansetzen. Sie weisen eine Asymmetrie auf, die sich auch im Aufbau des Nervensystems fortsetzt. Es besteht aus einem dorsalen Neuralrohr, von dem seitlich motorische und sensorische Nerven in alternierender Reihenfolge abgehen. Das Neuralrohr weitet sich vorne zu einem gehirnähnlichen Bläschen, das allerdings noch keine Unterteilung in verschiedene Bereiche aufweist. Die Sinnesorgane sind auf lichtperzipierende Pigmentbecherocellen reduziert, Augen und Gleichgewichtsorgane fehlen völlig. Die Acrania haben allerdings wie die Wirbeltiere schon ein Coelom angelegt und besitzen ein geschlossenes Blutgefäßsystem. Allerdings fehlt ein zentrales Herz, die Blutflüssigkeit wird durch mehrere Kiemenherzen fortbewegt. Die Tiere strudeln das Meerwasser über den Kiemendarm ein, in dem ein großer Reusenapparat ausgeprägt ist, der die Nahrungspartikel mithilfe des von der Hypobranchialrinne produzierten Schleims aus dem Wasserstrom filtriert. Sie werden dann durch den Cilienschlag der bewimperten Epibranchialrinne weiter in den Darm gebracht, wo sie durch die Sekrete der Mitteldarmdrüse verdaut werden. Nach Passage der Kiemenspalten und dem zur At-

9.27 Agnatha (Kieferlose)

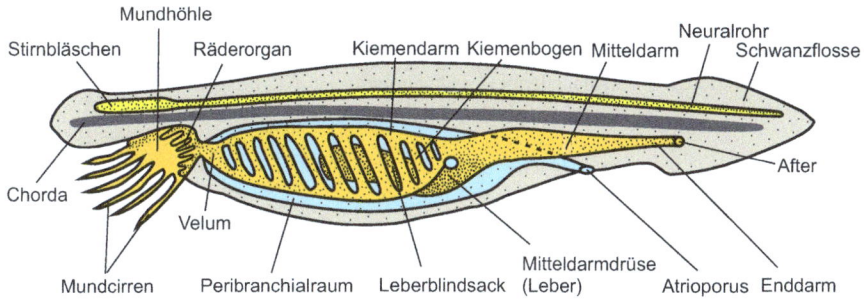

Abb. 9.50 Bauplan des Lanzettfischchens *Branchiostoma lanceolatum*

Tab. 9.14 Einteilung der Acrania (Schädellose)

Unterstamm	Gattung
Acrania (Schädellose)	*Branchiostoma* (Lanzettfischchen)
	Asymmetron
	Epigonichthys

mung notwendigen Austausch von Sauerstoff fließt das Wasser in den Peribranchialaum und von dort aus über den Atrioporus wieder in die Umgebung zurück. Dorsal im Kiemendarm liegen die für die Exkretion zuständigen Protonephridien. Eine besondere Anordnung weisen die Gonaden auf. Sie sind segmental seitlich in der Außenwand des Peribranchialraums angeordnet. Acrania sind getrenntgeschlechtlich und geben Spermien und Eier mit dem Wasserstrom durch den Atrioporus nach außen ab. Ihre Epidermis ist wie bei den Tunicata einschichtig. Von den Acrania gibt es heute etwa 25 rezente Arten, die sich eigenständig aus den Stammformen entwickelt haben und nur teilweise homologe Vergleichsansätze zu den Wirbeltieren erlauben (Tab. 9.14).

Tunicata und Acrania sind auf marine Biotope beschränkt. Die im Folgenden behandelten Vertebrata (Wirbeltiere) haben sich durch ihre Weiterentwicklung mit der Bildung einer Wirbelsäule neue Fortbewegungsmöglichkeiten erschlossen und damit auch neue Lebensräume (Land, Wasser und Luft) erobert.

9.27 Agnatha (Kieferlose)

Die Agnatha weisen mit Schädel, Wirbelsäule und einem Gehirn aus fünf morphologisch abgegrenzten Bereichen bereits die typischen Merkmale der Wirbeltiere auf. Allerdings fehlt ihnen ein Kieferapparat. Zu den Agnatha gehören die ausgestorbenen Ostracodermi, die eine mit Knochenplatten gepanzerte, fischähnliche Form hatten. Sie zählen zu den ältesten Wirbeltieren und ihre Fossilien finden sich in Süßwassersedimenten aus dem Devon. Die rezenten Cyclostomata (Rundmäuler) beinhalten die Myxinoidea (Schleimaale) und die Petromyzontidae (Neunaugen). Auch sie besitzen keinen Kieferapparat, allerdings eine Chorda dorsalis sowie ein

Tab. 9.15 Einteilung der Agnatha (Kieferlose)

Klasse	Unterklasse	Gattung/Art
Agnatha (Kieferlose)	Ostracodermi (fossile Formen)	
	Cyclostomata (Rundmäuler)	*Myxine* (Schleimaal)
		Petromyzon (Neunauge)

knorpeliges Innenskelett. Zur Fortbewegung besitzen sie keine paarigen Flossen, sondern einen medianen Flossensaum, mit dessen Hilfe sie sich schlängelnd fortbewegen. Oft werden diese Tiere fälschlicherweise zu den Fischen gezählt, weil sie aufgrund ihrer fischähnlichen Form und der schlängelnden Fortbewegung mit Aalen verwechselt werden. Allerdings ist ihre Haut ohne Schuppen und sie besitzen keine Schwimmblase. Die Myxinoidea (Schleimaale) leben marin und ernähren sich meist von Aas, das sie mit ihren raspelartigen Hornzähnen und Zungenplatten zerkleinern und über die Mundtaschen aufnehmen. Sie sind meist augenlos und haben am Vorderende eine Nasenöffnung, deren Gang direkt in den Darm mündet. Durch ihn erfolgt die Aufnahme des Atemwassers. Die Petromyzontidae (Neunaugen) besitzen dagegen Augen, eine Nasengrube und seitlich jeweils sieben Kiemenöffnungen. Von diesen scheinbaren neun Augen leitet sich auch ihr Name ab. Neunaugen besitzen einen Saugmund, mit dem sie sich an Steinen oder aber an einer Beute festsaugen und diese mit Hornzähnen und Raspelzunge zerkleinern und aufnehmen. Sie entwickeln sich über ein Larvenstadium (Ammocoetes-Larve) im Sand oder Schlick der Gewässer und leben nach der Metamorphose als räuberische Allesfresser im Brack- oder Salzwasser, oft ziehen sie auch zum Ablaichen vom Meer ins Süßwasser (Tab. 9.15).

9.28 Gnathostomata (Kiefermünder)

Im Gegensatz zu den Agnatha, besitzen alle folgenden rezenten Arten der Craniota einen Kiefer. Er umgreift die Mundöffnung und ermöglicht das Aufeinanderbeißen der ebenfalls vorhandenen Zähne. Diese Tiere werden als Gnathostomata bezeichnet. Ihre ursprünglichen Vertreter waren die im Devon und Silur vor 350–430 Jahren vorkommenden Plattenhäuter (Placodermi). Die bis 6 m langen, marinen Formen hatten einen Rumpfpanzer aus Knochenplatten. Fossilien belegen, dass sie am Ende des Devons ausstarben.

9.29 Chondrichthyes (Knorpelfische)

Die Chondrichthyes (Knorpelfische) und die Osteichthyes (Knochenfische) gehören zu den Echten Fischen. Knorpelfische besitzen ein verkalktes Knorpelskelett und leben marin. Der Knorpelanteil des Skeletts ist phylogenetisch jünger als das knöcherne Skelett der Agnatha und die Knorpelfische besitzen noch Reste eines ehemaligen knöchernen Hautskeletts. Dies zeigt sich in den knöchernen Basalplatten

9.29 Chondrichthyes (Knorpelfische)

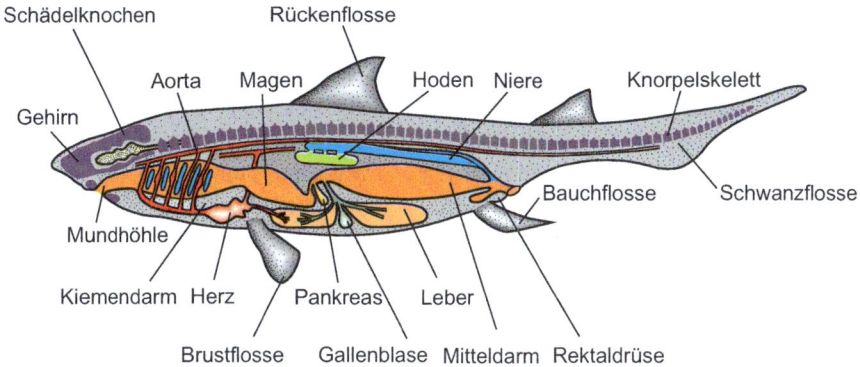

Abb. 9.51 Bauplan eines Knorpelfischs (Hai)

Tab. 9.16 Einteilung der Chondrichthyes (Knorpelfische)

Klasse	Unterklasse	Ordnung	Gattung/Art
Chondrichthyes (Knorpelfische)	Elasmobranchii (Plattenkiemer)	Selachii (Haie)	*Carcharodon* (Weißer Hai) *Scyliorhinus* (Katzenhai) *Squalus* (Dornhai)
		Batomorphi (Rochen)	*Torpedo* (Zitterrochen) *Manta* (Teufelsrochen)
	Holocephali (Seekatzen, Seedrachen)	Chimaeriformes (Seekatzen)	*Chimaera*

der für Knorpelfische charakteristischen Placoidschuppen, die man auch als Hautzähne bezeichnet. Charakteristisch für Knorpelfische sind auch die meist fünf Kiemenspalten, die keinen Kiemendeckel aufweisen, und das Spritzloch (Spiraculum), das vor der ersten Kiemenspalte liegt. Zu den Knorpelfischen gehören die Elasmobranchii (Plattenkiemer) mit den Rochen und Haien sowie die Holocephali (Seekatzen, Seedrachen). Abb. 9.51 zeigt den Bauplan des Haies, eines typischen Vertreters der Elasmobranchii (Tab. 9.16).

Knorpelfische besitzen keine Schwimmblase und einen spiralförmigen Darm, der in eine Kloake mündet. Am Darmende befindet sich die Rektaldrüse, ein Exkretionsorgan, über das die Tiere große Mengen von Salz (NaCl) abgeben können. Sie besitzen eine große Leber, eine schlauchartige Gallenblase und ein einfaches, geschlossenes Blutgefäßsystem. Das Herz besteht aus Vor- und Hauptkammer, die Kapillargebiete der Kiemen und des Körpers liegen hintereinandergeschaltet im Kreislaufsystem. Zwischen Darm und Leber existiert bereits ein Pfortadersystem. Knorpelfische besitzen bereits Hämoglobin in kernhaltigen Erythrocyten. Das Blut weist eine sehr hohe Harnstoffkonzentration auf. Das Gehirn der Knorpelfische ist im Vorderhirn, dem Bereich des Riechens, besonders hoch entwickelt. Haie werden auch als Makrosmaten bezeichnet, weil sie über große Entfernungen noch geringe Spuren von Blut im Meerwasser wahrnehmen können. Elasmobranchii besitzen neben Chemo-, Mechano- und Thermorezeptoren auch spezielle Elektrorezeptoren, mit denen sie die durch Bewegungen ausgelösten elektrischen Felder von Beutefischen erkennen können. Im Kopfbereich von Rochen und Haien befinden sich die Lorenzini-Ampullen, spezialisierte Rezeptoren für elektrische Felder, Temperatur und Osmolarität des Meerwassers. In den Seitenlinienorganen befinden sich Kanäle und Sinneszellen, die Druckveränderungen und Wasserströmungen registrieren. Die Rumpfmuskelstruktur wird aus Myomeren gebildet, die beim Zitterrochen zu elektrischen Organen umgebildet sind. Sie können Spannungen von mehreren Hundert Volt erzeugen, die zum Beutefang, aber auch zur Orientierung und Kommunikation dienen. Als Exkretionsorgan dient eine Niere mit Harnleiter. Knorpelfische sind getrenntgeschlechtlich und sowohl ovipar als auch vivipar. Die Fortpflanzung ist hoch spezialisiert. Durch eine Umbildung der Bauchflosse bei männlichen Haien hat sich ein Penis gebildet, der zur inneren Besamung der weiblichen Tiere gebraucht wird. Haie legen große, mit einer Hornschale umgebene Eier, können aber auch vivipar sein. Es gibt verschiedene Haiarten, die unterschiedliche Kopfformen und Kieferapparate haben. Demnach unterscheiden sich die Ernährungsweise und die Nahrungswahl dieser freischwimmenden Jäger und damit auch die Gefährlichkeit für den Menschen. Haie zählen zu den größten Fischen, so kann der Riesenhai (*Cetorhinus maximus*) bis zu 10 m lang werden. Die Rochen haben einen abgeflachten Körperbau mit ventralen Kiemenspalten, stark vergrößerte, seitliche Brustflossen und einen langen Schwanz. Die Augen liegen dorsal erhöht. Sie leben meist am Meeresboden, wo sie sich von kleinen Beutetieren ernähren. Es gibt verschiedene Rochenordnungen mit spezialisierten Formen, so z. B. die Sägerochen, die Stachelrochen und die elektrischen Rochen. Die Plattenkiemer (Haie und Rochen) haben diesen Namen aufgrund ihrer abgeplatteten Kiemenbögen erhalten. Die Unterklasse der Holocephali (Seekatzen, Seedrachen) wurde nach der oft bizarr anmutenden Kopfform und den Kopfanhängen benannt. Sie können keulenförmig oder tentakelförmig ausgebildet sein. Seedrachen haben nur vier Kiemenspalten und einen Giftstachel vor der Rückenflosse. Sie leben in mehreren Hundert Metern Tiefe am Grund des Meeres.

9.30 Osteichthyes (Knochenfische)

Knochenfische besitzen ein verknöchertes Skelett, das aus dem Schädel, der Wirbelsäule, den mit ihr verbundenen Rippen und den frei in der Muskulatur verteilten Gräten besteht. Manche Formen besitzen auch einen Hautknochenpanzer. Sie haben einen knöchernen Kiefer, einen verknöcherten Kiemendeckel (Operculum) und stets nur vier Kiemenspalten. Fossile Funde belegen, dass sich die Knochenfische vermutlich schon vor den Knorpelfischen im Paläozoikum entwickelt haben. Sie besitzen an Brust und Beckengürtel paarige Extremitäten (Flossen), die mit der Wirbelsäule durch Flossenstrahlen verwachsen sind. Bauch-, Schwanz- und Afterflosse sind jeweils nur einzeln vorhanden. Aufgrund der vielfach unterschiedlichen taxonomischen Merkmale ist eine systematische Einteilung der Knochenfische schwierig. Generell werden sie in die Sarcopterygii (Fleischflosser) mit muskulösen

9.30 Osteichthyes (Knochenfische)

Flossen und die Actinopterygii (Strahlenflosser) mit harten Flossenstrahlen eingeteilt. Alle Knochenfische haben eine Schwimmblase, die zur Regulierung des Auftriebs im Wasser dient. Die ältesten Knochenfische atmen über Lungen, während bei den höherentwickelten Formen Kiemen ausgebildet sind. Die Lungen entwickelten sich aus Ausstülpungen des Vorderdarms und waren bei Süßwasserfischen in ausgetrockneten Gewässern wichtig. Von ihnen lässt sich phylogenetisch bei den höherentwickelten Fischen die Schwimmblase ableiten. Knochenfische besitzen im Gegensatz zu den Knorpelfischen knöcherne Hautschuppen, die von einer schmelzartigen Substanz (Ganoin) überzogen sind. Bei den Echten Knochenfischen (Teleostei) können diese Schuppen rund (Cycloidschuppen) oder einseitig gezahnt (Ctenoidschuppen) sein. Die Rumpf- und Flossenmuskulatur ist quer gestreift und in Myomeren angelegt, die über Myosepten und Gräten mit den Wirbeln verbunden sind. Die Chorda dorsalis ist nur bei frühen Entwicklungsformen (Quastenflosser und Störe) noch erhalten. Diese Fische haben dann allerdings auch noch unvollständig ausgebildete Wirbelkörper. Der Schädel ist knorpelig vorgebildet und in einzelnen Deckknochen verknöchert und verschmolzen. Ober- und Unterkiefer sind durch ein primäres Kiefergelenk verbunden. Das Operculum ist eine die Kiemenhöhle abdeckende Knochenplatte, die mit dem Schädel verbunden ist (Tab. 9.17).

Das Gehirn der Knochenfische ist dem Grundbauplan des Wirbeltiergehirns analog, weist aber je nach Lebensraum und Anpassung unterschiedlich große Bereiche auf. So besitzen schnell schwimmende Fische ein gut entwickeltes Kleinhirn (Cerebellum), während geruchsorientierte Fische gut entwickelte Riechkolben (Bulbi olfactorii) ausgebildet haben. Als Sinnesorgane findet man Geruchsrezeptoren im Nasenhöhlenbereich und Geschmacksrezeptoren in der Mundhöhle, aber auch über den Rumpf verteilt. Seitenlinienorgane dienen zur Rezeption von Druckverhältnissen an Hindernissen und Wasserbewegungen. Verschiedene Knochenfische haben auch elektrische Organe ausgebildet, mit denen sie elektrische Felder abgeben (aktive elektrische Fische), oder sie besitzen Elektrorezeptoren (passive elektrische Fische), mit denen sie die Veränderungen der elektrischen Felder zur Orientierung wahrnehmen

Tab. 9.17 Einteilung der Knochenfische

Klasse	Unterklasse	Ordnung	Gattung/Art
Osteichthyes (Knochenfische)	Actinopterygii (Strahlenflosser)	Chondrostei (Knorpelganoide)	*Acipenser* (Stör)
		Polypteriformes (Flösselhechte)	*Polypterus* (Flösselhechte)
		Holostei (Knochenganoide)	*Lepisosteus* (Alligatorfisch)
		Teleostei (Knochenfische)	*Clupea* (Hering)
			Salmo (Forelle)
			Cypriniformes (Karpfenartige)
			Silurus (Wels)
			Esociformes (Hechtartige)
			Gadus (Kabeljau)
			Perciformes (Barschartige)
	Sarcopterygii (Fleischflosser)	Dipnoi (Lungenfische)	*Protopterus*
		Crossopterygii (Quastenflosser)	*Latimeria chalumnae* (*Komoren-Quastenflosser*)

können. Fische besitzen auch ein statoakustisches Organ (Labyrinth und Bogengänge), mit dem sie Gleichgewicht und Schallwellen erfassen. Von einigen Fischen sind auch Lautäußerungen nachgewiesen. Die Augen der Fische entsprechen dem typischen Wirbeltierauge. Allerdings ist die Linse nicht verformbar, sondern wird zur Akkommodation über einen Muskel (Musculus retractor lentis) zurückgezogen. Zur besseren Lichtreflexion in dunklen Wasserschichten kann die Netzhaut eine lichtreflektierende Schicht (Tapetum lucidum) besitzen. Die Empfindlichkeitsbereiche der Sehzellen variieren zwischen Oberflächen- und Tiefseefischen, damit die Lichtwahrnehmung bis in eine Tiefe von 1200 m gesteigert werden kann. Unterhalb dieser Tiefe herrscht völlige Dunkelheit und die in diesen Tiefen lebenden Fische haben ihre Augen zurückgebildet. Durch die Bewegung der Sehzellen (Retinomotorik) kann die Lichtempfindlichkeit zusätzlich variiert werden. Fische besitzen vermutlich auch Schmerzrezeptoren (Nociceptoren). Dies ist aus tierschutzrechtlichen Gesichtspunkten von Bedeutung, da einerseits beim Fischfang und bei der Tötung gesetzlich vorgeschriebene Bedingungen eingehalten werden müssen und andererseits Fische häufig für umwelttoxikologische Tests herangezogen werden. Die Verdauungsorgane der Knochenfische orientieren sich in ihrer Anatomie ebenfalls am klassischen Bauplan der Vertebraten (Abb. 9.52). Knochenfische besitzen eine Zunge und Zähne, die einem regelmäßigen Zahnwechsel unterliegen. An den Vorderdarm mit Kiemenhöhle schließt sich ein einhöhliger Magen an, der bei Raubfischen verschiedene geformte Anhänge (Pylorusschläuche) hat. Auf den langen Dünndarm folgt ein kurzer Enddarm, der bei den Lungenfischen und Quastenflossern in eine Kloake mündet. Die höherentwickelten Knochenfische besitzen eine vom Enddarm getrennte Mündung des Harnleiters. Knochenfische besitzen auch eine Leber und eine Gallenblase. Die

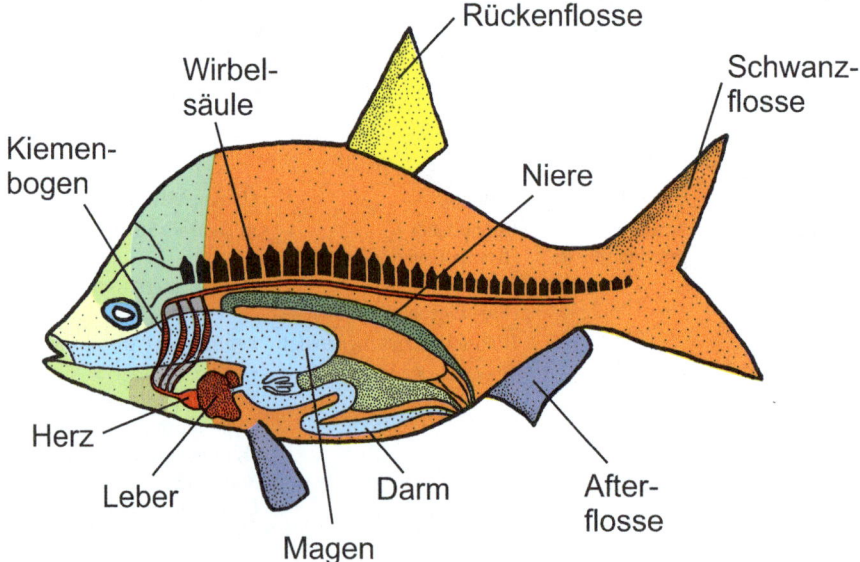

Abb. 9.52 Bauplan eines Knochenfischs

Niere unterteilt sich in den eigentlichen exkretorischen Teil, der den Harn bildet, und in einen hämatopoetischen Teil, der für die Bildung von Blutzellen sorgt. Knochenfische besitzen keine Rektaldrüse, nutzen zur Exkretion aber auch das Kiemenepithel, das spezielle Chloridzellen besitzt, mit denen Salzwasserfische Kochsalz abgeben können und so ihre Körperosmolarität regulieren.

Knochenfische sind überwiegend getrenntgeschlechtlich. Ihre Geschlechtsorgane sind neben der Produktion von Spermien und Oocyten auch für die Produktion von männlichen und weiblichen Sexualhormonen zuständig. Die paarigen Hoden haben ein milchig weißes Aussehen. Deshalb werden männliche Fische oft auch als „Milchner" bezeichnet. Die Spermien werden ins Wasser abgegeben, wo auch die Befruchtung der vom weiblichen Tier abgegebenen Eier erfolgt. Die Entwicklung der Eier ist dabei stark temperaturabhängig und kann bei Forellen zwischen 50 und 100 Tagen variieren. Die Ovulation der Eier wird durch gonadotrope Hormone der Hypophyse reguliert und kann in Fischzuchten durch externe Zugabe auch künstlich ausgelöst werden. Auch die Entwicklung des Keims ist hormonabhängig und kann von Umweltchemikalien mit östrogener Wirkung in Richtung einer weiblichen Determination beeinflusst werden. Das Kreislaufsystem der Knochenfische ist in Reihenschaltung der Kapillargebiete von Kiemen und Körperorganen angelegt. Das mehrkammerige Herz liegt in einem Herzbeutel (Perikard). Knochenfische besitzen auch ein Pfortadersystem und ein gut entwickeltes Lymphgefäßsystem. Die Erythrocyten sind kernhaltig und werden in Niere und Milz gebildet. Als Blutfarbstoff dient meist Hämoglobin. Einige Formen, z. B. antarktische Eisfische, haben ein farbloses Blut ohne Hämoglobin. Im Folgenden wird nun auf die Systematik der Knochenfische eingegangen.

9.30.1 Actinopterygii (Strahlenflosser)

Zu ihnen gehören die Chondrostei (Knorpelganoide), zu denen die Gattung der Störe (*Acipenser*) und der Flösselhechte (Polypteriformes) gezählt werden. Die Holostei (Knochenganoide) umfassen die Knochenhechte (Lepisosteiformes) und die Kahlhechte (Amiiformes). Die größte Gruppe der Strahlenflosser stellen die Echten Knochenfische (Teleostei) dar. Das sind die am höchsten entwickelten Knochenfische und mit über 30.000 Formen die artenreichste Gruppe der Wirbeltiere. Zu ihnen gehören unter anderem alle allgemein bekannten Fische wie Aal, Hering, Forelle, Karpfen, Wels, Hecht, Kabeljau und Barsch.

9.30.2 Sarcopterygii (Fleischflosser)

Zu ihnen gehören die Lungenfische (Dipnoi) und die Quastenflosser (Crossopterygii). Lungenfische sind ausschließlich limnische Formen, die in Südamerika und Australien vorkommen. Sie haben eine charakteristische längliche Form ohne Rückenflossen. Neben den Kiemen besitzen sie zwei Schwimmblasen, die sie als akzessorische Atemorgane (Lunge) nutzen. Da es in den warmen Gewässern dieser

Länder zum Sauerstoffmangel kommen kann, können diese Fische über die Schwimmblasen auch den Luftsauerstoff aufnehmen. In Afrika gibt es eine Gattung (*Protopterus*), die im Schlamm ausgetrockneter Gewässer sogar lange Zeiträume überstehen kann. Die Quastenflosser (Crossopterygii) sind ursprüngliche Entwicklungsformen der Knochenfische. Von ihnen sind einige Familien bereits in der Kreidezeit ausgestorben und nur noch als Fossilien erhalten. Die einzige rezente Familie sind die Latimeridae, von denen lange Zeit nur noch eine Art (*Latimeria chalumnae*) vor der Küste von Ostafrika bekannt war. Ihre Entdeckung 1938 galt als wissenschaftliche Sensation und die Art wurde nach Marjorie Courtenay-Latimer benannt, die diesen Fisch als Quastenflosser identifizierte. Inzwischen sind noch weitere Exemplare dieses „lebenden Fossils" gefunden worden, 1997 vor der indonesischen Insel Sulawesi die Art Manado-Quastenflosser (*Latimeria menadoensis*). Nach neuesten Erkenntnissen scheinen die Crossopterygii die nächsten verwandtschaftlichen Beziehungen zu den Tetrapoden aufzuweisen. Die Form ihrer länglichen, paarigen Flossen und ihrer Knochen stellt offensichtlich einen Übergang zu den fünfstrahligen Extremitäten der Landtiere dar.

9.30.3 Marine Gifttiere

Von den mehr als 30.000 Fischarten sind nur einige Hundert giftig. Man unterscheidet zwischen passiv giftigen und aktiv giftigen Tieren. Passiv giftige Tiere tragen Gifte in sich, die von symbiotischen Mikroorganismen produziert werden und die nur beim Verzehr der Fische Vergiftungen hervorrufen. Zu diesen Fischen gehören die Kugelfische, Seebarsche, Barrakudas und Papageienfische. Bei den Kugelfischartigen (Tetraodontiformes), die in Japan als besondere Delikatesse gelten, wird in den Innereien das Neurotoxin Tetrodotoxin produziert. Es blockiert schon in geringen Dosen die Natriumkanäle der Nervenzellen, sodass Atemlähmung und Tod eintreten. In Japan dürfen nur speziell lizenzierte Köche den dort Fugu genannten Fisch zubereiten. In der Forschung wird Tetrodotoxin als spezieller pharmakologischer Blocker bei der Untersuchung der Nervenzellfunktionen eingesetzt. Ein weiteres, ähnliches Gift ist Saxitoxin, das von symbiotischen Dinoflagellaten in Muscheln produziert wird und ebenfalls neurotoxisch wirkt. Aktiv giftige Tiere besitzen Gifte in Körperanhängen wie Stacheln oder Zähnen, mit denen sie sich verteidigen oder die sie zum Beutefang nutzen. Solche giftigen Meerestiere treten besonders in tropischen Gewässern auf. Es gibt einige äußerst toxische Invertebraten wie die Seewespe (*Chironex*) oder die Portugiesische Galeere (*Physalis physalis*) – Nesseltiere, deren Gift bei Kontakt schwere lokale Hautreaktionen mit starken Schmerzen und Todesfällen infolge von Herzstillstand hervorruft (s. a. Abschnitt 9.3 Coelenterata). Unter den giftigen Fischen ist vor allem der Steinfisch (*Synanceia verrucosa*) hervorzuheben, der an den Küsten Australiens vorkommt und dessen Giftstachel in der Rückenflosse für den Menschen meist tödlich ist. Aber auch andere giftige Fischarten wie Drachenköpfe, Stachelrochen, Dornhai und einige Welse besitzen Giftstachel in den Flossen, an den Kiemen und im Schwanzbereich, mit denen sie Badenden und Tauchern gefährlich werden können.

9.31 Amphibia

Amphibien sind die ältesten Landwirbeltiere, die den Übergang vom Süßwasser zum Landleben vollzogen haben. Von den sich im Devon vor etwa 500 Mio. Jahren entwickelnden Labyrinthodonta sind nur noch fossile Reste erhalten. Sie zeigen, dass sich diese Entwicklung aus einem Zweig der Quastenflosser (Crossopterygii) vollzog. So sind noch zahlreiche Merkmale dieser Gruppe (Labyrinthzähne, muskulöse, fünfstrahlige Tetrapodenextremitäten) erhalten. Diese fossilen Urformen der Amphibien besaßen an der Körperoberfläche mächtige Hautknochen und wurden deshalb Panzerlurche (Stegocephalia) genannt. Amphibia können sich im Gegensatz zu den Nabeltieren (Amniota) nur im Wasser fortpflanzen. Im Oberdevon vor ca. 380 Mio. Jahren vollzogen sie dann den Übergang vom Süßwasser zum Landleben.

Da die Bezeichnung Amphibia auch alle ausgestorbenen Formen der Landwirbeltiere einschließt, werden die rezenten Amphibienformen unter der Bezeichnung Lissamphibia zusammengefasst. Sie werden in drei Gruppen unterteilt: die Schwanzlurche (Caudata), die Froschlurche (Anura) und die Blindwühlen (Gymnophiona) (Tab. 9.18). Lissamphibia sind eine monophyletische Gruppe. Sie haben in ihrem Bauplan und in ihrer Entwicklung charakteristische Gemeinsamkeiten. Sie sind mit Ausnahme der Antarktis auf allen Kontinenten verbreitet und ernähren sich räuberisch.

Die rezenten Amphibia (Lissamphibia) sind poikilotherm (wechselwarm) und leben sowohl im Wasser als auch auf dem Land. Sie entwickeln sich aus im Wasser abgelegten und befruchteten Eiern über eine Metamorphose von einer im Wasser lebenden Larve (Kaulquappe), die über Kiemen atmet, zu der mit der Lunge atmenden Adultform. Diese Metamorphose beinhaltet neben dem Umbau und der Neuentwicklung innerer Organe auch eine umfassende Umbildung des Körperäußeren und des Skeletts. So werden Flossen zurückgebildet und Laufextremitäten neu gebildet. Diese Extremitäten sind im Schulterblatt beweglich und über den Beckengürtel fest mit der Wirbelsäule verbunden (Abb. 9.53). An den Vorderextremitäten sind meist vier Strahlen vorhanden, während die Hinterextremitäten fünfstrahlig sind. Der im Vergleich zu den Fischen stark vereinfachte Schädel ist über zwei Gelenke mit der rippenlosen Wirbelsäule verbunden. Es sind allerdings nur Nick- und keine Drehbewegungen möglich. Die Haut der Amphibien ist schwach verhornt und enthält zahlreiche Schleim- und Giftdrüsen, deren Sekrete vor Austrocknung und Infektio-

Tab. 9.18 Einteilung der Amphibia (Lurche)

Klasse	Ordnung	Gattung/Familie
Amphibia (Lurche) Lissamphibia (rezente Amphibienformen)	Caudata oder Urodela (Schwanzlurche)	*Triturus* (Molche), *Salamandra* (Salamander), *Proteus* (Olme), *Ambystoma* (Axolotl)
	Anura (Froschlurche)	*Rana* (Frösche), *Xenopus* (Krallenfrosch), *Bombina* (Unken), *Bufo* (Kröten), *Hyla* (Laubfrösche), *Pipa* (Wabenkröte)
	Gymnophiona (Blindwühlen)	Seltene tropische, meist unterirdisch lebende, wurmförmige Amphibien

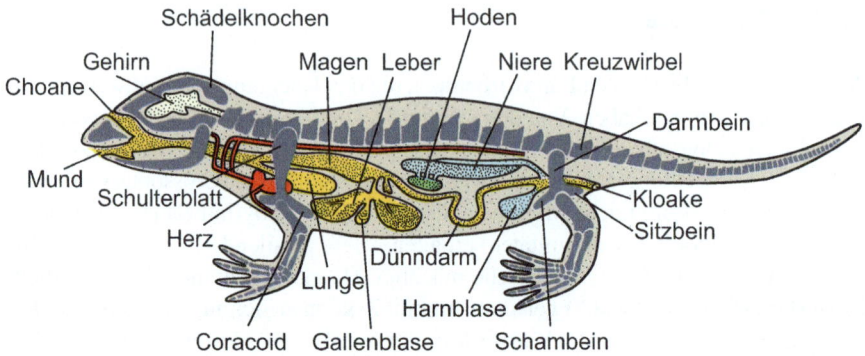

Abb. 9.53 Bauplan der Amphibia

nen schützen, aber auch zur Abwehr von Feinden dienen (s. Pfeilgiftfrösche in Südamerika). Neben Lungen und Kiemen findet ein beträchtlicher Teil des Sauerstoffaustauschs auch über die Haut statt. In der Haut befinden sich auch zahlreiche Pigmentzellen (Chromatophoren), mit deren Hilfe manche Amphibien ihre Körperfarbe verändern können. Das Blutkreislaufsystem wird während der Metamorphose ebenfalls stark umgebildet. Adulte Tiere besitzen zwar Lungen- und Körperkreisläufe, die aber aufgrund der fehlenden Herzscheidewand (Septum) nicht vollständig getrennt sind. Deshalb mischt sich im Amphibienherz das in der Lunge oxygenierte Blut mit desoxygeniertem Blut zu Mischblut. Neben der nicht getrennten Hauptkammer besteht das Amphibienherz aus zwei Vorkammern, dem Sinus venosus, dem Bulbus cordis und dem Truncus arteriosus. Amphibien besitzen auch ein ausgedehntes Lymphgefäßsystem, das die über die Haut resorbierte Flüssigkeit in großen Lymphsäcken aufnimmt und über muskulöse Lymphherzen in den Blutkreislauf pumpt. Es sind auch schon lymphknotenähnliche Strukturen vorhanden, die neben dem Knochenmark zum Immunsystem der Amphibien gehören. Dieses kann neben unspezifischen Abwehrreaktionen auch schon spezifische Immunreaktionen durchführen, verfügt über Leukocyten, Monocyten und Makrophagen sowie über spezifische B- und T-Lymphocyten. Amphibien besitzen verschiedene Immunglobuline und ein immunologisches Gedächtnis.

In der Mundhöhle der Amphibien befindet sich eine muskulöse Zunge, die bei Fröschen, Kröten und Salamandern zum Beutefang ausgestülpt werden kann. Adulte Amphibien besitzen echte Zähne, während die Larven nur hornartige Äquivalente aufweisen. Manche Amphibienarten haben die Zähne auch rückgebildet. Die Mundhöhle hat eine wichtige Ventilfunktion bei der Atmung, da die Luft nach Verschluss des Munds und der Nasenöffnung aktiv abgeschluckt wird und so unter Druck weiter in die sackartige Lunge gelangt. Der ebenfalls sackförmige, einhöhlige Magen besitzt Drüsen zur Produktion von eiweißspaltenden Verdauungsenzymen (Pepsinogen) und Salzsäure. Im Mitteldarm münden Leber und Pankreas. Letztere sezerniert über ihren exokrinen Teil ebenfalls Verdauungsenzyme, während der endokrine Teil des Pankreas in Langerhans-Zellen des Inselgewebes Insulin produziert. Der relativ kurze Dünndarm mündet über den Enddarm in eine Kloake, deren Epithel auch osmoregulatorische Funktionen hat. Amphibien besitzen eine sehr leistungsfähige Niere, da sie durch ihre aquatische Lebensweise über die Haut ständig Flüssigkeit aufnehmen, die sie über die Niere und den Harnleiter (Wolff-Gang) wieder nach außen abgeben. Bei den an Land lebenden Amphibien dient die große Harnblase als Reservoir für eine eventuelle Rückresorption von Flüssigkeit. Dieser Mechanismus wird über das antidiuretische Hormon (ADH) reguliert, das aus dem Hypothalamus-Hyphophysen-System im Gehirn ausgeschüttet wird. Aquatisch lebende Amphibien können Stickstoff über Ammoniak (ammoniotelisch) oder über Harnstoff (urotelisch) ausscheiden. Bei an Land lebenden Amphibien in extremen Wüstengebieten (Salzkröten) kann Stickstoff auch als Harnsäure (uricotelisch) ausgeschieden werden. Die Nebenniere produziert Corticosteroidhormone im Interrenalorgan und Katecholamine (Adrenalin und Noradrenalin) im Adrenalorgan.

Neben den Nieren befinden sich die Gonaden, die sich in Rinde und Mark untergliedern. In der Rindenschicht entstehen die Eifollikel, aus denen sich die Eier entwickeln, während sich im Mark die Hodenbläschen mit den Spermien entwickeln. Bei manchen Amphibien bleibt zeitlebens eine bisexuelle Potenz vorhanden. Meist entwickeln Amphibien nach der Metamorphose zunächst die Rinde mit den weiblichen Anlagen. So entstehen zunächst weibliche Tiere, von denen einige sich später durch Entwicklung des Marks zu männlichen Tieren differenzieren. Die sexuelle Differenzierung von Amphibien wird stark durch Umwelteinflüsse (Umweltgifte wie Östrogene) beeinflusst. Bei den männlichen Tieren werden die Spermien durch den Wolff-Gang in die Kloake geleitet und dann nach außen abgegeben. Weibliche Tiere leiten die Eier über den Müller-Gang in die Kloake. Dieser kann sich bei manchen viviparen (lebend gebärenden) Amphibien bereits uterusähnlich entwickeln, sodass sich die befruchteten Eier einnisten können und sich im Ovidukt bereits Larven entwickeln (Feuersalamander).

Amphibien haben sehr leistungsfähige Sinnesorgane. In der Haut finden sich Mechanorezeptoren, die zum Tastsinn eingesetzt werden. Sowohl bei Amphibienlarven als auch bei vielen adulten Arten finden sich Seitenlinienorgane, die Lage, Wasserdruck und Wasserströmung registrieren können. Körperlage und Gleichgewicht werden im statoakustischen Organ registriert, das aus drei Bogengängen mit Ampullen besteht. Bei Amphibien ist der Sacculus, der bei Fischen noch als Gleichgewichtsorgan fungiert, zum Hörorgan weiterentwickelt. Es hat sich ein Mittelohr mit Gehörgang, Trommelfell und Gehörknöchelchen entwickelt. Bei Froschlurchen ist das Mittelohr rückgebildet. Sie perzipieren den Schall über eine Knochenplatte (Operculum), die muskulös mit dem Labyrinth verbunden ist.

Die Systematik der Lissamphibia kennt gegenwärtig ca. 8600 Arten, von denen die meisten in warmen, tropischen oder zumindest in gemäßigten Zonen leben. Voraussetzung ist immer ein süßwasserhaltiges Biotop. Nur wenige Arten finden sich im Meerwasser oder in extremen Trockengebieten. Amphibien ernähren sich von Insekten, Mollusken und kleinen Wirbeltieren und haben somit als Schädlingsvertilger eine wichtige ökologische Bedeutung. Amphibien unterteilen sich in die Ordnung der Schwanzlurche (Caudata oder Urodela), in die Ordnung der Froschlurche (Anura) und in die Ordnung der Blindwühlen (Gymnophiona).

Zu den Caudata gehören etwa 780 Arten, darunter die Molche (*Triturus*), die Salamander (*Salamandra*), die Olme (*Proteus*), die Axolotl (*Ambystoma*) und die lungenlosen Salamander (Plethodontidae). Urodela leben überwiegend im Wasser. Bekannte Arten in europäischen Gewässern sind der Feuersalamander (*Salamandra salamandra*), der Teichmolch (*Triturus vulgaris*) und der Kammmolch (*Triturus cristatus*). Sie entwickeln sich über Larven und machen eine Metamorphose durch. Ohne Metamorphose entwickeln sich die ausschließlich im Wasser lebenden Olme, von denen in Nordamerika die Gattung *Necturus* und in Europa die Gattung *Proteus* bekannt ist. Sie besitzen externe Kiemen und gelten als die ursprünglichsten Formen der heutigen Amphibien, die vermutlich bereits aus der Kreidezeit stammen.

Zu den Anura (Froschluche) gehören 20 Familien mit etwa 7500 Arten, die Frösche, Kröten und Unken umfassen. Die Echten Frösche (Ranidae) besitzen eine glatte Haut und lange Hinterbeine, die zu Sprungextremitäten ausgebildet sind. Zu den Fröschen zählen auch die Laubfrösche (Hylidae). Während sie weltweit vorkommen, tritt die in den tropischen Gebieten Afrikas der Krallenfrosch (*Xenopus laevis*) auf. Die Kröten (Bufonidae) haben eine warzenreiche Haut mit vielen Drüsen, die teils toxische Sekrete absondern. Sie haben im Gegensatz zu den Fröschen kurze Beine und einen gedrungenen Körper. In Europa ist besonders die Erdkröte (*Bufo bufo*) bekannt, die zur Fortpflanzung Teiche aufsucht und dabei häufig Straßen überquert und hoch gefährdet ist. Während viele heimische Amphibien gefährdet sind und unter Naturschutz stehen, treten Amphibien in tropischen Gebieten oft in so großen Zahlen auf, dass sie als Schädlinge gelten. Ein Beispiel dafür ist die Kröte *Bufo marinus*, die in den tropischen Gebieten Australiens ursprünglich als biologischer Schädlingsvernichter eingeführt wurde und inzwischen unkontrollierbar überhandgenommen hat. Zu den Anura gehören auch die Unken (Bombinidae), die eine schwarzgelbe Zeichnung haben.

Die etwa 215 Arten der Blindwühlen (Gymnophiona) sind extremitätenlose, regenwurmähnliche, tropische Amphibien, die unterirdisch leben und deshalb ihre Augen reduziert haben und dafür spezifische Tastorgane (Oberkiefertentakel) ausgebildet haben.

9.32 Die Entwicklung des amniotischen Eies

Zur Evolution der Reptilien aus ihren amphibischen Vorfahren waren verschiedene Anpassungen an ein vollständig terrestrisches Leben notwendig. Dazu gehörte auch eine Anpassung der Fortpflanzungsart, die es ermöglichte, die bisher im Wasser ablaufenden Entwicklungsschritte des befruchteten Eies vollständig an Land durchzuführen. Diese entscheidende Weiterentwicklung – die Bildung eines Eies, das von einer rigiden Schale geschützt wird und ausreichende Nahrungsvorräte in Form eines Dottersacks beinhaltet – war absolute Voraussetzung für die Evolution der an Land lebenden Vertebraten. Es führte zur Entwicklung des amniotischen Eies (Abb. 9.54).

In diesem Ei entwickeln sich die Embryonen der Reptilien, Vögel und Säugetiere. Zum Schutz der Embryonen sind vier extraembryonale Membranen ausgebildet. Die innere Embryonalhülle, das Amnion, beinhaltet den Embryo in einer Flüssigkeit, die

Abb. 9.54 Typischer Bauplan eines Amnioteneies

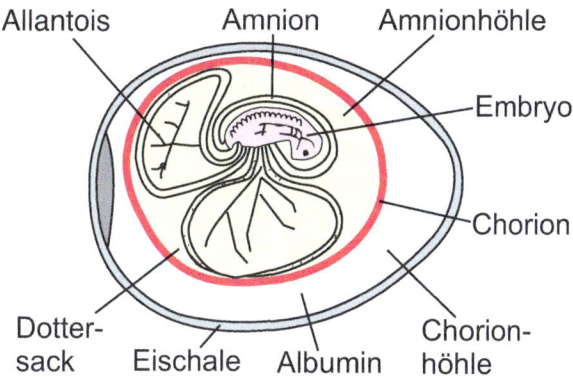

ihn vor Austrocknung schützt und mechanische Einflüsse dämpft. Der Dottersack beinhaltet den Nahrungsvorrat, der über Blutgefäße in den Embryo gelangt. Eine weitere sackartige Struktur, die Allantois, dient als Speicherort für Abfallprodukte des embryonalen Stoffwechsels. Auch ihre Membran ist von Blutgefäßen durchzogen. Die äußere Embryonalhülle, das Chorion, dient zum Schutz der gesamten Struktur. Über sie und über die Allantoismembran wird der Embryo auch mit Sauerstoff versorgt. Die Atemgase O_2 und CO_2 können über diese Membranen ungehindert diffundieren und gelangen über Poren auch durch die Eischale. Diese ist wasserdicht, was ein Austrocknen des Eies in terrestrischer Umgebung verhindert. Zwischen Chorion und Eischale liegt das Eiweiß, das ebenfalls als Nahrungsvorrat dient und aus dem Protein Ovalbumin besteht. Abb. 9.54 zeigt das mit einer Schale umgebene Ei von Reptilien und Vögeln. Bei den Säugetieren ist der Embryo ebenfalls von den vier charakteristischen extraembryonalen Membranen umgeben. Allerdings haben Allantois und Dottersack andere Funktionen und eine Schale fehlt, da sich der Embryo im Fortpflanzungstrakt (Uterus) der Mutter entwickelt.

9.33 Reptilia (Kriechtiere)

In der traditionellen Systematik der Wirbeltiere wird die Klasse Reptilia (Kriechtiere) benutzt, um den Übergang von den niederen zu den höheren Wirbeltieren (Vögel und Säugetiere) zu definieren. Unter dem Begriff Reptilia wurden damals Landwirbeltiere mit ähnlicher Morphologie und Physiologie gruppiert. Die moderne Taxonomie verwendet diesen Begriff nicht mehr, da es sich um eine paraphyletische Gruppe ohne gemeinsamen Vorfahren handelt. Taxonomisch ist es korrekt, von Sauropsida (Reptilien und Vögel) zu sprechen oder das Taxon Amniota zu benutzen, das alle Reptilien, Vögel und Säugetiere einschließlich ihres gemeinsamen Vorfahren umfasst. Der Begriff Reptilia wird hier dennoch verwendet, um die vier Taxa Schildkröten (Testudines), Brückenechsen (Sphenodontia), Schuppenkriechtiere (Squamata) und Krokodile (Crocodylia) zu beschreiben, da diese Tiergruppen in der tierärztlichen Praxis auch heutzutage von Tierhaltern immer noch als Reptilia bezeichnet werden (Tab. 9.19).

Tab. 9.19 Einteilung der Reptilia

Klasse		Ordnung	Familie
Reptilia (Kriechtiere)	Diapsida	Crocodylia (Krokodile)	*Crocodylus* (Krokodile) *Alligator* (Alligatoren) *Caiman* (Kaimane) *Gavialis* (Gaviale)
		Sphenodontia (Brückenechsen)	Sphenodontidae (terrestrisch, rezent) Pleurosauridae (aquatisch, fossil)
		Squamata (Schuppenkriechtiere)	Lacertilia (Echsen): *Lacerta* (Eidechsen) *Iguana* (Leguan) *Gekko* (Geckos) *Anguis* (Blindschleiche) *Varanus* (Waran) *Chamaeleo* (Chamäleon) Serpentes (Schlangen): Boidae (Riesenschlangen) Colubridae (Nattern) Viperidae (Vipern)
	Anapsida	Chelonia (Schildkröten)	*Testudo* (Landschildkröten) *Cheloniidae* (Meeresschildkröten)

Die ältesten so bezeichneten Reptilien entstanden vor ungefähr 300 Mio. Jahren im oberen Karbon. Im Erdmittelalter (Mesozoikum) waren die Reptilien weit verbreitet und die dominierende Tetrapodengruppe. In zwei evolutionären Entwicklungsschüben bildeten sich mehrere Evolutionslinien. Die Synapsida entwickelten sich zu säugetierähnlichen Reptilien (Therapsida), die ausgestorben sind und von denen sich vermutlich auch die Säugetiere ableiten. Die Sauropsidae entwickelten alle restlichen heutigen Amniota außer den Säugetieren. Sie unterteilen sich in zwei Unteräste: die ursprünglichen Reptilien, die als Anapsida bezeichnet werden, und die Diapsida. Anapsida besitzen kein Schläfenfenster, zu ihnen gehören als einzige rezente Arten die Schildkröten (Testudines). Die Gruppe der Diapsida wird so genannt, weil sie seitlich am Schädel zwei Öffnungen, die beiden Schläfenfenster, hat. Zu den ausgestorbenen Diapsida gehören die Dinosaurier, die über 150 Mio. Jahre die dominierenden Wirbeltiere auf der Erde waren. Diese äußerst vielfältige und formenreiche Gruppe hatte sich an viele unterschiedliche Lebensräume (Meer, Land, Luft) angepasst und brachte die größten Tiere hervor, die jemals das Land bewohnten. Fossilien von bis zu 45 m Länge wurden gefunden. Dinosaurier waren hoch entwickelte Tiere, die in der letzten Periode des Mesozoikums, der Kreidezeit, vollständig ausstarben. Die Ursachen dafür sind unbekannt, doch deutet das sich über 5–10 Mio. Jahre erstreckende Massensterben auf einen gravierenden Klimawechsel hin, der unter Umständen durch den Einschlag eines großen Meteoriten verursacht worden ist. Damit endete vor ca. 65 Mio. Jahren die dominierende Rolle der Reptilien. Es sind jedoch bis heute einige rezente Reptiliengruppen erhalten geblieben, zu denen die Echsen (Lacertilia), Schlangen (Serpentes) und Krokodile (Crocodylia) gehören. Heutzutage gibt es ca. 7000 Echsenarten und ca. 4000 Schlangenarten, immer noch eine bemerkenswerte Vielfalt, wenn man bedenkt, dass es nur ca. 6400 Säugetierarten auf der Erde gibt.

9.33 Reptilia (Kriechtiere)

Reptilien haben eine stark verhornte Haut, die vielfach als Hornschuppen oder Hornschilder strukturiert ist. Das darin enthaltene Protein Keratin macht die Reptilienhaut wasserdicht und schützt vor Austrocknung. Manche Reptilien haben spezielle Epidermisstrukturen wie Kämme (Leguan), Kragen (Kragenechse) und Schwanzrasseln (Klapperschlange). Bei vielen Reptilien verhornt die Epidermis kontinuierlich von innen nach außen und die äußeren Schichten werden in einer Häutung abgestoßen (Schlangen). Manche Reptilien bilden Hautknochen aus, z. B. der Panzer der Schildkröten. In die Epidermis sind zahlreiche Chromatophoren eingelagert, die mit roten, gelben und grünen Pigmenten die Farbenpracht der Reptilien bewirken. Einige Reptilien wie das Chamäleon können durch Pigmentveränderungen einen raschen Farbwechsel hervorrufen.

Der stark verknöcherte Reptilienschädel wird aufgrund seiner speziellen Ausbildungen, vor allem der Schläfenfenster, als wichtiges Merkmal für die systematische Klassifizierung herangezogen. Man unterscheidet Reptilien ohne Schläfenfenster (Anapsida), Reptilien mit einem unteren Schläfenfenster (Synapsida), mit einem mittleren Schläfenfenster (Euryapsida), mit einem Schläfenfenster am Schädelrand (Parapsida) und mit zwei Schläfenfenstern (Diapsida). Wie schon erwähnt, gehören zu den Anapsida nur die Schildkröten, während die restlichen rezenten Reptilien alle zu den Diapsida gehören. Das Skelett der Reptilien ist stark unterschiedlich ausgebildet. So haben Schildkröten und Schlangen das Sternum rückgebildet und Schlangen haben den Schultergürtel und den Beckengürtel vollständig verloren. Manche Reptilien haben einen nicht verkalkten Schwanzwirbel, der als Abwurfstelle des Schwanzes dient. Die Extremitäten sind meist fünfstrahlig und können wie bei Schlangen völlig rückgebildet oder bei Meeresschildkröten zu paddelartigen Strukturen umgebildet sein.

Im Aufbau des Reptiliengehirns werden erstmals Strukturen eines Neopalliums angelegt, aus dem sich später bei den Säugetieren die Großhirnrinde entwickelt. Besonders gut entwickelt sind die Riechlappen, die mit dem Vomeronasalorgan (Jacobson-Organ) in Verbindung stehen. Dieses chemorezeptive Organ liegt in einer Aussackung der Nasenhöhle oder des Mundhöhlendachs und ist bei allen Reptilien außer den Krokodilen vorhanden. Bei Grubenottern, z. B. Klapperschlangen, befindet sich zwischen Augen und Nasenöffnungen ein paariges, infrarotsensibles Grubenorgan, mit dem warmblütige Beutetiere auch in vollständiger Dunkelheit wahrgenommen werden können. Das statoakustische Organ ist ähnlich dem der meisten niederen Wirbeltiere mit einem Schneckengang zur Schallrezeption und Bogengängen zur Gleichgewichtseinstellung ausgerüstet. Bei Schlangen fehlen die äußeren Gehörgänge samt Trommelfell und Gehörknöchelchen. Sie können kaum akustische Reize wahrnehmen. Die Augen von Reptilien haben bereits eine inverse Retina mit nach hinten gerichteten Sehzellen. Vor der Linse liegt oft eine Nickhaut zum Reinigen und Befeuchten der Hornhaut. Beim Chamäleon können die Augen unabhängig voneinander bewegt werden, was ein besonders großes Gesichtsfeld ermöglicht. Bei Eidechsen ist zusätzlich ein äußerlich nicht erkennbares, lichtempfindliches Parietalauge ausgebildet, das in der Scheitelregion nach vorne ausgerichtet ist. Es ist blasenförmig mit nach vorne gerichteten Sinneszellen angelegt. Der Verdauungstrakt der Reptilien ist bei den einzelnen Formen sehr unterschiedlich angelegt. Schildkröten besitzen keine Zähne, sondern hornartige Kieferstrukturen. Echsen besitzen spezialisierte Schneidezähne und Schlangen ein spezialisiertes Gebiss, das neben den homodonten Zähnen der ungiftigen Riesenschlangen auch heterodont angelegt sein kann und dann Giftzähne enthält. Diese können eine Giftrinne oder Giftröhre enthalten und werden oft beim Biss aufgerichtet. Das neurotoxische Gift der Schlangen wird durch Muskelkontraktion beim Biss aus der Giftdrüse ausgepresst und dient neben der Lähmung der Beute auch zur enzymatischen Verdauung. Bei Schlangen ist besonders der vordere Verdauungstrakt, also Mund, Ösophagus und Magen, extrem dehnungsfähig, sodass auch große Beutetiere ohne vorherige Zerkleinerung abgeschluckt werden können. Andere Reptilien wie die Echsen und Krokodile zerkleinern die Beute vor der Aufnahme mit ihrem mächtigen Kauapparat. Im Reptilienmagen werden auch Knochen durch eine starke Säuresekretion verdaut. Der Darm mündet in eine Kloake. Reptilien scheiden ihre Exkretstoffe über eine Niere (Metanephros) mit sekundärem Harnleiter aus. Stickstoffendprodukte werden je nach Lebensweise als Harnstoff, Harnsäure oder auch als Ammoniak ausgeschieden. Die meisten Reptilien sind ovipar, d. h., sie entwickeln sich über Eier. Es gibt allerdings auch einige vivipare Formen wie die Vipern, die eine Plazenta ausgebildet haben und lebend gebärend sind. Die Eier entwickeln sich in den Ovarien und werden über die Müller-Gänge in die Kloake geleitet. Die Besamung erfolgt innerlich, wobei ein paariger Hemipenis (Schlangen und Echsen) oder ein unpaarer Penis (Schildkröten und Krokodile) eingeführt wird und die Spermien in einer Samentasche oft jahrelang zwischengespeichert werden können. Bei wenigen Eidechsenarten kommt es auch zu einer äußerst seltenen parthenogenetischen Fortpflanzung. Reptilien atmen über paarige Lungen, wobei teilweise ein Lungenflügel reduziert sein kann. Die Atembewegungen erfolgen über die Rippenmuskulatur oder über starke Muskelbänder bei Schildkröten. Besonders eindrucksvoll sind die Atembewegungen von Waranen, die bei Gefahr ihre Lungensäcke voll aufblasen, um damit imposanter zu erscheinen. Das Blutgefäßsystem der Reptilien ist gegenüber dem der Amphibien bereits in einigen entscheidenden Punkten weiterentwickelt. So ist die Herzscheidewand vielfach bereits ansatzweise ausgebildet und bei einigen Krokodilarten vollständig vorhanden. Deshalb ist zwar noch Mischblut vorhanden, das aber im Kopfbereich durch Ventilsysteme bereits überwiegend arteriell zusammengesetzt sein kann.

Die rezenten Reptilien teilen sich in die vier Ordnungen Testudines (Schildkröten), Sphenodontia (Brückenechsen), Squamata (Schuppenkriechtiere) und Crocodylia (Alligatoren und Krokodile) ein. Die Testudines (Schildkröten) sind die urtümlichsten Reptilien, die sich bereits im Erdmittelalter aus den Anapsida entwickelt haben und bis heute fast unverändert vorhanden sind. Sie haben zum Schutz gegen Feinde einen harten Panzer ausgebildet und werden sehr alt. Es gibt aquatische Formen (Süßwasser- und Meeresschildkröten) und terrestrische Formen (Landschildkröten). Die aquatischen Schildkröten kriechen zur Eiablage an Land. Schildkröten können sowohl phyto-, carni- als auch omnivor sein. Sie können bei Gefahr Kopf, Beine und Schwanz in den Panzer zurückziehen. Bekannte Formen sind die Landschildkröte *Testudo* oder die marine Meeresschildkröte *Chelonia mydas*. Schildkröten leben sowohl in tropischen als auch in gemäßigten Zonen und sind beliebte Hobbytiere geworden. Insofern sind sie für die tierärztliche Tätigkeit von einiger Bedeutung.

9.33 Reptilia (Kriechtiere)

Namensgebend für die Sphenodontia (Brückenechsen) ist der untere Schläfenbogen (Brücke), der bei dem diapsiden Schädel noch vollständig erhalten ist. Von dieser Tiergruppe gibt es nur zwei rezente Arten, die auf kleineren Inseln vor Neuseeland leben. Das Integument dieser Tiere hat viele Chromatophoren, die einen charakteristischen Farbwechsel ermöglichen. Es hat seitliche Hautfalten mit Schuppen und einen charakteristischen Hautkamm aus Stachelschuppen, der vom Hinterhaupt bis zum Schwanzende verläuft. Brückenechsen häuten sich zweimal jährlich und die Männchen führen ritualisierte Kämpfe zur Fortpflanzung aus.

Die Squamata (Schuppenkriechtiere) stammen von den Diapsida ab und zählen mit mehr als 6000 Arten zu den zahlreichsten heute lebenden Reptilien. Sie unterteilen sich in die Echten Echsen (Lacertilia) und die Schlangen (Serpentes). Die Echsen haben besonders vielfältige Formen und Farben in ihren Arten entwickelt. Zu ihnen gehören neben vielen anderen Familien die Geckos (*Gekko*), Leguane (*Iguana*), Chamäleons (*Chamaeleo*), die Blindschleiche (*Anguis*), die Warane (*Varanus*), die Krustenechsen (Helodermatidae) und die Echten Eidechsen (Lacertidae). Bei uns ist besonders die Östliche Smaragdeidechse (*Lacerta viridis*) bekannt. Die Echsen sind lang gestreckte, schuppenbedeckte Tiere, die meist im Verborgenen unter Sträuchern und Steinen leben und dort auch ihre Gelege anlegen. Da sie wie alle Reptilien wechselwarm sind, kommen sie oft an sonnigen Tagen zum Vorschein, um ihre Körpertemperatur und damit ihren Energiestoffwechsel zu regulieren. Echsen unserer Gegenden sind meist klein, während tropische Echsen wie Warane bis zu 3 m lang werden können. Die einzigen giftigen Echsen sind die in Mexiko und Nordamerika vorkommenden Krustenechsen, deren Gift auch für den Menschen tödlich sein kann. Besonders eindrucksvoll sind auch die in den Tropen lebenden Leguane, die sowohl am Boden als auch auf Bäumen leben können und häufig große Rückenkämme ausgebildet haben. Zu diesen neuweltlichen Leguanen bilden die urtümlichen Agamen den Gegenpol. Auch sie leben meist in den Tropen und sind mit Rückenkämmen und einem Kehlsack ausgestattet. Zu ihnen gehört auch die in Australien vorkommende Kragenechse (*Chlamydosaurus kingii*), die wegen ihrer großen, aufstellbaren Hautfalte unterhalb des Kopfs so genannt wird. Die vorwiegend auf Madagaskar und in Afrika lebenden Chamäleons haben eine körperlange Zunge, die sie vorschnellen können und zum Beutefang nutzen. Sie besitzen besonders eindrucksvoll die Fähigkeit zum raschen Farbwechsel ihrer Haut.

Die Schlangen (Serpentes) gliedern sich in die Riesenschlangen (Boidae), die Nattern (Colubridae) und die Vipern (Viperidae). Die Riesenschlangen sind carnivor und sämtlich ungiftig. Sie erdrosseln ihre Beute durch ihren starken Muskelapparat. Bei manchen Riesenschlangen, z. B. der Boa, weisen rudimentäre Becken- und Extremitätenknochen darauf hin, dass sich auch die Schlangen aus ursprünglich tetrapoden Reptilien entwickelt haben. Zur Lokalisation der Beute besitzen Schlangen sehr feine chemische und thermische Sinnesorgane, dagegen ist ihr Trommelfell rückgebildet und sie sind fast taub, obwohl sie Erschütterungen und Vibrationen sehr gut wahrnehmen können. Riesenschlangen können ovipar sein, z. B. die Pythonarten, oder vivipar, z. B. die Boaarten. Bekannte Beispiele sind die Königsschlange (*Boa constrictor*) und die Diamantpython (*Morchia argus*). Den größten Anteil der Schlangenarten stellen allerdings die Nattern dar. Es gibt fast 2000 Natterarten, die sowohl ovipar als auch vivipar sein können. Nattern sind meist giftig und haben entsprechende Organe (Giftdrüsen, Giftzähne) ausgebildet. Zu den Nattern in Europa gehören die giftigen Ringelnattern, deren Gift für den Menschen aber ungefährlich ist. In den Tropen kommen die für den Menschen besonders gefährlichen Giftnattern und Seeschlangen vor. Zu ihnen gehören die Königskobra (*Ophiophagus hannah*), die Brillenschlange (*Naja naja*) und die in Afrika lebende Blattgrüne Mamba (*Dendroaspis angusticeps*). Im Pazifik lebt die für den Menschen besonders gefährliche Streifenruderschlange (*Hydrophis cyanocinctus*), deren wissenschaftlicher Artname auf die blaue Bänderung hinweist und die zu den Seeschlangen gehört. Zu den Vipern (*Viperidae*) gehören in Europa und Asien die giftige Kreuzotter (*Vipera berus*) und die Sandotter (*Vipera ammodytes*). Auch die Unteramilie der Grubenottern (Crotalidae) ist äußerst giftig. Sie können über einen speziellen Mechanismus ihren Kiefer vorklappen und den dabei aufgerichteten Giftzahn tief in die Beute bohren. Besonders gefährliche Ottern sind in Nordamerika die Klapperschlangen (*Crotalus*), die eine Schwanzrassel aus hohlen Hornsegmenten besitzen. Zwischen Augen und Nasenöffnung haben Grubenottern zwei thermorezeptive Infrarotorgane in Gruben, mit deren Hilfe sie warmblütige Beutetiere sogar nachts orten und erbeuten können.

Krokodile (Crocodylia) haben 24 Arten, die sich in drei Familien unterteilen: Alligatoren (Alligatoridae), Gaviale (Gavialidae) und Echte Krokodile (Cocodylidae). Alligatoren sind diapside Reptilien mit Hautverknöcherungen und einem kräftigen Ruderschwanz. Sie gehören zu den größten Reptilien und halten sich meist im Wasser auf, wo sie durch ihre nach oben gerichteten Nasenlöcher Luft atmen. Ihr Lebensraum beschränkt sich auf die warmen, tropischen Zonen aller Erdteile. Alligatoren und Kaimane haben eine kurze, stumpf wirkende Schnauze, während Krokodile eine längliche Kopfform haben. Extrem lang und schmal sind die Gaviale, die bis zu 6 m lang werden und in Indien leben. Krokodile, besonders die sogenannten Salzwasserkrokodile, leben in meeresnahen Gewässern und können bis zu 10 m lang werden. Ihre spitzen Zähne werden laufend durch neue ersetzt.

Durch das Washingtoner Artenschutzabkommen und durch das Artenschutzrecht der Europäischen Union sind viele Reptilien geschützt und dürfen weder gefangen noch von Privatpersonen gehalten werden. Dies gilt auch für den Kauf und die Einfuhr von Präparaten, z. B. Krokodilhäuten oder Köpfen. In Deutschland sind neben der Blindschleiche die Wald-, Zaun- und Mauereidechse sowie die besonders farbenprächtige Smaragdeidechse geschützt. Auch einige Schlangen wie Ringelnatter, Würfelnatter und Kreuzotter sowie die Sumpfschildkröte sind artenrechtlich geschützt.

9.34 Aves (Vögel)

Die Systematik der Vögel hat sich durch molekulargenetische Analysen in den letzten Jahren stark gewandelt. Traditionell unterschied man bisher die flugunfähigen Struthioniformes (Laufvögel) von den Neognathae (Neukiefervögel). Allerdings zeigte sich jetzt, dass die Laufvögel eine paraphyletische Gruppe sind und es sich bei den ihnen früher zugeordneten Steißhühnern (*Tinamidae*) nicht um echte Laufvögel handelt. Die neuere Systematik unterscheidet deshalb die Vögel anhand der Gaumenstruktur und eines Fensters zwischen den Beckenknochen in die beiden Unterklassen Palaeognathae (Urkiefervögel) und Neognathae (Neukiefervögel) (Tab. 9.20).

9.34 Aves (Vögel)

Tab. 9.20 Einteilung der Vögel (Aves)

Klasse	Unterklasse	Ordnung
Aves (Vögel)	Palaeognathae (Urkiefervögel)	Struthioniformes (Straußenvögel) Rheiformes (Nandus) Aepyornithiformes (Elefantenvögel) Apterygiformes (Kiwis) Casuariiformes (Emus und Kasuare) Dinornithiformes (Moas) Tinamiformes (Steißhühner)
	Neognathae (Neukiefervögel)	24 Ordnungen, unter anderem: Passeriformes (Sperlinge) Columbiformes (Tauben) Sphenisciformes (Pinguine) Galliformes (Hühnervögel) Psittaciformes (Papageien) Accipitriformes (Greifvögel) Anseriformes (Gänsevögel) Strigiformes (Eulen) Trochilidae (Kolibris)

Durch verschiedene Besonderheiten lässt sich die Tiergruppe der Vögel eindeutig von den anderen Wirbeltiergruppen unterscheiden. Vögel sind zweibeinig (biped) und haben die Vorderextremitäten zu Flügeln umgebildet. Nur Vögel haben Federn und alle Vögel sind ovipar. Entwicklungsgeschichtlich haben sich die Vögel vermutlich aus der diapsiden Reptiliengruppe der Archaeosaurier entwickelt. Sie sind somit die nächsten lebenden Verwandten der ausgestorbenen Dinosaurier. Diese Vermutung lässt sich durch einige fossile Funde belegen. Am berühmtesten Fund, dem *Archaeopterix*, der im Kalkgestein des bayrischen Solnhofen gefunden wurde und vermutlich aus dem Jura – vor ca. 150 Mio. Jahren – stammt, kann man die vermutete Evolution besonders deutlich beobachten. *Archaeopterix* trägt noch zahlreiche Reptilienmerkmale wie Krallen an den Vorderextremitäten, Zähne und einen langen, mit Wirbeln versehenen Schwanz. Andererseits hat er auch bereits Vogelmerkmale wie Federn, eine nach hinten gestellte, erste Zehe und teilweise pneumatisierte Knochen. *Archaeopterix* war homoiotherm und konnte vermutlich auch fliegen, allerdings könnte er ein auf Bäumen lebender Gleitflieger gewesen sein und somit noch keine volle Flugfähigkeit gehabt haben wie die heutigen Vögel. Hervorzuheben ist aber, dass sich die frühen vogelähnlichen Reptilien durch ihre teilweise Flugfähigkeit neue Lebensräume eroberten und damit einen entscheidenden evolutiven Vorteil errangen. Weitere bezahnte, vogelähnliche Fossilien sind auch aus der Kreidezeit bekannt. Ein weiterer entscheidender evolutiver Vorteil ist auch die Homoiothermie, durch die sich die vogelähnlichen Reptilien unabhängig von der Umgebungstemperatur machten. Hierzu dient auch das Federkleid als Isolierung und ein im Vergleich zu Reptilien wesentlich höherer Stoffwechsel zur Wärmeproduktion. Aufgrund von Skeletteigenschaften ist es aber auch möglich, dass sich die heutigen Vögel über schnell rennende, bipede Bodenformen entwickelt haben, die zunächst noch flugunfähig waren und durch eine Besonderheit ihres Stoffwechsels, die Ausscheidung von Stickstoffendprodukten als Harnsäure, unabhängiger von ständiger Wasserzufuhr waren. So konnten sie in warmen, trockenen Biotopen leben und waren durch ihr Federkleid zusätzlich vor Verdunstung ge-

Abb. 9.55 Bauplan der Vögel

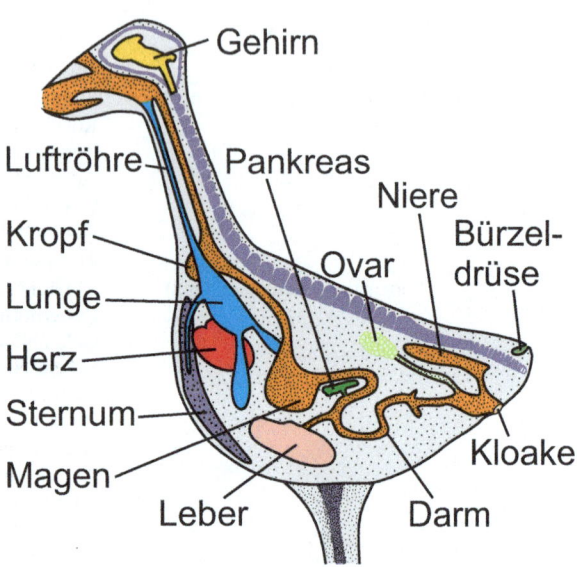

schützt. Auf diese Weise konnten die Vögel im Laufe ihrer Entwicklung viele unterschiedliche ökologische Nischen besetzen und haben mit ca. 9000 rezenten Arten eine beachtliche Artenfülle entwickelt.

Der Bauplan der Vögel (Abb. 9.55) ist durch eine Anpassung fast aller Organe an die fliegende Lebensweise gekennzeichnet. Die Knochen weisen im Inneren eine Wabenbauweise auf und sind mit Luft gefüllt, was sie leicht macht (pneumatisierte Knochen). Dadurch wird auch das Körpergewicht wesentlich reduziert. Auch fehlen im Vergleich zu anderen Tieren einige Organe ganz oder sind wenigstens stark rückgebildet. So haben Vögel keine Harnblase, auch keine umfangreichen Kauapparate und keine Zähne und die weiblichen Tiere besitzen nur einen Eierstock. Die hinteren Brust-, Lumbal- und Sakralwirbel sind zum Synsacrum verschmolzen. Die Flugmuskulatur setzt bei den flugfähigen Vögeln an einem gut entwickelten Brustbeinkamm an. Während diese Brustmuskeln besonders gut entwickelt sind, haben sich andere Muskelgruppen meist zurückgebildet. An den Laufbeinen sind vier Zehen ausgebildet, wobei der erste Zeh nach hinten gerichtet ist. Einige flugunfähige Laufvögel wie Strauße oder Nandus haben die Zehen teilweise rückgebildet und besitzen nur drei Zehen. Vögel besitzen einen Hornschnabel, der von der Epidermis gebildet wird. Seine Form variiert entsprechend der Lebensweise (Nahrungsangebot und Anwendung) sehr stark. Die Nahrung wird nicht im Mund gekaut, sondern im Kropf angedaut und in einem muskulösen Kaumagen zerkleinert. Die Federn der Vögel gehören zu den auffälligsten Anpassungen aller Wirbeltiere. Sie entwickeln sich aus in die Epidermis eingewanderten Mesodermzellen, die eine sich einstülpende Epidermispapille hervorrufen. Bei der Federentstehung spielen spezielle Zelladhäsionsmoleküle (*cell adhesion molecules*, CAMs) eine wichtige Rolle. Die Federn bestehen, wie auch die Schuppen der Reptilien, aus dem Protein ß-Keratin. Die Federn wachsen aus einem Keim aus, der stark durchblutet ist. Das federbildende Gewebe ist epidermalen Ursprungs, entwickelt sich um diesen Keim weiter und wird schließlich von einer Hornscheide umgeben. Es bildet zunächst den Federschaft (Rhachis), aus dem seitliche Äste (Rami) entspringen. Aus den Rami wiederum wachsen seitlich die dünnen Federstrahlen (Radii) aus. Die eigentliche Federfläche wird also von den Rami und Radii gebildet. Die Federn fungierten in der Evolution der Vögel zunächst vielleicht nur als Isolierung. Dazu eignen sich vor allem die feinen und dichten Daunenfedern. Später könnten spezielle Federentwicklungen wie Schwung- und Steuerfedern oder an den Extremitäten entwickelte Konturfedern als Schwingen fungiert haben und durch die Lenkung des Luftstroms einen Auftrieb und damit die Flugfähigkeit ermöglicht haben. Die verschiedenen Farben der Vogelfedern werden durch Melanine und Carotinoide hervorgerufen. Diese Farbpigmente können bei speziellen Lichtbrechungseffekten verschiedene bunt schillernde Farbkombinationen ergeben. Alle Vögel können während eines Jahreszyklus ein bis zweimal in die Mauser kommen und dabei ihr Federkleid komplett wechseln. Dabei sind sie unter Umständen flugunfähig und so durch Feinde besonders verletzbar.

Meist haben Vögel gut entwickelte Speicheldrüsen, mit denen sie das aufgenommene, trockene Körnerfutter im Kropf einweichen können. Bei Tauben werden im Kropf und in der Speiseröhre Sekrete produziert (Kropfmilch), mit denen die Jungen gefüttert werden. Die eingeweichte Nahrung wird im Kaumagen zerkleinert. Viele Vögel nehmen zur Unterstützung der Mahlbewegungen dieses muskulösen Magens kleine Steinchen auf, zwischen denen die Nahrungspartikel zerrieben werden. Eulen und Greifvögel würgen unverdauliche Nahrungsbestandteile wieder als Gewölle aus. An den Kaumagen schließt sich der eigentliche Verdauungsmagen an, der bei fleischfressenden Vögeln (Geier) einen stark sauren Magensaft produziert, sodass auch Knochen aufgelöst werden können. Nach dem langen Dünndarm mit Pankreas schließen sich oft mehrere seitliche Blinddärme an, bevor der Enddarm (Colon und Coprodeum) dann in eine Kloake mündet, die aus Urodeum und Proctodeum besteht. In der Wand der Kloake befindet sich auch die Bursa fabricii, ein lymphatisches Gewebe, das die B-Lymphocyten ausbildet. Die Niere mündet mit einem sekundären Harnleiter seitlich in die Kloake. Eine Harnblase ist nicht ausgebildet. Der Harn wird teilweise durch retrograde Peristaltik bis in die Caeca zurückgetrieben und vermischt sich mit dem Darminhalt zu einer weißlichen Paste, die als Guano ausgeschieden wird und Harnsäure enthält. Embryonal werden die Ovarien zwar paarig angelegt, beim adulten Vogel ist aber meist nur das linke Ovar entwickelt. Während der Fortpflanzungsperiode wird das Ovar stark vergrößert und der Eileiter (Ovidukt) sezerniert während der Legeperiode aus Epithelzellen Kalk und Eiweiß. Auch der Dotter wird aus diesen Eileitersekreten gebildet. Beim männlichen Tier werden die Spermien aus den paarigen Hoden über den geknäuelten Samenleiter (Vas deferens) in die Kloake geleitet. Da nur wenige Vögel über einen Penis verfügen, erfolgt die Begattung über den direkten Kontakt der Kloaken. Die befruchteten Eier werden im Uterus mit einer Kalkschale versehen und über die Kloake abgelegt. Meist werden mehrere Eier gelegt. Die Brutdauer ist artspezifisch, beim Huhn beträgt sie 21 Tage. Je nach Ablage der Eier variiert auch der Entwicklungsverlauf der geschlüpften Jungvögel. Aus am Boden abgelegten Eiern schlüpfen meist Nestflüchter (z. B. Feldlerche), die schon weit entwickelt sind und das Nest sofort verlassen. Aus Eiern in Baumnestern schlüpfen dagegen Nesthocker, die oft noch weitgehend ohne Federkleid sind und sich im Nest noch einige Zeit weiterentwickeln müssen.

Im Vergleich zu Reptilien haben Vögel ihr Gehirn wesentlich vergrößert und vor allem das für den Bewegungsapparat zuständige Kleinhirn stark weiterentwickelt. Besonders der optische Sinn ist bei Vögeln sehr gut ausgebildet, während der Riechsinn weitgehend reduziert ist. Auch Geruchs- und Geschmackssinn sind bei Vögeln nicht sehr leistungsfähig. Dagegen ist der Gehörsinn sehr gut ausgeprägt, was sich in einem sehr weit entwickelten Hörorgan mit Gehörknöchelchen, Schnecke und Basilarmembran spiegelt. Die Hörgrenzen sind dabei artspezifisch. So hören manche spezialisierte Vögel wie Eulen in besonderen Frequenzen die Bewegungen von Beutetieren. Die Vögel haben die leistungsfähigste Lunge der Wirbeltiere entwickelt. Der Gasaustausch erfolgt in den sogenannten Lungenpfeifen, winzigen starren Röhren, die über vordere und hintere Luftsäcke wechselseitig beatmet werden. Dadurch wird ein kontinuierlicher Gasaustausch erzeugt, sowohl bei Ein- als auch bei Ausatmung. Im unteren Kehlkopf der Vögel, dem Syrinx, werden die Töne durch ein kompliziertes Muskel- und Fasersystem erzeugt. Vögel besitzen ein sehr leistungsfähiges Kreislaufsystem, das vollständig getrennte Herzkammern und einen separaten Körper- und Lungenkreislauf ausgebildet hat. Die Herzfrequenz kann dabei sehr hoch sein, was für den Gastransport und den hohen Zellstoffwechsel sehr förderlich ist. Sauerstoff wird dabei über Hämoglobin in kernhaltigen Erythrocyten transportiert.

Heute gibt es ca. 9000 Vogelarten, die in 28 Ordnungen eingeteilt werden. Grundsätzlich unterscheidet man zwischen Urkiefervögeln (Palaeognathae) und den Neukiefervögeln (Neognathae). Zu den Urkiefervögeln gehören die Afrikanischen Straußenvögel (*Struthio camelus*), die australischen Emus (Casuariformes), die ebenfalls in Australien und in Neuseeland lebenden Kasuare (Casuariidae) und die südamerikanischen Nandus (Rheiformes). Den überwiegenden Teil der Vogelordnungen nehmen die Flugvögel (Neognathae) ein. Zu ihnen gehören neben anderen Arten die Hühnervögel (Galliformes), die Greifvögel (Accipitriformes), die Taubenvögel (Columbiformes), die Papageien (Psittaciformes) und die Gänsevögel (Anseriformes). Mit fast 5300 Arten bilden die Sperlingsvögel (Passeriformes) die größte Ordnung der Flugvögel. Hierzu gehören die heimischen Schwalben, Finken, Meisen, Sperlinge und viele andere. Auch die Pinguine (Sphenisciformes) gehören zu den Flugvögeln, obwohl sie ihr Flugvermögen durch ihre Anpassung an das Meer vollständig verloren haben.

9.35 Mammalia (Säugetiere)

Im Spätpaläozoikum vor ca. 320 Mio. Jahren haben sich die Säugetiere aus den synapsiden Reptilien (Pelicosaurier) entwickelt. Ein Seitenast entwickelte sich zu den säugetierartigen Therapsiden. Im Perm vor ca. 270 Mio. Jahren bildete sich daraus die artenreiche Gruppe der Cynodontia (Hundezähner), von denen noch zahlreiche Schädelfossilien erhalten sind. Sie belegen eine Monophylie dieser Gruppe. Durch eine rasche adaptive Radiation haben sich diese Cynodontia vermutlich in der Trias vor 220 Mio. Jahren zu den Säugetieren entwickelt.

9.35 Mammalia (Säugetiere)

Die Säugetiere unterteilt man in zwei Obergruppen (Tab. 9.21). Zu den Protheria (ovipare Säugetiere) gehören die rezenten und die ausgestorbenen Monotremata (Kloakentiere). Zu den Theria (vivipare Säugetiere) gehören die Metatheria (Marsupialia, Beuteltiere) und die Eutheria. Als höhere Säugetiere (Eutheria) werden alle Ordnungen bezeichnet, die in der Unterkreide vor 125 Mio. Jahren einen gemeinsamen Vorfahren hatten. Zu ihnen gehören die Placentalia (Plazentatiere) und damit auch alle rezenten Säugetiere.

Molekulargenetische Untersuchungen legen eine Unterteilung der Eutheria in vier Überordnungen nahe. Dies sind die Afrotheria, Xenarthra, Euarchontoglires und die Laurasiatheria. Innerhalb dieser Überordnungen ist der Stammbaum mehrfach verändert worden, denn die genetischen Vergleiche konnten zwar eindeutig einzelne Ordnungen (z. B. Raubtiere, Wale, Primaten) voneinander abgrenzen, ihre Beziehung untereinander und die zeitliche Reihenfolge ihrer Entwicklung bleiben aber strittig, da Fossilfunde aus der Oberkreide selten sind. Nach dem Massensterben der Dinosaurier in der Kreidezeit wurden viele ökologische Nischen frei. Daher entwickelten sich im Känozoikum die meisten der heutigen Säugetierordnungen. Diese wurden dann zur dominierenden an Land lebenden Tiergruppe. Ihre größte Artenvielfalt erreichte sie im Miozän vor ca. 20 Mio. Jahren. Seither wurde die Zahl der Arten durch ungünstige klimatische Bedingungen (Eiszeit) wieder geringer. Am Ende des Pleistozäns kam es in einem Zeitraum von 50.000–100.000 Jahren zu einem Massenaussterben der Großsäuger. Strittig ist, ob klimatische Faktoren oder die Bejagung durch den Menschen dafür verantwortlich sind.

Allgemeine Merkmale der Säugetiere sind ein Haarkleid zur Temperaturisolierung, eine wichtige Voraussetzung für die Homoiothermie. Charakteristisch sind auch die Milchdrüsen, da alle Säugetiere mit der mütterlichen Milch aufgezogen werden, die ein ausgewogenes Konzentrat von Proteinen, Fetten, Kohlenhydraten, Vitaminen und Mineralien ist. Ein vierkammeriges Herz und vollständig getrennte Körper- und Lungenkreisläufe tragen zu einer effizienten Sauerstoffversorgung und einer hohen Stoffwechselrate bei. Säugetiere haben ihr Gebiss differenziert, es treten keine uniformen Zahnformen auf, sondern ein heterodontes Gebiss mit an die Funktion angepassten, verschiedenartigen Zahnformen. Säugetiere haben auch ihren Kiefer weiterentwickelt. Ein sekundäres Kiefergelenk ermöglicht ein effizienteres Zerkleinern der Nahrung. Das Säugetiergehirn hat sich im Vergleich zu allen anderen Wirbeltieren am größten und differenziertesten entwickelt. Besonders das bei den Reptilien schon groß angelegte Neopallium entwickelte sich zur Großhirnrinde, deren Leistungsfähigkeit erst Kognition, Lernen, Gedächtnis und viele soziale Verhaltensmuster ermöglicht. Die meisten Säugetiere sind vivipar, es gibt nur wenige, die aus Eiern schlüpfen (Monotremata). Da eine innere Befruchtung stattfindet und sich der Embryo in der Gebärmutter entwickelt, wird bei den plazentalen Säugetieren eine Plazenta angelegt, in der die embryonalen Membranen und die Schleimhaut des mütterlichen Uterus in Verbindung stehen und einen geregelten Austausch der Nährstoffe mit dem Embryo ermöglichen. Säugetiere haben auch einen sekundären Gaumen ausgebildet, d. h. eine vollständige Trennung von Nasen- und Rachenraum. Dies ermöglicht eine kontinuierliche Atmung während der Nahrungsaufnahme. Die Tragzeit der Säugetiere ist recht unterschiedlich und

Tab. 9.21 Einteilung der Klasse Mammalia (Säugetiere)

Unterklasse	Überordnung	Ordnung	Familie/Gattung/Art
Monotremata = Protheria (Kloakentiere)		Ornithorhynchidae (Schnabeltiere)	*Ornithorhynchus anatinus* (Schnabeltier)
		Tachyglossidae (Ameisenigel)	*Tachyglossus* (Kurzschnabeligel) *Zaglossus* (Langschnabeligel)
Marsupialia = Metatheria (Beuteltiere)	Afrotheria	Macropodidae (Kängurus)	*Macropus rufus* (Rotes Riesenkänguru)
Placentalia = Eutheria (höhere Säugetiere, Plazentatiere)		Vombatidae (Wombats)	*Vombatus ursinus* (Nacktnasenwombat)
		Phascolarctidae (Koalas)	*Phascolarctos cinereus* (Beutelbär)
		Notoryctidae (Beutelmulle)	*Notoryctes typhlops* (Großer Beutelmull)
		Afrosoricida (Tenrekartige)	Tenrecidae (Tenrekartige) Chrysochloridae (Goldmulle)
		Macroscelidea (Rüsselspringer)	*Rhynchocyon* (Rüsselhündchen)
		Tubulidentata (Röhrenzähner)	*Orycteropus afer* (Erdferkel)
		Hyracoidea (Schliefer)	*Procavia capensis* (Klippschliefer)
		Proboscidea (Rüsseltiere)	Elephantidae (Elefanten)
		Sirenia (Seekühe)	Dugongidae (Gabelschwanzseekühe) Trichechidae (Rundschwanzseekühe)
	Xenarthra darunter TRENN-STRICH Euarchontoglires	Xenarthra (Nebengelenktiere)	Ameisenbären *(Cyclopes, Tamandua)* Dasypoda (Gürteltiere) *Chlamyphorus truncatus* (Gürtelmull)
		Dermoptera (Riesengleiter)	Cynocephalidae (Gleitflieger)
		Primates (Primaten)	Prosimiae (Halbaffen) Simiae (Affen) Hominidae (Menschenaffen) *Homo sapiens* (Mensch)
		Scandentia (Spitzhörnchen)	Tupaiidae (Tupaias)
		Rodentia (Nagetiere)	Myomorpha (Mäuseartige) Caviomorpha (Meerschweinchenartige) Sciuromorpha (Hörnchenartige)
		Lagomorpha (Hasenartige)	Hasen, Ochotonidae (Pfeifhasen), *Oryctolagus cuniculus* (Kaninchen)
	Laurasiatheria	Eulipotyphla (Insektenfresser)	Erinaceidae (Igel), Talpidae (Maulwürfe), Soricidae (Spitzmäuse)
		Chiroptera (Fledertiere)	Microchiroptera (Fledermäuse), Pteropodidae (Flughunde)
		Carnivora (Raubtiere)	Canidae (Hunde), Felidae (Katzen), Hyänen, Bären, Marder, Walross, Ohrenrobben, Skunks, Waschbär
		Pholidota (Schuppentiere)	Manidae (Tannenzapfentiere)
		Perissodactyla (Unpaarhufer)	Equidae (Pferde), Tapir, Nashorn
		Artiodactyla (Paarhufer)	Ruminantia (Wiederkäuer) Schweine, Kamele, Hirsche, Giraffen, Antilopen, Flusspferde
		Cetacea (Waltiere)	Bartenwale (Blau-, Finn-, Buckelwal) Zahnwale (Nar-, Pott-, Schweinswal, Delfin)

variiert zwischen wenigen Tagen (beim Hamster 16 Tage) bis zu Jahren (beim Elefant 660 Tage). Ähnlich wie bei Vögeln gibt es auch bei Säugetieren Nesthocker, z. B. Nagetiere und Raubtiere, und Nestflüchter, z. B. Huftiere, Elefanten und Wale.

9.35.1 Protheria

Monotremata (Kloakentiere) sind die urtümlichsten Säugetiere, leben ausschließlich in Australien und Neuseeland und weisen noch einige Reptilienmerkmale auf. Schnabeltier (*Ornithorhynchus*) und Ameisenigel (*Tachyglossus*) sind die einzigen rezenten Säugetiere, die Eier entweder in ein Nest ablegen oder in einem Brutbeutel halten. Nach dem Schlüpfen saugen die Jungen die Milch aus dem Fell ihrer Mutter, da diese keine Zitzen besitzt. Weitere Merkmale sind Zahnverlust, Hornschnabel und Stachelkleid. Marsupialia (Beuteltiere) haben sich in der Kreidezeit etwa gleichzeitig mit den Placentalia entwickelt. Sie werden schon nach extrem kurzer Tragzeit (beim Känguru 38 Tage) in einem frühen Entwicklungszustand geboren und schließen ihre Embryonalentwicklung im Beutel der Mutter, dem Marsupium, ab. Dort saugt sich der Embryo an einer Zitze fest und wird kontinuierlich gesäugt. Weibliche Tiere haben zwei Vaginae und zwei Uteri (Didelphia). Kängurus, Wombats, Koalas und Beutelmulle kommen alle in Australien vor. Beuteltiere sind aber nicht auf Australien beschränkt. So gibt es in Nord- und Südamerika Opossums und Beutelratten und wie Fossilien belegen wiesen diese Kontinente vor ca. 65 Mio. Jahren eine Vielzahl von Marsupialia auf, die vermutlich sogar in Nordamerika entstanden sind.

9.35.2 Eutheria

Alle Placentalia (Plazentatiere) besitzen eine ausdifferenzierte Plazenta zwischen Mutter und Embryo. Das mütterliche Uterusepithel (Endometrium) hat engen Kontakt mit der embryonalen Hülle (Chorionepithel oder Trophoblast). Durch Reduktion des Uterusepithels und der Blutgefäße gibt es artspezifisch unterschiedliche Plazentatypen und Geburten. Paarhufer haben eine unblutige, Nagetiere, Raubtiere und Primaten eine blutige Geburt. Die Evolution der Placentaliaordnungen ist nicht völlig klar. Die aktuell favorisierte Systematik geht von mindestens vier Überordnungen aus (Tab. 9.21).

Im Folgenden wird aus diesen vier Überordnungen je eine typische Ordnung näher erläutert. Die meist nachtaktiven Afrosoricida, zu denen der Tenrek, der Goldmull, die Rüsselspringer, die Röhrenzähner und die Schliefer gehören, wurden früher aufgrund ihrer morphologischen Ähnlichkeiten zu den Insektenfressern (Insectivora) gezählt. Neuerdings sprechen jedoch molekulare Befunde für eine eigene Ordnung. Die Familien der Tenreks, Otterspitzmäuse und Goldmulle leben in Afrika und Madagaskar und weisen 55 Arten auf. Es handelt sich um eine sehr alte Tiergruppe, deren Fossilien auf ca. 68 Mio. Jahre datiert werden. Ebenfalls zu dieser Überordnung zählen die Rüsseltiere (Elefanten) und die Seekühe (Sirenia) als im Wasser lebende Säugetiere.

Die nächste Überordnung beinhaltet die Nebengelenktiere (Xenarthra). Sie haben eine morphologische Besonderheit, die nur in dieser Überordnung vorkommt, nämlich Nebengelenke (zusätzliche Fortsätze an den Wirbeln). Fossilfunde datiert ihre Entstehung auf das Paläozän vor ca. 55 Mio. Jahren. Rezente Nebengelenktiere kommen in Süd-, Mittel- und im südlichen Nordamerika vor. Zu ihnen gehören die Ameisenbären, Faultiere, Gürteltiere und der Gürtelmull. Die Gürteltiere sind die einzigen gepanzerten rezenten Säugetiere.

Bei der nächsten Überordnung handelt es sich um die Euarchontoglires. Zu ihnen gehören die Riesengleiter, die Primaten, die Spitzhörnchen, die Nagetiere und die Hasenartigen. Die Riesengleiter (Dermoptera) bilden eine einzige rezente Familie mit zwei Arten, die beide Pflanzenfresser sind und in Asien leben. E sind nachtaktive Baumbewohner mit einer Flughaut zwischen Körper und Extremitäten. Sie können damit nicht fliegen, aber bis zu 70 m lange Strecken zwischen den Bäumen gleiten. Die Primaten werden in Feuchtnasenprimaten (Strepsirrhini) und Trockennasenprimaten (Haplorrhini) eingeteilt. Die Feuchtnasenprimaten werden so bezeichnet, weil ihr Nasenspiegel (Rhinarium) feucht ist, was zu einem besseren Geruchssinn führt. Außerdem haben sie an der zweiten Zehe eine Putzkralle. Zu ihren gehören die Fingertiere auf Madagaskar, die Lemuren und die Loriartigen. Die Trockennasenprimaten sind mit Ausnahme der Nachtaffen und Koboldmakis überwiegend tagaktiv. Zu ihnen gehört auch der Mensch. Sie haben keinen Nasenspiegel und deshalb auch einen schlechteren Geruchssinn. Außerdem haben sie überwiegend Einzelgeburten. Man unterteilt sie in zwei Gruppen: die Koboldmakis und die Affen. Die Affen wiederum werden in zwei Gruppen aufgeteilt. Die Neuweltaffen umfassen fünf Familien: Krallenaffen, Kapuzineraffen, Nachtaffen, Klammerschwanzaffen und Sakiaffen. Die Altweltaffen unterteilen sich in zwei Unterfamilien. Zu den geschwänzten Altweltaffen gehört nur die rezente Familie der Meerkatzenartigen. Zu den Menschenartigen Affen (Hominoidea) gehören Gibbons und die Menschenaffen (Hominidae), also Gorilla, Orang-Utan, Schimpanse und Mensch. Der Mensch (*Homo sapiens*) ist die einzige rezente Art der Gattung *Homo*. Nach neuester Datierung verschiedener Fossilien entwickelte er sich gleichzeitig in verschiedenen Regionen Afrikas vor ca. 500.000 Jahren.

Ursprünglich entwickelten sich die pflanzenfressenden Primaten als Baumbewohner, die sich später dem Leben am Boden anpassten und teilweise einen aufrechten Gang annahmen. Charakteristisch ist für alle Primaten die frühe Entwicklung als Nesthocker mit noch wenig behaartem Körper und dem Säugen des Muttertiers aus bruststa̎ndigen Milchdrüsen. Primaten sind durch eine lange postnatale Entwicklungsphase über viele Jahre, ein spätes Erreichen der Geschlechtsreife und eine lange Lebensdauer charakterisiert. Auch haben sie hoch entwickelte Greifapparate mit gegenüberliegenden Fingern und Daumen ausgebildet. Primaten haben große, nach vorne gerichtete Augen und ein weites binokulares Sehfeld. Ihr Gehirn hat besonders im Großhirnbereich durch Oberflächenvergrößerung der Rindenschicht eine rasante Entwicklung erfahren, die vielen Primaten bemerkenswerte kognitive Fähigkeiten ermöglicht. Der Mensch (*Homo sapiens*) sieht sich als höchstentwickelter Vertreter der Säugetiere und Primaten an.

Die einzige rezente Form des Menschen (Gattung *Homo*) ist die Art *Homo sapiens*. Innerhalb der Familien der Hominoidae (Menschenaffen und Menschen) ist

9.35 Mammalia (Säugetiere)

sie die wohl höchstentwickelte Form. Genetische Analysen zeigen, dass die nächsten Verwandten des Menschen die afrikanischen Menschenaffen Gorilla (*Gorilla*) und Schimpanse (*Pan*) sind. Darauf weisen viele Übereinstimmungen in anatomischen Merkmalen sowie in biochemischen und physiologischen Funktionsabläufen hin. Gleichwohl stammt der Mensch nicht direkt von diesen Menschenaffengattungen ab, sondern die Gattung *Homo* hat sich von der Gattung *Pan* abgespalten und sich parallel zu den Menschenaffen entwickelt. Unklar ist, wann diese Abspaltung der Entwicklungslinien passierte, aber vermutlich erfolgte sie im Tertiär. Fossilien belegen, dass im Pliozän, d. h. vor ca. 5 Mio. Jahren, die Entwicklungslinien bereits völlig getrennt waren. Aus der Zeit vor 8–18 Mio. Jahren sind in Ostafrika Fossilien einiger Hominidenformen vorhanden (*Proconsul, Ramapithecus*), die wohl noch den großen Menschenaffen zugerechnet werden müssen. Erst die vor ca. 4 Mio. Jahren in Afrika lebenden Australopithecinen hatten eine aufrechte, bipede Gangweise entwickelt und ihren Lebensraum von tropischen Regenwaldregionen in das offene Gelände verlagert. Der aufrecht gehende *Australopithecus afarensis* war mit einem vermuteten Körpergewicht von 20–40 kg von eher kleiner Körpergröße und sein Schädelvolumen war nicht viel größer als das der Menschenaffen. Deutlich größere Schädelvolumina zeigte der vor ca. 2 Mio. Jahren lebende *Homo habilis*, der bereits Steinwerkzeuge einsetzte und sich vor ca. 1,5 Mio. Jahren zum *Homo erectus* weiterentwickelte. Er nutzte bereits das Feuer. Vor ca. 300.000 Jahren beginnen die fossilen Funde, den heutigen Menschen ähnlich zu sehen, und man nimmt an, dass sich der *Homo sapiens* vor ca. 100.000 Jahren gebildet hat. Alle diese Hominisationsphasen haben sich vermutlich in Ostafrika abgespielt.

Die Spitzhörnchen (Tupaias) sind tagaktive Bodenbewohner in Wäldern Südostasiens. Früher wurden sie als nahe Verwandte der Spitzmäuse betrachtet, tatsächlich sind sie genetisch aber eng mit den Primaten verwandt. Es sind 20 Arten bekannt, die in Erdhöhlen und Spalten leben und sich von Wirbellosen, aber auch von Früchten und Samen ernähren.

Die Nagetiere (Rodentia) sind mit ca. 2300 Arten die artenreichste Gruppe und umfassen ca. 40 % der Säugetiere. Sie sind Kulturfolger und haben sich weltweit in den unterschiedlichsten Lebensräumen verbreitet. Ihr wesentlichstes Merkmal sind die jeweils zwei nachwachsenden Schneidezähne (Incisivi) im Ober- und Unterkiefer. Diese haben keine Zahnwurzel und wachsen lebenslang nach. Sie sind auf der Vorderseite mit einer dicken Schicht aus Zahnschmelz überzogen. Werden sie nicht durch natürliche Ernährungsweise abgenutzt, so müssen sie vom Tierarzt regelmäßig gekürzt werden, da sie sonst in den Kiefer einwachsen. Nagetiere haben keine Eckzähne und führen typische Kaubewegungen durch Vor- und Rückschieben der Kiefer aus. Weltweit werden Millionen von Nagetieren (Mäuse, Ratten, Meerschweinchen) als Versuchstiere gehalten und tierärztlich betreut. Nagetiere ernähren sich überwiegend herbivor. Einige Arten sind Schädlinge, die Saatpflanzen beschädigen und parasitäre Krankheiten übertragen. Es gibt Zwergformen (Zwergmäuse), mittelgroße (Mäuse, Ratten, Hörnchen) und große Nagetiere (Biber, Stachelschwein, Aguti). Genetisch sind sie eng mit den Hasenartigen verwandt, die als Schwestergruppe gelten.

Zu den Hasenartigen gehören Pfeifhasen (Ochotonidae), die in felsigen Biotopen Asiens und Nordamerikas leben, die Echten Hasen (Feldhase und Schneehase) sowie die Wildkaninchen (*Oryctolagus cuniculus*). Die hasenartigen Tiere gehören trotz ihrer Ähnlichkeit nicht zu den Nagetieren, sondern haben sich unabhängig entwickelt und stehen verwandtschaftlich näher zu den Huftieren. Hasenartige Tiere sind Pflanzenfresser, die ihre Celluloseverdauung durch mikrobielle Fermentation im voluminösen Blinddarm (Caecum) vornehmen (*hindgut fermenter*). Sie geben einen speziellen Blinddarmkot (Caecotrophe) ab, den sie sofort wieder aufnehmen.

Im Gegensatz dazu läuft bei den Wiederkäuern (*foregut fermenter*), die zur Überordnung der Laurasiatheria gehören, die symbiotische Celluloseverdauung in den Vormägen ab. Wiederkäuer sind Paarhufer (Artiodactyla) und haben sehr diverse Formen (Rinder, die Ziegen, Schafe, Hirsche, Rehe und Giraffen) ausgebildet. Zu den Unpaarhufern (Perissodactyla) gehören Pferde, Tapire und Nashörner. Diese stammesgeschichtlich alte Gruppe reicht bis ins Eozän zurück und hat sich einheitlich erhalten. Unpaarhufer haben ihre dritte Zehe zu einem großen Huf entwickelt und die restlichen Zehen weitgehend rückgebildet. Die rezenten Pferde (Equidae) leiten sich von dem kleinwüchsigen Urpferdchen ab, das vor ca. 60 Mio. Jahren lebte. Als Stammform der heutigen Pferde wird das Steppenwildpferd (Przewalski-Pferd) mit seinem Ursprung in Asien angesehen. Es gibt allerdings widersprüchliche Meinungen zur Evolution der Pferde. Waltiere (Cetacea) haben sich aus ursprünglich an Land lebenden Säugetieren entwickelt, die ihre Extremitäten rückgebildet haben und vollständig zum Leben im Wasser übergegangen sind. Sie orten und verständigen sich über Laute im Ultraschallbereich. Es gibt die zahnlosen Bartenwale (Blau-, Finn- und Buckelwal) und die zähnetragenden Zahnwale (Nar-, Pott- und Schweinswal), zu denen auch die Delfine gehören. Diese sind die höchstentwickelten Waltiere, mit einer ausgeprägten Sozialverhalten und Kommunikation und werden als sehr intelligente Säugetiere beurteilt.

Die Carnivora (Raubtiere) unterteilen sich in Landraubtiere und im Wasser lebende Raubtiere (Robben) auf. Zu den Landraubtieren (Fissipedia) gehören Hunde und Katzen, Hyänen, Bären und Marder. Durch ihre besonders stark ausgebildeten Reißzähne (Canini) und die scherenartige Anordnung ihrer Molaren können sie die Beute nach Verfolgung fassen und gut zerkleinern. Die Ordnung der Raubtiere umfasst ausschließlich Fleischfresser. Zu den Hunden (Canidae) gehören auch Wölfe, Füchse, Schakale und Marderhunde. Der Haushund (*Canis lupus familiaris*) ging ursprünglich aus dem Wolf hervor und wurde durch Sozialverhalten mit dem Menschen und durch gezielte Züchtung zu einem vollständig abhängigen Haustier. Die Familie der Katzen (Felidae) beinhaltet neben der Wildkatze (*Felis silvestris*) auch alle katzenartigen Raubtiere. Zu den Echten Katzen (Felidae) gehören alle Großkatzen wie Leopard, Löwe, Tiger und Jaguar sowie Kleinkatzen wie Luchs, Puma, Ozelot und andere. Die einzige andere Unterfamilie der Katzenartigen beinhaltet die Geparde. Die im Wasser lebenden Raubtiere (Robben) sind ursprünglich Landsäugetiere, die ihre Lebensweise an das Wasser angepasst haben und ihre Extremitäten zu Flossen umgebildet haben. Zur Fortpflanzung suchen sie regelmäßig traditionelle Brutplätze an Land auf. Durch ihre isolierende Fettschicht können sie in sehr kaltem Wasser leben und bis 500 m tief tauchen. Dazu atmen sie vorher vollständig aus und senken Herzfrequenz und Stoffwechsel ab (Tauchreflex) und können fast eine Stunde tauchen. Zu ihnen gehören Seehunde, Ohrenrobben und Walrosse.

9.35 Mammalia (Säugetiere)

Die Insektenfresser werden auch als Insectivora bezeichnet. Sie stellen eine phylogenetische umstrittene Gruppe dar, die etwa 450 Arten umfasst. Sie werden in die Überordnung der Laurasiatheria eingeordnet. Früher wurden auch die Goldmulle und Tenreks zu den Insektenfressern gerechnet, inzwischen ordnet man sie in eine eigene Gruppe, die Afrosoricida, ein. Die Körperlänge der Insektenfresser kann zwischen 3 und 45 cm betragen. Sie haben ein ausgezeichnetes Gehör und einen guten Geruchssinn, den sie beim Beutefang einsetzen. Lange Tasthaare dienen zur Orientierung der überwiegend nachtaktiven und als Einzelgänger lebenden Tiere. Die Insektenfresser werden in fünf Familien eingeteilt: Igel, Spitzmäuse, Maulwürfe, Schlitzrüssler und karibische Spitzmäuse.

Die nachtaktiven Fledertiere haben eine Flughaut zwischen den Extremitäten und dem Rumpf. Sie sind die einzigen flugfähigen Säugetiere und orientieren sich über Ultraschallortung. Mit ca. 1100 Arten stellen sie das zweitgrößte Säugetiertaxon dar. Sie werden in zwei Ordnungen unterteilt, die Mega- und die Microchiroptera. Die Flughunde (Pteropodidae) sind die größten Fledertiere und die einzige Familie innerhalb der Megachiroptera. Sie ernähren sich von Früchten und Nektar. Sie haben keinen Schwanz und keine Echoortung und leben in Kolonien in tropischen Regionen Afrikas und Asiens. Dagegen sind die Fledermäuse weltweit verbreitet, sind etwas kleiner und ernähren sich neben Früchten und Nektar von Insekten. Fledermäuse gelten in tropischen Gebieten als Überträger der Tollwut.

Die Schuppentiere (*Pholidota*) werden auch Tannenzapfentiere (Manidae) genannt und bilden eine eigene Ordnung. Es gibt acht rezente Arten, die in Asien und Afrika leben. Ihr Körper ist mit großen Hornschuppen bedeckt und sie erreichen bis 80 cm Körperlänge. Sie haben einen langen Schwanz, eine röhrenförmige Schnauze, einen zahnlosen Kiefer und eine lange Zunge. Damit ernähren sie sich von Ameisen und Termiten. Bei Gefahr rollen sie sich zu einer Kugel zusammen. Genetisch sind sie die nächsten Verwandten der Raubtiere.

Wale sind enge Verwandte der Paarhufer und haben sich mit diesen im frühen Eozän vor ca. 50 Mio. Jahren entwickelt. Die 90 Arten dieser ausschließlich im Wasser lebenden Säugetiere unterteilen sich in zwei Unterordnungen. Die Bartenwale (Mysticeti) sind Filtrierer und ernähren sich von Plankton. Die Zahnwale (Odontoceti) leben räuberisch und jagen Robben, Pinguine und auch andere Kleinwale. Wale können an Land nicht überleben. Genetisch sind sie die nächsten lebenden Verwandten der Flusspferde. Die Delfine sind die höchstentwickelten Waltiere und haben eine ausgeprägte Sozialverhalten und Kommunikation.

Lebensräume und Ökologie 10

Die Wechselbeziehungen der Organismen untereinander und ihren Existenzbedingungen in unterschiedlichen Lebensräumen werden durch das Fachgebiet Ökologie untersucht. Folgende grundsätzliche Fragen werden bearbeitet. Welche Faktoren beeinflussen die geografische Verteilung der Organismen? Was bestimmt ihre Individualität und welchen Einfluss haben die Organismen auf den Haushalt der Natur?

10.1 Organismus und Umwelt

Ein Ökosystem (Biotop) besteht aus einem Lebensraum für Organismen, der durch seine Umweltbedingungen wie Sauerstoff, Kohlenstoffdioxid, Licht, Temperatur sowie Salz- und Wasserhaushalt charakterisiert ist. Innerhalb dieses Biotops bildet sich eine Lebensgemeinschaft aus Mikroorganismen, Pflanzen und Tieren, die als Biozönose bezeichnet wird (Abb. 10.1). Alle Organismen einer Lebensgemeinschaft konsumieren und produzieren und beeinflussen auf diese Weise die Umweltfaktoren und die Biomasse im Biotop. Durch ihre Fähigkeit zur Eigenbewegung können Tiere wie z. B. Zugvögel auch optimale Umweltbedingungen aufsuchen und so auch einer Konkurrenz durch andere Mitbewohner im Habitat ausweichen. Verschiedene abiotische Umweltfaktoren wirken auf Tiere im jeweiligen Biotop. Licht wirkt über spezielle Organe (Auge, Pinealorgan), aber auch undifferenziert über die Haut. Es wirkt als Zeitgeber, steuert die circadiane Tagesrhythmik und gibt so Startsignale für hormoninduzierte Differenzierungsvorgänge bei der Entwicklung oder für das Ausschlüpfen aus dem Ei. Anderseits ist seine UV-Strahlung schädlich für die Haut und Tiere müssen sich durch Pigmentierung oder Verhaltensanpassung schützen. Die Umgebungstemperatur ist auch ein wichtiger ökologischer Faktor. Die Temperatur beschleunigt chemische Reaktionen des Stoffwechsels (RGT-Regel). Die Hitzeresistenz der Säugetiere liegt bei Denaturierung der Proteine bei ca. 41 °C, bei thermophilen Bakterien in heißen Quellen aber erst bei ca. 120 °C. Die

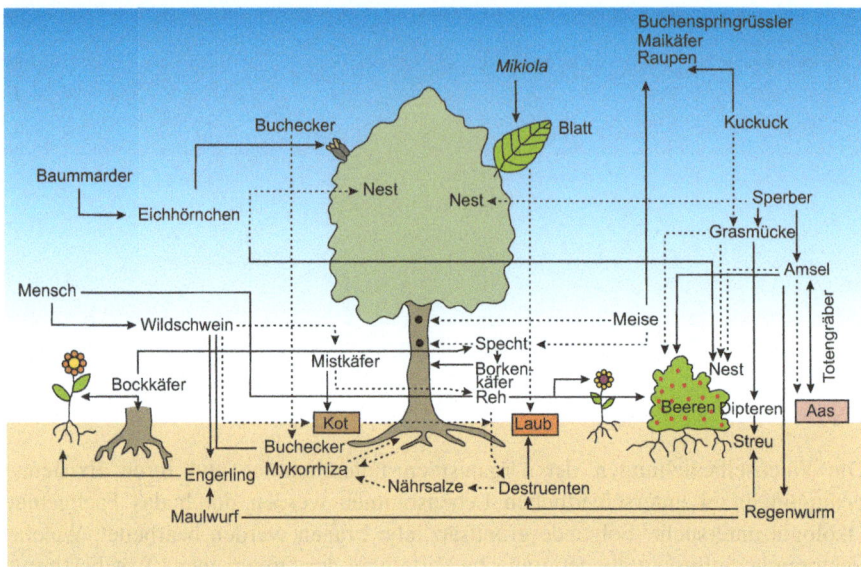

Abb. 10.1 Innerhalb eines Biotops bildet sich eine Lebensgemeinschaft (Biozönose) aus Mikroorganismen, Pflanzen und Tieren. Sie konsumieren und produzieren und beeinflussen dadurch die Biomasse und die Umweltfaktoren

Kälteresistenz der Tiere ist vom Wassergehalt ihres Cytoplasmas abhängig und arktische Meeresbewohner verhindern durch zelluläre Einlagerung von Gefrierschutzproteinen eine letale Eiskristallbildung. Während homoiotherme Tiere ihre Körpertemperatur über einen weiten Bereich konstant halten können und somit unabhängiger von der Umgebungstemperatur sind, passen die poikilothermen Tiere ihre Körpertemperatur an die Umgebung an. Sie können sie nur in begrenztem Maß durch Verhaltensweisen regulieren (Sonne, Schatten). Besondere Anpassungen haben die Winterschläfer (Igel, Murmeltiere, Siebenschläfer). Sie regulieren ihre Körpertemperatur durch Hormone auf unter 10 °C. Viele Tiere können auch nur bei einer bestimmten Luftfeuchtigkeit existieren, da alle an Land lebenden Tiere durch Verdunstung und Exkretion fortwährend Wasser verlieren. Dies hängt hauptsächlich von der Beschaffenheit des Integuments ab. Arthropoden und Reptilien sind durch eine Cuticula oder durch Hornschuppen vor Austrocknung geschützt und können auch extreme Trockengebiete besiedeln. Auch bei Parasiten, z. B. Coccidien, gibt es widerstandsfähige Entwicklungsstadien, die ausgetrocknet im Staub von Käfigen überdauern können und sich erst beim Anstieg der Luftfeuchtigkeit zu infektiösen Stadien entwickeln. Die Konzentration der Atemgase, z. B. des Sauerstoffgehalts im Wasser, wirkt sich auf die Lebensbedingungen von Fischen aus, ebenso der Salzgehalt des Wassers. Hier spielen osmoregulatorische Fähigkeiten eine wichtige Rolle (Süßwasser, Salzwasser, Brackwasser). Entscheidend für die Anpassung in einem Biotop sind auch biologische Rhythmen. Tiere passen sich an Gezeiten, Tag-Nacht-Wechsel, Pflanzenwuchs an, indem sie z. B. ihre Fortpflanzungsperiode und die Aufzucht der Jungen in eine klimatisch günstige Jahreszeit legen. Auch ihr Verhalten kann tagaktiv, nachtaktiv oder dämmerungsaktiv sein. Reaktionen von speziellen Organismen auf Umweltfaktoren können als Biomonitoring verwendet werden. Dieses Verfahren wird z. B. im Gewässerschutz verwendet, um mögliche toxische Gefahrenquellen für Mensch und Tier zu entdecken. So werden Fische und Krebse zur Beurteilung der Reinheit von Gewässern eingesetzt. Damit kann man auch Risikoabschätzungen zum Klimawandel durchführen.

Die Abhängigkeit der Lebensgemeinschaften in einem Biotop untereinander wird von dem Gebiet der Synökologie untersucht. Sie beschäftigt sich mit der Artenvielfalt, den Nahrungsnetzen und synökologischen Prozessen wie der Sukzession. Die Anreicherung von Schadstoffen, z. B. Schwermetallen und Pestiziden in Nahrungsketten, ist für die Erhaltung von Lebensräumen (Naturschutz) und für die Artenvielfalt (Artenschutz) ein wichtiges Kriterium. Auch führen Wachstum und Vermehrung einzelner Arten, die sich aufgrund ihrer Eigenschaften in einem Biotop durchgesetzt haben, durch den Verbrauch von Ressourcen oft zu negativen Wirkungen auf andere Arten. Auch der Verbrauch von Nahrungsressourcen kann zu dramatischen Veränderungen in einem Biotop führen und zur Zerstörung von Lebensräumen und Ausrottung von Organismen. So sind innerhalb der letzten drei Jahrzehnte ca. 150 Säugetierarten und ca. 120 Vogelarten unwiederbringlich ausgerottet worden. Dabei spielen sowohl wirtschaftliche Gründe (z. B. Walfang) wie auch industrielle Verunreinigung eines Biotops mit Umweltgiften eine Rolle.

Um solche Gefahren zu minimieren, wurde 1973 das Washingtoner Artenschutzabkommen beschlossen und von mehr als 100 Staaten unterzeichnet. Es dient dem Schutz von bedrohten Tierarten durch eine strenge Regulation des Handels und eine Beschränkung von Import und Export. Die Konvention über die biologische Vielfalt (Biodiversitätsabkommen) wurde dann 1992 in Rio de Janeiro verabschiedet und 2015 wurde das Pariser Klimaabkommen unterzeichnet, mit dem Ziel, die globale Erwärmung deutlich zu begrenzen, um einen sonst irreversiblen Schaden für die Lebewesen der Erde einzudämmen und zu verhindern. Alle diese Abkommen und Verträge haben das Ziel, die biologische Vielfalt (Artenreichtum, genetische Vielfalt, Vielfalt der Lebensräume) zu erhalten und eine nachhaltige Bewirtschaftung und gerechte Verteilung der Ressourcen zu erzielen. Dazu bedarf es neben einer fachkundlichen Beratung auch eines breiten gesellschaftlichen Konsens.

Springer Spektrum

springer-spektrum.de

Wolfgang Clauss
Cornelia Clauss

Taschenatlas Zoologie

Springer Spektrum

Jetzt bestellen:
link.springer.com/978-3-662-61591-1

The manufacturer's authorised representative in the EU is Springer Nature Customer Service Centre GmbH, Europaplatz 3, 69115 Heidelberg, Germany. If you have any concerns regarding our products, please contact ProductSafety@springernature.com

Printed and bound by CPI Group (UK) Ltd, Croydon, CR0 4YY
25/03/2026
02078188-0017